Scheuchl | Willner – Wildbienen

Erwin Scheuchl – Wolfgang Willner

Wildbienen ganz nah

Die 100 häufigsten Arten
schnell und sicher unterscheiden

Quelle & Meyer Verlag Wiebelsheim

Die Angaben in diesem Buch sind von den Autoren und dem Verlag sorgfältig erwogen und geprüft, dennoch kann keine Garantie übernommen werden. Eine Haftung der Autoren bzw. des Verlags und seiner Beauftragten für Personen-, Sach- und Vermögensschäden ist ausgeschlossen.

Bibliografische Information der Deutschen Nationalbibliothek
Die Deutsche Nationalbibliothek verzeichnet diese Publikation in der Deutschen Nationalbibliografie; detaillierte bibliografische Daten sind im Internet über http://dnb.d-nb.de abrufbar.

www.quelle-meyer.de

Umschlagabbildungen: Wolfgang Willner
Druck und Verarbeitung: Plump Druck & Medien GmbH, Rheinbreitbach
Printed in Germany/Imprimé en Allemagne
ISBN 978-3-494-01870-6

Inhaltsverzeichnis

Einleitung

Bienen gehören zu den Hautflüglern (Hymenoptera) der in Mitteleuropa artenreichsten Insektenordnung, die durch zwei durchsichtige Flügelpaare sowie eine Eiablageröhre am Hinterleibsende der Weibchen charakterisiert wird. Bei den Stechimmen – eine Untergruppe der Hautflügler, zu der neben den Bienen z.B. auch Falten-, Weg- und Grabwespen sowie Ameisen gezählt werden, ist diese Legeröhre zu einem mit einer Giftdrüse verbundenen Wehrstachel umgebildet.

Um die wild lebenden Arten von der domestizierten Honigbiene zu unterscheiden, werden sie unter dem Terminus „Wildbienen" zusammengefasst. Synonym wird zuweilen der Begriff „Solitärbienen" oder „Einsiedlerbienen" gebraucht, da (mit Ausnahme der meisten Hummel und einiger Furchen und Schmalbienenarten) die meisten Wildbienen nicht wie die Honigbiene in sozialen Gemeinschaften leben.

Da die meisten Menschen Wildbienen mit Honigbienen (oft sogar mit Wespen) in einen Topf werfen, befürchten sie, dass Wildbienen genauso stechlustig sind – die Vorsilbe „Wild" suggeriert sogar eine noch größere Aggressivität. Das Gegenteil ist der Fall. Zum einen besitzt ohnehin nur knapp die Hälfte aller Wildbienen einen Stachel (nämlich die Weibchen; im Regelfall werden etwas mehr männliche als weibliche Nachkommen produziert), dann ist der Stachel der meisten Arten auch zu schwach, um die menschliche Haut zu durchdringen, und sollte das ausnahmsweise doch einmal der Fall sein, ist der Schmerz in der Regel etwa so stark wie bei der Berührung einer Brennnessel. Den Stachel setzen Wildbienen aber nur bei unmittelbarer Bedrohung ein, also bei einer Berührung, die der Biene eine Flucht unmöglich macht, etwa wenn man sie zwischen die Finger nimmt. Im Gegensatz zur Honigbiene (und zu sozialen Wespenarten) wird ein Verteidigungsverhalten nur bei individueller Bedrohung ausgelöst (nicht bei einer Bedrohung des Nestes). Verständlich wird dieser Unterschied im Verhalten, wenn man sich vergegenwärtigt, dass die Honigbiene ihren Honigvorrat und Tausende von Nachkommen zu verteidigen hat und dass zu dieser Verteidigung der Verlust einiger, ja Hunderter von Arbeiterinnen ohne größere Nachteile für das Bienenvolk bliebe. Würde eine Solitärbiene ihr Nest gegen einen erkennbar stärkeren Angreifer verteidigen, würde sie dabei höchstwahrscheinlich selbst getötet, ohne dass sie ihre Nachkommen retten könnte. Unter den Wildbienen verteidigen lediglich die sozialen Hummeln ihr Nest, aber auch hier stechen die Tiere der allermeisten Arten nur im äußersten Notfall.

Weltweit sind über 20.000 Bienenarten bekannt und ständig werden neue Arten beschrieben. In Deutschland, Österreich und der Schweiz wurden bislang etwas über 800 Wildbienenarten nachgewiesen: etwas über 600 in Deutschland (exakt stehen wir momentan bei 602 historisch oder aktuelle in Deutschland bodenständigen Wildbienenarten), über 720 in Österreich und über 640 in der Schweiz. Eine genaue Zahl anzugeben ist unmöglich, weil manche, insbesondere ältere Meldungen nicht überprüfbar sind und weil bei einigen Taxa unter den Fachleuten keine Einigkeit besteht, ob man sie als eine einzige Art oder als Gruppe nahe verwandter Arten auffassen soll. Bei einigen Meldungen handelt es sich um Einzeltiere, die mit einiger Wahrscheinlichkeit eingeschleppt wurden – auch hier gibt es unterschiedliche Meinungen, ob man diese in solche Zählungen aufnehmen soll.

Das Erscheinungsbild der einzelnen Wildbienen ist sehr unterschiedlich. Die größten

Wespenbiene und Wespe gegenübergestellt (links: Feld-Wespenbiene *Nomada goodeniana*, rechts: Gemeine Wespe *Vespula vulgaris*)

europäischen Arten erreichen eine Körperlänge von fast 3 cm, die kleinsten sind nur knapp 3 mm lang. Einige Arten besitzen einen fast haarlosen Körper, andere (wie z. B. die Hummeln) tragen einen dichten Pelz. Sowohl die Haare als auch der Chitinpanzer sind je nach Art unterschiedlich gefärbt: in der Regel schwarz, manchmal mit blauem oder grün-

Auenschenkelbiene (*Macropis europaea*) mit gesammeltem Pflanzenöl und Pollen an Gilbweiderich

lichem Metallschimmer, oft aber auch mit roter, gelber oder weißer Zeichnung.

Von ihren Stechimmen-Verwandten unterscheiden sich die Bienen durch ihre ausschließlich „vegane“ Lebensweise: Während Wespen und Ameisen ihre Nachkommen mit fleischlicher Nahrung versorgen (Insektenlarven, Spinnen, Heuschrecken, Blattläuse u. a.), können Bienenlarven nur durch Pollen und Nektar ernährt werden.

Es gibt nur wenige Ausnahmen von dieser Regel, wie etwa die Gattungen *Macropis* und *Rediviva*, die den Nektar durch Pflanzenöl ersetzen, und einige südamerikanische Arten der Gattung *Trigona*, die ihren Nachwuchs mit Gewebeteilen toter Wirbeltiere füttern. Die erwachsenen Bienen ernähren sich größtenteils von Nektar, daneben nehmen sie zur Eigenversorgung mit Protein Pollen zu sich.

Es sammeln jedoch nicht alle Bienenarten die Nahrung für ihre Brut selbst. Einige Gattungen, die unter dem Begriff „Kuckucksbienen“ zusammengefasst werden, haben sich auf eine brutparasitische Lebensweise verlegt. Wie der Kuckuck versorgen sie ihren Nachwuchs nicht selbst, sondern dringen in die Nester anderer Bienenarten ein und legen dort ihre Eier ab. Die schlüpfende Kuckucksbienenlarve frisst das Wirtsei oder tötet die Wirtslarve und verzehrt anschließend den für die Wirtslarve bestimmten Pollenvorrat. In Mitteleuropa haben sich rund ein Viertel der Wildbienenarten auf diese Lebensweise verlegt.

Der weitaus größte Teil der Wildbienenarten (75 % der mitteleuropäischen Arten) allerdings besorgt die Verproviantierung seiner Nachkommen selbst. Im Laufe ihrer Stammesgeschichte haben die pollensammelnden Wildbienenarten zwei verschiedene Strategien der Nahrungsbeschaffung entwickelt: die Polylektie und die Oligolektie (bzw. als deren Extremfall die Monolektie). Polylektische (auf vielen aber nicht beliebigen Pflanzenfamilien sammelnde) Arten können den Pollen vieler verschiedener Pflanzen nutzen, während oligolektische (auf nur einer Pflanzenfamilie oder -gattung sammelnde) bzw. monolektische (ausschließlich auf einer Pflanzenart sammelnde) Arten auf eine enge Auswahl an Pollenquellen spezialisiert sind. Zwischen Poly- und Oligolektie gibt es natürlich Übergänge; so zeigen viele nachgewiesenermaßen polylektische Arten eine deutliche Präferenz für eine bestimmte Pflanzenfamilie. Andere beschränken sich beim Pollensammeln auf zwei oder maximal drei Pflanzenfamilien – hier spricht man

Die als Kuckucksbiene lebende Rotbäuchige Wespenbiene *Nomada bifasciata* und ihr einziger bekannter Wirt die Weiße Bindensandbiene *Andrena gravida*

Links: Röhrenartiger Eingang von *Lasioglossum* und *Hylaeus* sp., rechts: Nestgang der Roten Mauerbiene (*Osmia bicornis*)

(je nach Autor) von mesolektischen, breit oligolektischen, eingeschränkt polylektischen oder teilspezialisierten Arten.

Sowohl die Polylektie als auch die Oligolektie bieten Vor- und Nachteile. Polylektische Arten können während der gesamten Vegetationsperiode und in vielen verschiedenen Lebensräumen Nahrung finden, müssen dafür aber mit vielen anderen Blütenbesuchern konkurrieren. Zudem müssen sie Zeit aufwenden, um die jeweils optimale Sammeltechnik für die verschiedenen von ihnen besuchten Blüten zu erlernen. Bei den oligolektischen Arten, die nur nach einem einzigen Bauplan gestaltete Blüten besuchen, entfällt dieser Zeitaufwand, und die Konkurrenz um die Nahrungsressourcen ist wesentlich geringer. Dafür sind sie räumlich und zeitlich absolut von ihrer Futterpflanze abhängig: ein in der industriellen Agrikultur äußerst schwerwiegender Nachteil, da bei einem Ausfall der benötigten Pollenquellen die nächstgelegenen Bestände geeigneter Futterpflanzen oftmals in einer für die Biene nicht erreichbaren Entfernung liegen. Dementsprechend sind etwa zwei Drittel der oligolektischen Wildbienenarten in Mitteleuropa in ihrem Bestand bedroht.

Neben geeigneten Pollenquellen benötigen Wildbienen auch geeignete Nistgelegenheiten. Hinsichtlich dieser Ressource kann man die Wildbienen grob in endogäisch (unterirdisch) und hypergäisch (oberirdisch) nistende Arten einteilen. Zwei Drittel der in Bayern lebenden pollensammelnden Bienenarten nisten endogäisch. Hier beeinflussen Parameter wie Konsistenz und Feuchtigkeitsgehalt des Substrats, Sonnenexposition, Neigung der Bodenoberfläche und Dichte der Vegetationsdecke die Wahl des Nistplatzes. Im Allgemeinen gilt: je feuchter und kühler das vorherrschende Klima und Mikroklima, je gröber und inhomogener das Bodensubstrat. Und je dichter die Vegetationsdecke, desto unattraktiver ist ein Standort für den Nestbau. Etliche Arten können vorgefundene oder selbst angelegte Hohlräume verschiedenster Art besiedeln; hier spielt es meist keine Rolle, ob diese in oder über der Erde liegen. Manche Arten errichten ihre Brutzellen in totem Holz oder in Pflanzenstängeln, andere wieder mörteln sie aus Lehm oder töpfern sie aus Baumharz. Einige wenige Arten benötigen ganz spezielle Requisiten wie verlassene Schneckenhäuser oder verlassene Schilf oder Eichengallen. Je nach Art werden die Brutzellen oft zusätzlich mit unterschiedlichen Materialien wie Blattstücken, Baumharz, Pflanzenwolle oder körpereigenen Sekreten ausgekleidet. Mit Ausnahme der Mauerbiene *Osmia brevicornis* ist allen europäischen Wildbienennestern gemeinsam, dass für jede Larve eine eigene Brutzelle errichtet wird.

Ein Großteil der Wildbienenarten lebt solitär, d. h. jedes Weibchen errichtet sein eigenes Nest und sorgt sich nur um die Verproviantierung seiner eigenen Brutzellen; es erhält keine Hilfe von Artgenossen und gewöhnlich stirbt es, bevor seine Nachkommen das Erwachsenenstadium erreichen. Unter den europäischen Bienen sind nur Hummeln (*Bombus* spp.) und viele Furchen- und Schmalbienenarten (*Halictus* spp. und *Lasioglossum* spp.) eusozial, d. h. sie leben in arbeitsteiligen Gemeinschaften, bei denen die erwachsenen Weibchen zweier Generationen zusammenarbeiten (Definition nach MICHENER 2000).

Die Mutter (bei Furchenbienen können es zuweilen auch mehrere Muttertiere sein) legt Eier und versorgt die daraus schlüpfenden Nachkommen nur so lange, bis diese erwachsen sind. Danach beschränkt sich die Mutter auf das Eierlegen und die Nachkommen übernehmen die Versorgung der künftigen Brut. In Mitteleuropa sind diese Bienenstaaten in der Regel nur einjährig. Sämtliche Bienen sterben im Herbst, lediglich die zuletzt geschlüpften und begatteten Weibchen überwintern, um im nächsten Frühjahr einen neuen Staat zu gründen.

Die ökologische Bedeutung der Wildbienen ergibt sich aus ihrer Rolle als Hauptbestäuber einer Vielzahl von Wild- und auch zahlreicher Kulturpflanzen. Aus dem Phänomen der Oligolektie bei vielen Bienenarten resultiert eine starke gegenseitige Abhängigkeit von Bienen und Pflanzen. Eine artenreiche Wildbienenfauna braucht eine artenreiche Vegetation und umgekehrt. Neben einem ausreichenden Angebot an Pollenquellen wählen

Nest der Ackerhummel (*Bombus pascuorum*)

Bienen ihre Lebensräume aber auch anhand von Faktoren wie Nistmöglichkeiten, Mikroklima, Raumstruktur, Raumwiderstand, Versteckmöglichkeiten, Habitatvernetzung und Konkurrenzbeziehungen aus und reagieren empfindlich bereits auf kleinste Änderungen dieser Parameter. Durch diese hohe bis teilweise extreme Spezialisierung eignen sich Wildbienen hervorragend als Indikatororganismen für Lebensräume.

Aufgrund ihrer Bedeutung für den Naturhaushalt sind in Deutschland sämtliche Wildbienenarten laut Bundesartenschutzverordnung besonders geschützt. Dieser Schutzstatus hat in der Praxis – überspitzt gesagt – lediglich zur Folge, dass man sich bereits strafbar macht, wenn man eine gefundene tote Wildbiene mit nach Hause nimmt: „*Es ist ferner verboten, Tiere und Pflanzen der besonders geschützten Arten in Besitz oder Gewahrsam zu nehmen, in Besitz oder Gewahrsam zu haben*“, Bundesnaturschutzgesetz, §44(2)). Während die dauerhafte Vernichtung ganzer Wildbienen-Populationen (z. B. durch Verfüllung oder Aufforstung einer Sandgrube) unbeanstandet bleibt, sofern sie nur nach „guter fachlicher Praxis“ erfolgt. In Österreich und der Schweiz besitzen Wildbienen keinen besonderen Schutzstatus und es gelten lediglich Lebensräume von Arten als schützenswert, die in der Roten Liste aufgeführt (eine Rote Liste der Wildbienen Österreichs ist in Arbeit), deren
„*Beseitigung durch technische Eingriffe [...] einer Interessenabwägung [bedarf]; lässt sich ein Eingriff nicht vermeiden, ist für deren bestmöglichen Schutz, für Wiederherstellung oder ansonsten für angemessenen Ersatz des Lebensraumes zu sorgen*“ (Natur- und Heimatschutzgesetz der Schweiz).

Welche Interessen in allen drei Ländern in der Regel schwerer wiegen, ist hinlänglich bekannt.

Richtig ist aber, dass Wildbienenschutz in erster Linie den Schutz der Lebensräume dieser Tiere bedeutet, die neben den erforderlichen klimatischen Gegebenheiten, die für die jeweilige Art geeigneten Nistplätze und ein ausreichendes Angebot an geeigneten Futterpflanzen aufweisen müssen. Pflege, Erhaltung und gegebenenfalls Neuschaffung von Lebensräumen für Wildbienen sind daher von grundlegender Bedeutung.

Daneben kann aber jeder interessierte Garten- oder Balkonbesitzer als flankierende Maßnahme Nisthilfen ausbringen und das Nahrungsangebot verbessern, wie durch den Verzicht auf Pflanzen fremdländischer Her-

Neuschaffung von geeigneten Niststellen mit Offenböden für eine Vielzahl erdbewohnender Wildbienenarten

kunft und die Duldung bzw. das bewusste Anpflanzen einheimischer Wildpflanzen (die selbstverständlich nicht aus der Natur entnommen, sondern über den Fachhandel bezogen werden sollen). Auf diese Weise lassen sich die Verhaltensweisen der Wildbienen aus nächster Nähe studieren. Nisthilfen kann man mit einfachsten Mitteln herstellen:

- Bündel aus hohlen Pflanzenstängeln (Bambus, Bärenklau, Engelwurz, Schilf, Ampfer, Knöterich usw.) mit einem Durchmesser von 2–10 mm und einer Länge von 8–20 cm. WICHTIG: Notwendig ist immer ein verschlossenes Ende, also Stängel immer hinter den Knoten (Verdickungen) durchtrennen, damit das hintere Ende einen natürlichen Abschluss hat.
- Bündel aus markhaltigen Pflanzenstängeln (Holunder, Königskerze, Himbeere, Distel, Rose usw.) Diese können auch senkrecht aufgestellt werden. Markhaltige Stängel werden nur von wenigen Arten genutzt.
- Abgestorbene Baumstämme, dicke Äste o. Ä. aus Hartholz, in die mit einer Bohrmaschine Löcher mit einem Durchmesser von 2–10 mm und einer Tiefe von 5–12 cm gebohrt werden. WICHTIG: Kein Weichholz verwenden und die Bohrungen säubern (es dürfen keine Holzfasern in die Nestöffnung ragen)!
- Kisten (Tiefe mindestens 15 cm) mit sandigem Lehm oder Ton, vorzugsweise aber mit Löss gefüllt. Die Füllung mit Löchern von 4–9 mm Durchmesser versehen. WICHTIG: Kein Stroh untermischen! Möglichst feines und homogenes Substrat verwenden!
- Ziegel aus gebranntem oder luftgetrocknetem Lehm mit hinten abgeschlossenen Löchern von 3–9 mm Durchmesser
  Die Löcher sollten vor dem Brennen angebracht werden. Im Gegensatz zu einer Steilwand aus sandigem Lehm oder Löss siedeln sich in gebranntem oder luftgetrocknetem reinem Lehm größtenteils die gleichen Arten an wie in den Holzbohrungen.
- Stapel aus morschen Baumstämmen
  Morsches Holz wird nur von wenigen Arten genutzt.

Alle Nisthilfen sollten fest angebracht sein und nicht frei baumeln können sowie an einem witterungsgeschützten, sonnigen Platz aufgestellt werden. Die Nistgänge sollten in waagrechter Orientierung, markhaltige Stängel können auch senkrecht angeordnet werden. Die Nesteingänge sollten vorzugsweise nach Südosten zeigen.

Schließlich trägt auch der Verzicht auf Insektenvernichtungsmittel zum Wildbienenschutz bei, da selbst sogenannte bienenverträgliche Mittel nicht unbedingt auch für Wildbienen ungefährlich sein müssen.

Zum Aufbau des Bestimmungsführers

Der geografische Rahmen dieses Bestimmungsführers umfasst Deutschland, Österreich und die Schweiz in den aktuellen politischen Grenzen. Im Folgenden wird das Areal dieser drei Staaten kurz als „Gebiet“ bezeichnet.

Wissenschaftliche Namen

Der schwedische Wissenschaftler Carl VON LINNE (latinisiert: LINNAEUS) begründete im 18. Jahrhundert ein System, das jeder Tier- (und Pflanzen-) art einen eindeutigen Namen zuweist und das in Form der „Internationalen Regeln für die Zoologische Nomenklatur" ständig weiterentwickelt wird. Der Name einer Tierart besteht aus zwei Wörtern (binäre Nomenklatur): Das erste Wort mit großgeschriebenen Anfangsbuchstaben bezeichnet die Gattung, in der die Art steht, das zweite, kleingeschriebene, die Art (Art-Epitheton). Auf den zweiteiligen Artnamen folgt häufig noch der Name des Autors, der die Art beschrieben hat sowie das Jahr, in dem diese Beschreibung veröffentlicht wurde. Zuweilen wird eine Art später in eine andere Gattung gestellt als vom Erstbeschreiber; in diesem Fall werden Autor und Jahreszahl in Klammern gestellt, wobei üblicherweise Autor und Jahr durch ein Komma getrennt werden. Es hat sich eingebürgert, Gattungs-, Art- und Unterartnamen kursiv zu setzen und den Autorennamen in Kapitälchen oder Versalien [Beispiel: *Amegilla albigena* (LEPELETIER, 1841)]. Wird das Art-Epitheton adjektivisch gebraucht (was die Regel ist), folgt sein grammatikalisches Geschlecht dem des Gattungsnamens; wird die Art in eine andere Gattung gestellt, ändert sich gegebenenfalls die Endung (Beispiel: *Lasioglossum calceatum* hieß zu der Zeit, als *Lasioglossum* noch mit *Halictus* vereinigt war, *Halictus calceatus*).

Vom binären Schema wird nur abgewichen, wenn man eine Unterart (Subspezies) bezeichnen möchte oder wenn die Zugehörigkeit der Art zu einer bestimmten Untergattung dargelegt werden soll. Im ersten Fall wird einfach das Unterart-Epitheton direkt an den Artnamen angehängt oder durch das Kürzel „ssp." für „subspecies" davon abgetrennt (Beispiel: *Andrena pandellei europaea* WARNCKE, 1967 bzw. *Andrena pandellei* ssp. *europaea* WARNCKE, 1967). In ähnlicher Weise wurde mit den früher üblichen Bezeichnungen für Varietäten oder Formen verfahren; heutzutage wird auf die Benennung von Varietäten verzichtet. Im zweiten Fall wird der Untergattungsname in Klammern zwischen Gattungs- und Art-Epitheton gestellt [Beispiel: *Andrena (Lepidandrena) pandellei* PEREZ, 1895].

Bei der Aufstellung von Unterarten ist man heutzutage viel zurückhaltender als früher. Viele in der Vergangenheit aufgestellte Unterarten stellen nach heutigem Verständnis reine Farbformen dar, die man unter Umständen drastisch ausgedrückt auch zu Hause herstellen könnte, indem man Präimaginal-Stadien Temperaturen aussetzt, die für den Herkunftsort untypisch sind. Eine Unterart, die in dem Areal vorkommt, aus dem die Art beschrieben wurde, wird als „Stammform" oder „Nominatform" bzw. „Nominat-Unterart" bezeichnet.

Trotz aller Anstrengungen, die Nomenklaturregeln so zu gestalten, dass jede Art wirklich nur einen einzigen Namen trägt, gibt es immer wieder Situationen, die diesem Ziel entgegenstehen. Der häufigste Fall ist das Auftreten von Synonymen. Ein Synonym entsteht dadurch, dass eine bereits beschriebene Art noch einmal unter einem anderen Namen beschrieben wird, wobei der gültige Name der ist, der zuerst publiziert wurde, sofern dies im Einklang mit den Nomenklaturregeln geschehen ist (Prioritätsprinzip). Aber auch unterschiedliche Auffassungen bezüglich der systematischen Stellung einer Art können dazu führen, dass eine Art mehrere verschiedene Namen trägt (Beispiele: *Hoplitis adunca* (PANZER, 1798) wird von Autoren, die bei der Tribus Osmiini nur eine einzige Großgattung *Osmia* akzeptieren, *Osmia adunca* (PANZER, 1798) genannt; *Stelis minima* SCHENCK, 1859 heißt bei Autoren, die das Taxon nur als Unterart von *Stelis minuta* betrachten, *Stelis minuta minima* SCHENCK, 1859).

Zuweilen werden oder wurden auch zwei Arten unter demselben Namen beschrieben (Homonym). Eine Homonymie kann auch dadurch entstehen, dass eine Art nachträglich in eine andere Gattung gestellt wird, in der bereits eine Spezies mit demselben Art-Epitheton existiert (sekundäres Homonym). Im Falle einer Homonymie muss die Art, die mit demselben Namen belegt wurde wie eine bereits früher beschriebene, einen neuen Namen bekommen (nomen novum), da dieser Name bereits vergeben („präokkupiert") ist. Im Falle einer sekundären Homonymie steht dafür zuweilen ein bisher als Synonym betrachteter Name zur Verfügung (Beispiel: Wenn man, wie es manche Autoren tun, *Chelostoma* nur als Untergattung von *Osmia* betrachtet, dann müsste *Chelostoma distinctum* (STÖCKHERT. 1929) ja *Osmia distincta* (STÖCKHERT, 1929) heißen. Nun wurde aber bereits eine nordamerikanische Art unter dem Namen *Osmia distincta* CRESSON, 1864 beschrieben, der als der ältere Name Priorität hat, und *Osmia distincta* (STÖCKHERT, 1929) wird dadurch zum Homonym. Der nächstälteste verfügbare Name ist *Osmia cantabrica* (BENOIST, 1935), der vorher lediglich ein Synonym von *Chelostoma distinctum* (STÖKHERT, 1929) war).

Um bei einem mehrfach vergebenen Namen deutlich zu machen, von welchem Taxon gerade die Rede ist, wird er folgendermaßen geschrieben:

„*Andrena pubescens* OLIVIER, 1789 nec (KIRBY, 1802)". Damit wird ausgedrückt, dass es sich um die von OLIVIER beschriebene *Andrena pubescens* handelt und nicht („nec") um die von KIRBY. Möglich ist auch folgende Schreibweise: „*Andrena pubescens* auct. nec OLIVIER, 1789". Dies bedeutet, dass sich der Name auf die Art bezieht, die ein oder mehrere Autoren („auctor" bzw. „auctores", in der Pluralform zuweilen auch als „auctt." abgekürzt) als *Andrena pubescens* bezeichnen, die jedoch nicht identisch ist mit der von OLIVIER beschriebenen.

Der wissenschaftliche Name jeder Tierart ist an ein einzelnes Exemplar geknüpft, den „Holotypus". Dieser bildet sozusagen den „Urmeter" einer Art. Er muss heutzutage bei der Beschreibung einer neuen Art festgelegt werden. Bei Arten, die aufgestellt wurden, bevor die Nomenklaturregeln dies zwingend vorschrieben, wird nachträglich ein Tier aus der dem Autor bei der Beschreibung vorliegenden Exemplare, die sogenannte „Typenserie" oder die „Syntypen", ausgewählt und als „Lectotypus" bezeichnet. Die anderen der dem Autor bei der Beschreibung vorliegenden Exemplare nennt man „Paratypen" (bzw. bei nachträglicher Festlegung „Paralectotypen"). Den Fundort des Holotypus bezeichnet man als „locus typicus".

Einen wissenschaftlichen Namen, der keinem Taxon mit Sicherheit zugeordnet werden kann, nennt man „nomen dubium". Häufigster Grund für ein nomen dubium ist der Verlust des Typenmaterials oder eine so weitgehende Zerstörung, dass die artcharakteristischen Merkmale nicht mehr erkennbar sind.

Ein „nomen nudum" ist ein wissenschaftlicher Name, der für eine Art vorgeschlagen wurde, ohne eine Beschreibung beizufügen.

Der Begriff „Taxon" (Pl. Taxa) bezeichnet eine Gruppe von Lebewesen, die eine systematische Einheit bilden, z.B. eine Art oder eine Gattung. Der Begriff wird häufig in Fällen gebraucht, in denen die Zuordnung zu einer bestimmten systematischen Kategorie unklar ist. Beispiel: Bei dem als *Andrena croceiventris* MORAWITZ, 1871 beschriebenen Tier könnte es sich sowohl um eine eigene Art, um eine Unterart von *A. similis* oder um eine bloße Färbungsform von *A. similis* handeln.

Der Name einer Familie wird durch Anfügung der Endung „-idae". eine Unterfamilie durch „-inae", und einer Tribus durch „-ini" gekennzeichnet.

Deutsche Namen

Mit Ausnahme einiger Hummeln existieren im deutschsprachigen Raum keine volkstümlichen Bezeichnungen für Wildbienenarten, obwohl bereits im 18. Jahrhundert Entomologen wie Johann Ludwig Christ und Georg Wolfgang Franz Panzer ihren Beschreibungen neben den wissenschaftlichen auch deutsche Namen zuwiesen, die sich jedoch nie im allgemeinen Sprachgebrauch durchsetzen konnten.
Da deutsche Namen dazu beitragen können, die Popularität der Wildbienen in der Öffentlichkeit zu fördern, wurde im baden-württembergischen Arbeitskreis Wildbienen-Kataster ein Gremium gebildet, welches sich bis 2012 mit der Vergabe deutscher Bienennamen beschäftigte. Aufbauend auf der bis dahin vorliegenden umfassenden, jedoch noch nicht alle Arten betreffenden Namensliste wurden nun weitere Namen vergeben, sodass sämtliche jemals für Mitteleuropa gemeldeten Bienentaxa mit deutschen Namen versehen sind.

Bei der Namensgebung wurden so weit wie möglich charakteristische Verhaltensweisen verwendet, wie bevorzugter Blütenbesuch (z. B. „Spargel-Sandbiene" für *Andrena chrysopus*) oder Besiedlung bestimmter Landschaftselemente (z. B. „Geriefte Steilwand-Schmalbiene" für *Lasioglossum limbellum*), morphologische Eigenheiten (z. B. „Zweihöckrige Mauerbiene" für *Osmia leaiana*) oder aber die zutreffende Übersetzung der wissenschaftlichen Namen (z. B. „Gürtel-Wollbiene" für *Anthidium cingulatum*). Um bei besonders umfangreichen Gattungen einen besseren Überblick zu schaffen, wurde für Untergattungen ein eigener deutscher Name gebildet. So werden die Subgenera *Micrandrena* als Zwergsandbienen, *Zonandrena* als Bindensandbienen und *Simandrena* als Körbchensandbienen bezeichnet. Die Wahl des Namens wird jeweils im Abschnitt „Etymologie" begründet.

Systematik

Da die Kenntnis der verwandtschaftlichen Stellung der einzelnen Gattungen für ein tieferes Verständnis der Wildbienen unerlässlich ist, wird bei jedem Gattungsporträt die Stellung der Gattung im System angegeben. Die Aufgabe der biologischen Systematik ist es, Arten (als Grundeinheit des Systems) festzustellen und sie hierarchisch zu ordnen.

Über die Definition des Begriffes „Art" wird gerne gestritten; am sinnvollsten ist sicherlich immer noch die Definition als Gemeinschaft von Individuen, die sich untereinander fruchtbar fortpflanzen können. Allerdings lässt sich in der Praxis nicht überprüfen, ob Tiere, die man als zu einer Art gehörig betrachtet, diese Definition erfüllen. So liegt insbesondere die Frage, ob bestimmte Tiere zu einer selbstständigen Art oder nur zu einer Unterart gehören, im Ermessen des jeweiligen Bearbeiters.

Arten mit gewissen gemeinsamen Merkmalen werden zu Gattungen zusammengefasst; so werden z. B. alle Bienen, deren Weibchen neben den Komplexaugen eine dicht behaarte, grubige Vertiefung und an der Basis der Hinterbeine eine gekrümmte Haarlocke besitzen, zur Gattung *Andrena* gezählt. Der Gattung folgen als nächsthöhere Kategoriestufe die Tribus, dann die Unterfamilie und schließlich die Familie.

Prinzipiell folgt die systematische Einteilung der in MICHENER (2007) dargelegten Auffassung, Abweichungen werden gegebenenfalls erläutert.

In der Abbildung wird die systematische Gliederung der Bienen dargestellt (Stammbaum), wie sie sich aus dem in MICHENER (2007) dargelegten System ergibt; daneben befindet sich der in einigen Punkten abweichende Stammbaum nach neueren Erkenntnissen, die mittels genanalytischer Untersuchungen durch CARDINAL & DANFORTH (2013) gewonnen wurden.

In der Abbildung sind die Namen von Taxa, die im Gebiet nicht vorkommen, kursiv gesetzt. Die Ziffer in Klammern hinter den Namen von Tribus bzw., Unterfamilien gibt die Zahl der jeweils in ihnen enthaltenen Gattungen an. Die Namen von Gattungen, die im Gebiet nicht vorkommen, werden nur bei gattungsärmeren Tribus angegeben.

Artporträts: Hier ist die systematische Zugehörigkeit zur jeweiligen Untergattung bzw. zu einer Artengruppe angegeben. Existieren zu diesem Punkt verschiedene Auffassungen, werden die von MICHENER (2007) abweichenden Auffassungen in Klammern angegeben.

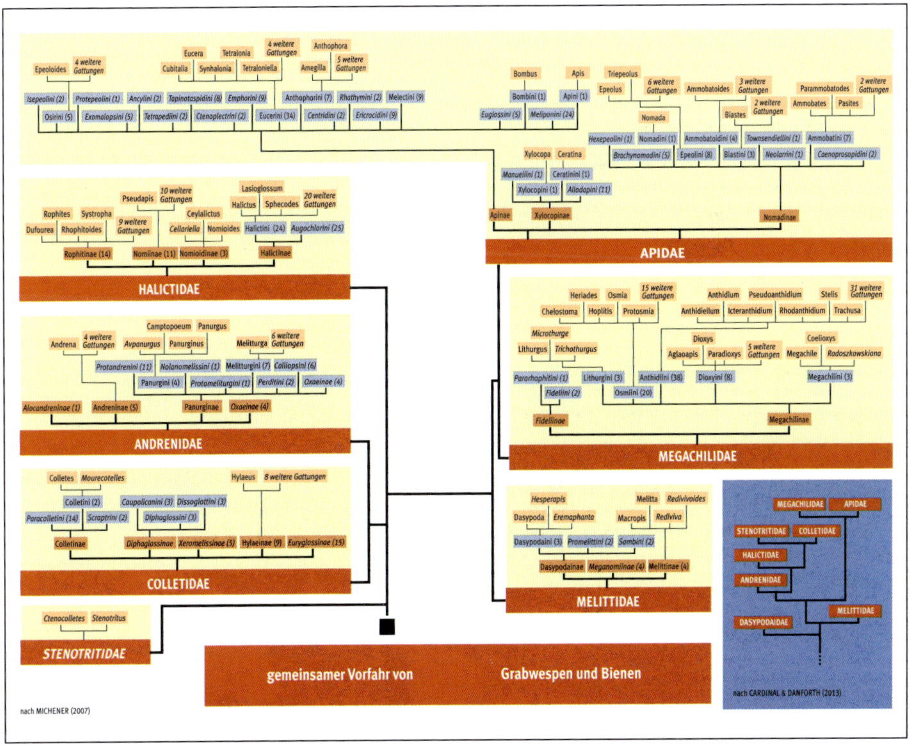

Nomenklatur

Gattungsporträts: Aufzählung der Synonyme des aktuell gültigen Gattungsnamens; die bei den Artporträts verwendeten Untergattungsnamen, die von MICHENER (2007) abweichen, werden erläutert.

Artporträts: Aufzählung der Synonyme des aktuell gültigen Artnamens; aus Platzgründen werden nur Synonyme angegeben, unter denen Arten nach dem Jahr 1900 aus einem der drei Länder des Gebiets gemeldet wurden.

Literatur

Nur Gattungsporträts: Hier werden Publikationen angegeben, die Bestimmungstabellen für die jeweiligen Gattungen enthalten, wobei zuweilen nur die Arten eines Teils des behandelten Gebiets abgedeckt werden, zuweilen aber auch für einen größeren Raum gelten. Zu beachten ist, dass vor allem ältere Arbeiten oft unvollständig sind und eine veraltete Nomenklatur wenden. Angegeben wird auch Literatur, die nur Bestimmungstabellen für Artengruppen enthält oder durch Illustrationen oder andere Informationen für die Bestimmung mitteleuropäischer Wildbienen hilfreich ist, auch wenn sie sich nicht auf dieses Gebiet beschränkt.

Etymologie

Gattungs- und Artporträts: Erläuterung der Wortherkunft des wissenschaftlichen und des deutschen Namens. Die wissenschaftlichen Namen sind fast durchweg von lateinischen bzw. latinisierten und von griechischen Begriffen abgeleitet; dies wird jeweils durch die Abkürzungen „lat.“ und "griech.“ angezeigt. Namen, die sich auf anatomische Begriffe beziehen, sind durch die Abkürzung „anat.“ gekennzeichnet.

Körperliche Merkmale

Nur Gattungsporträts: Kurzer Überblick über die morphologischen Besonderheiten der jeweiligen Gattung sowie über Unterschiede zu verwandten Gattungen. Zur Bezeichnung der einzelnen Körperteile siehe Abbildung S. 19. Nicht in der Abbildung zu sehen, aber in manchen Gattungsporträts erwähnt sind die Dufourschen Drüsen. Sie befinden sich in der Hinterleibsspitze des Weibchens und münden zusammen mit der Giftblase in den Stachel. Sie produzieren ein Sekret, das zur Auskleidung der Brutzellen und möglicherweise auch der Duftmarkierung des Nesteingangs dient.

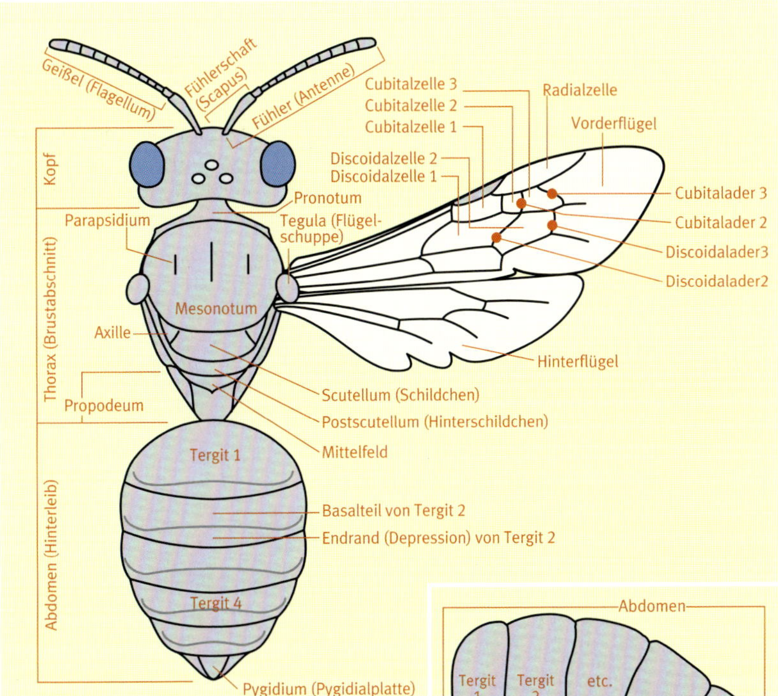
Geißel (Flagellum)
Fühlerschaft (Scapus)
Fühler (Antenne)
Cubitalzelle 3
Cubitalzelle 2
Cubitalzelle 1
Radialzelle
Vorderflügel
Discoidalzelle 2
Discoidalzelle 1
Kopf
Pronotum
Parapsidium
Tegula (Flügel-schuppe)
Cubitalader 3
Cubitalader 2
Discoidalader3
Discoidalader2
Thorax (Brustabschnitt)
Mesonotum
Axille
Hinterflügel
Propodeum
Scutellum (Schildchen)
Postscutellum (Hinterschildchen)
Mittelfeld
Tergit 1
Abdomen (Hinterleib)
Basalteil von Tergit 2
Endrand (Depression) von Tergit 2
Tergit 4
Pygidium (Pygidialplatte)

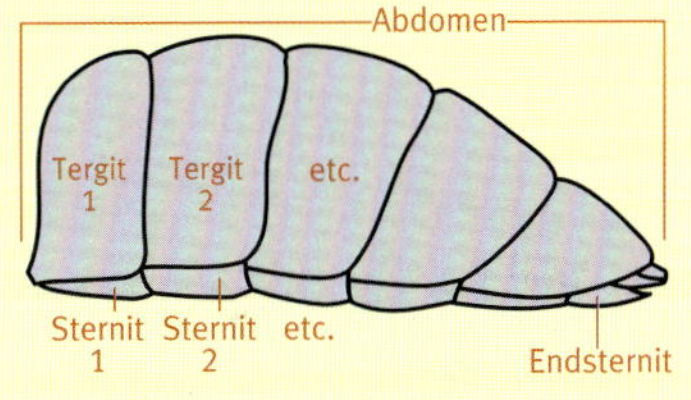
Abdomen
Tergit 1
Tergit 2
etc.
Sternit 1
Sternit 2
etc.
Endsternit

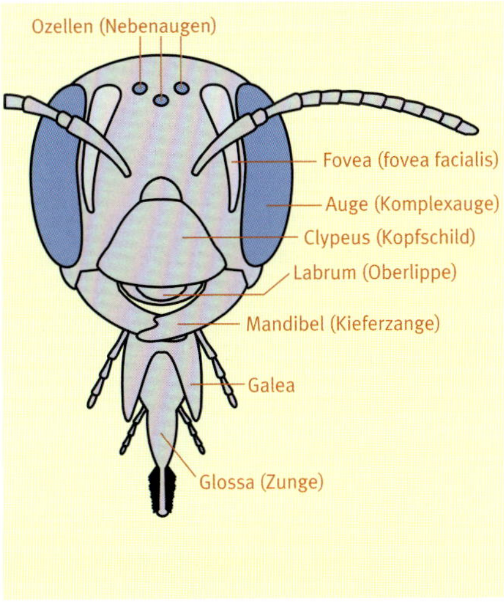
Ozellen (Nebenaugen)
Fovea (fovea facialis)
Auge (Komplexauge)
Clypeus (Kopfschild)
Labrum (Oberlippe)
Mandibel (Kieferzange)
Galea
Glossa (Zunge)

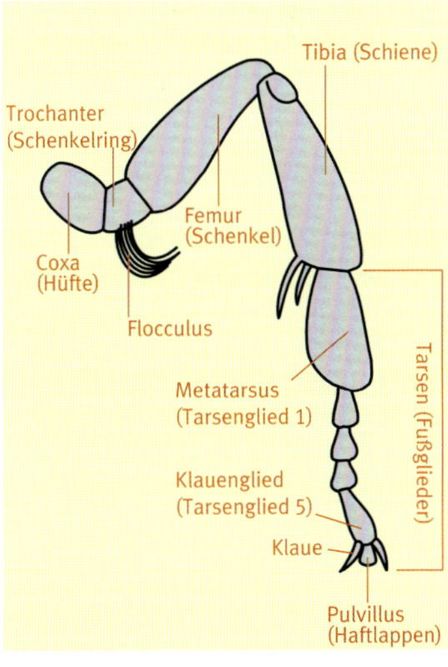
Tibia (Schiene)
Trochanter (Schenkelring)
Femur (Schenkel)
Coxa (Hüfte)
Flocculus
Tarsen (Fußglieder)
Metatarsus (Tarsenglied 1)
Klauenglied (Tarsenglied 5)
Klaue
Pulvillus (Haftlappen)

Lebensweise

Gattungsporträts: Hier wird dargelegt, ob die Gattung aus pollensammelnden oder parasitisch lebenden Arten besteht.

Artporträts: Dieser Punkt wird nur bei den Gattungen *Halictus* und *Lasioglossum* erörtert, die beide sowohl solitär als auch sozial lebende Arten umfassen.

Pollenquellen

Gattungs- und Artporträts (nur bei pollensammelnden Gattungen bzw. Arten): Informationen über die Pollenquellen der jeweiligen Gattung bzw. Art. Zu beachten ist, dass sich die Angaben nicht auf den Blütenbesuch im Gemeinen beziehen, da die Bienen zur Eigenversorgung mit Nektar in der Regel ein viel größeres Blütenspektrum nutzen können als zur Versorgung der Nachkommen mit Pollen.
Angegeben sind nur Pflanzen bzw. Pflanzenfamilien, bei denen die Nutzung des Pollens durch die jeweilige Bienenart belegt ist. Dies bedeutet nicht, dass keine anderen Pflanzen besammelt werden – es fehlen möglicherweise nur die Nachweise. Gerade bei ausgesprochen polylektischen Arten dürften zukünftige Pollenanalysen noch weitere, bisher nicht bekannte Pollenquellen erbringen. Ebenso könnten sich bisher als oligolektisch geltende Arten als zumindest mesolektisch erweisen. Hauptquellen bezüglich der Pollenspeziallsierung waren Westrich (1989). Müller (2015b). Müller & Kuhlmann (2003), Sedivy et al. (2008) und Sedivy et al. (2013).

Nestbau

Gattungs- und Artporträts (nur bei pollensammelnden Gattungen bzw. Arten): Informationen über Nestbau, Nestarchitektur, Nistrequisiten und andere das Nistverhalten betreffende Erkenntnisse. Wenn im Artporträt nichts aufgeführt wird, liegen keine Informationen vor, die über die Angaben im Gattungsporträt hinausgehen. Bei den Osmiini war Müller (2015b) eine Hauptquelle bezüglich des Nestbauverhaltens.

Lebensraum

Nur Artporträts: Auflistung der Lebensräume der jeweiligen Art und Angabe der vertikalen Verbreitung. Die Angaben zu den Lebensräumen beziehen sich auf das Gebiet, listen lediglich bekanntermaßen bevorzugte Habitate auf und schließen nicht aus, dass die jeweilige Art auch in anderen Lebensräumen angetroffen wird. Die Bezeichnung der Höhenstufen richtet sich nach folgender Einteilung:

- Flachland bis kolline Höhenstufe: 0–800 m
- montane Höhenstufe: 800–1600 m
- subalpine Höhenstufe: 1600–2100 m
- alpine Höhenstufe: über 2100 m

Diese Bezeichnungen gelten für die Nordalpen und das Gebiet nördlich davon; in den Südalpen sind die Höhenstufen um durchschnittlich 200 m nach oben verschoben.

Parasiten

Gattungs- und Artporträts (nur bei pollensammelnden Gattungen bzw. Arten): In erster Linie werden sogenannte Brut- oder Nestparasiten, insbesondere Kuckucksbienen, angegeben. Als Kuckucksbienen werden Bienenarten bezeichnet, die ihre Eier in die Nester von pollensammelnden Bienenarten legen, wo die daraus schlüpfende Larve in aller Regel zuerst das Wirtsei oder die junge Wirtslarve tötet und sich dann vom Pollenvorrat ihres Wirtes ernährt bzw. bei den Hummeln als Sozialparasit ihre Nachkommen

Andrena flavipes mit Fächerflügler *Stylops melittae* zwischen den Hinterleibssegmenten
Rechts: Larven des Ölkäfers *Meloe proscarabaeus* warten auf einer Ehrenpreisblüte auf eine Wildbiene, die sie in den Bau mitnimmt, wo sie an den Larven parasitieren.

Bienenwolf *Trichodes apiarius*

von den Arbeiterinnen des Wirtsvolkes aufziehen lässt. Nicht-apide Brutparasiten sind z. B. Ölkäfer (Meloidae), Buntkäfer (Cleridae), Schmalbauchwespen (Gasteruptionidae) und Keulenwespen (Sapygidae), deren Larven ähnlich vorgehen wie Kuckucksbienenlarven. Daneben werden auch weitere, häufiger zu beobachtende Schmarotzer wie Fächerflügler (Strepsipteren) aufgezählt. Die Informationen über nicht-apide Parasiten stammen teilweise aus älterer Literatur. Es wurde zwar versucht, die darin verwendeten wissenschaftlichen Namen der aktuellen Nomenklatur anzupassen, dies wird möglicherweise aber nicht in allen Fällen gelungen sein, da auch bei den aktuellen Autoren, insbesondere was die Gattungszugehörigkeit anbelangt, keine Einigkeit besteht. Hauptquellen bezüglich der Parasitierung durch Fächerflügler waren Straka et al. (2015) und Hofeneder & Fulmek (1942, 1943).

Wirte

Gattungs- und Artporträts (nur bei parasitischen Gattungen bzw. Arten): Informationen über die Wirte der jeweiligen Gattung bzw. Art.

Flugzeit

Nur Artporträts: Angabe des Zeitraums, in dem man erwachsene Tiere der jeweiligen Art in der freien Natur beobachten kann. Als Basis dienten neben eigenen Daten vor allem Angaben aus der Literatur, sofern sie sich auf die Phänologie in Deutschland, Österreich und der Schweiz beziehen. Bei sehr seltenen Arten wurden auch Angaben aus den angrenzenden Regionen berücksichtigt. Die Angaben wurden bewusst unscharf gehalten (also nicht „Anfang Juni bis Ende August“, sondern „Juni bis August“), da die klimatischen Unterschiede im Gebiet, das von Schleswig-Holstein bis ins Tessin reicht, enorm sind.

Besonderes Verhalten

Gattungs- und Artporträts: Informationen über interessante Verhaltensweisen, die sich nicht unter einem der anderen Punkte unterbringen lassen, wie z. B. Schlaf- oder Paarungsverhalten oder das Phänomen der sexuellen Mimikry bei bestimmten Orchideenarten, deren Blüten durch Form, Farbe und Geruch ein Bienenweibchen nachahmen, um Bienenmännchen, die sich täuschen lassen und versuchen, mit der Blüte zu kopulieren, als Pollentransporteur zu benutzen.

Verbreitung/Artenzahl

Nur Gattungsporträts: Angabe der Gesamtverbreitung der Gattung und der Zahl der bisher weltweit bekannten Arten.

Gesamtverbreitung

Nur Artporträts: Das bekannte Gesamtverbreitungsgebiet der jeweiligen Art wird zuerst in Worten umrissen.

Der Beschreibung des Gesamtverbreitungsgebietes folgt eine Liste aller Länder, aus denen die jeweilige Art bisher gemeldet wurde. Um eine Vorstellung von der Verbreitung der Arten zu erleichtern, sind die Länder nach Zonen gruppiert, die von West nach Ost in einer Art „Scheibenwischer-Bewegung" nacheinander angeführt werden.

Erwiesenermaßen oder mit an Sicherheit grenzender Wahrscheinlichkeit auf einem Irrtum beruhende Meldungen werden gekennzeichnet, ebenso zweifelhafte oder überprüfungsbedürftige Literaturangaben.

* = bisher nicht publizierte Daten
{PL} = erwiesenermaßen oder mit an Sicherheit grenzender Wahrscheinlichkeit auf einem Irrtum beruhend
PL? = zweifelhafte Meldung
PL(?) = überprüfungsbedürftige Meldung
\+ = eingeschleppt oder eingeführt, etabliert

Lokalverbreitung

Nur Artporträts: Es wird auf die Verbreitung innerhalb des Gebietes eingegangen. Hier werden aus praktischen Gründen Bremen zu Niedersachsen, Hamburg zu Schleswig-Holstein, Berlin zu Brandenburg, Wien zu Niederösterreich und das Saarland zu Rheinland-Pfalz gezählt. Die Begriffe „aktuell" bzw. „historisch" kennzeichnen Nachweise nach bzw. vor 1990.

Sonstiges

Autorennamen: Familiennamen von Personen sind generell in Kapitälchen gesetzt. Die Kennzeichnung eines Literaturzitats folgt dem Schema „AUTOR Jahreszahl" innerhalb einer Klammer „(AUTOR Jahreszahl)", stets ohne Trennung durch ein Komma. Werden Autor und Jahreszahl durch ein Komma getrennt, bezieht sich diese Kombination immer auf die Beschreibung einer Art.

Arten werden grammatikalisch immer als weiblich behandelt, auch wenn der Gattungsname männlich oder sächlich ist (also z. B. „*Anthidium manicatum* errichtet ihre Brutzellen ... " statt „*Anthidium manicatum* errichtet seine Brutzellen ... ").

Wissenschaftliche Namen von Gattungen, Arten und Unterarten (inklusive Formen oder Varietäten) werden kursiv gesetzt, die Namen der Hierarchie-Ebenen oberhalb der Gattung jedoch nicht.

Wildbienen – Majas wilde Verwandtschaft

Eric Fischer

Meist denken wir an die Honigbiene, wenn der Begriff „Biene“ fällt. In der Tat ist das Leben der Honigbiene mit unserem vielfältig verbunden. Das staatenbildende Insekt wurde schon vor langer Zeit domestiziert. Es liefert nicht nur den berühmten Bienenhonig, sondern leistet auch wichtige Bestäubungsdienste für Wild- und Kulturpflanzen.

Weniger bekannt, aber umso faszinierender und vielfältiger ist ihre wilde Verwandtschaft. Etwas über 600 Bienenarten leben in Deutschland, die meisten solitär oder in primitiven Sozialverbänden. Nur wenige Arten (wie die Honigbiene oder die Hummeln) sind staatenbildend.

***Andrena florea*, Zaunrübensandbiene, auf namensgebender Pflanze, eine typische Solitärbiene,** *Foto: E. Fischer*

Lebensweise und Nistgewohnheiten

Mehr als 90 % aller Bienenarten leben und arbeiten (außer bei der Paarung) alleine. Nach der Paarung, die die Männchen nur um wenige Tage überleben, beginnen die weiblichen, befruchteten Tiere mit dem Nestbau, der bei zwei Drittel aller in Deutschland lebenden Arten im Boden stattfindet. Hier werden vor allem sandige, lockere (aber trotzdem bindige) Substrate bevorzugt, in die die Bienen, je nach Art, Gänge unterschiedlicher Länge und Form graben, um dort Nestkammern anzulegen. Nach dem Eintrag eines

Larven der Roten Mauerbiene (*Osmia rufa*) im „Schaunistkasten“, *Foto: R. Groß*

Pollen-Nektargemisches verschließt die Biene das Nest und stirbt meist wenig später. Die Brut wächst im Nest heran, verpuppt sich und überwintert in der Regel. Bei den meisten Arten schlüpft dann erst im nächsten Jahr die neue Generation, die ihre Elterntiere nie zu Gesicht bekommt. Wenige Arten bringen zwei Generationen im Jahr hervor.

Oft gut zu beobachten sind die oberirdischen Bautätigkeiten, bei denen die Bienen entweder vorhandene Hohlräume zur Nestanlage nutzen (Löcher in Hart- oder Totholz, Pflanzenstängel) oder selbst Nester „ausnagen“ (dürre Pflanzenstängel, markgefüllte Stängel).

Auch in lehmig-sandigen Steilwänden legen viele Bienenarten ihre Nester an, z. B. in Kiesgruben oder in Hohlwegen. Da solch „natürliche“ Niststandorte immer seltener werden, weichen Bienen oft in von Menschen geschaffene Ersatzlebensräume (Siedlungsbereiche) aus und nutzen so z. B. Fachwerkhäuser (Holzbalken und Lehmgefache), alte Zaunpfähle oder Reetdächer als Brutplatz.

Einige Arten (Individuen) nutzen mittlerweile vorwiegend vom Menschen angebotene

Natternkopf-Mauerbiene (*Osmia adunca*) am Nest in künstlicher Nisthilfe (Hartholzblock), *Foto: E. Fischer*

Nisthilfen wie angebohrte Hartholzblöcke, gebündelte Pflanzenstängel oder künstliche Steilwände, besonders dann, wenn sie selbst dort geschlüpft sind.

Daneben gibt es sogenannte helicophile Bienenarten, welche ihre Nester in leeren Schneckenhäusern anlegen. Je nach Art werden kleinere Gehäuse von Schnirkelschnecken oder größere Gehäuse von Weinbergschnecken besiedelt.

Frühlings-Pelzbiene (*Anthophora plumipes*) im Flug vor künstlicher Steilwand, *Foto: E. Fischer*

Mit Lehm und kleinen Steinchen hat eine Mauerbiene ihr Nest im Haus einer Schnirkelschnecke verschlossen, *Foto: E. Fischer*

Gefährdung

Der Verlust von Strukturen in der Landschaft oder gar ganzen Landschaftstypen, wachsender Insektiziteinsatz sowie der Rückgang der Trachtpflanzen sind die wesentlichen Faktoren, die für den dramatischen Rückgang der Wildbienenfauna verantwortlich sind.

Da sich die Ausbringung bienengefährdende Insektizide lediglich nach dem Honigbienenflug richtet, wird eine Gefährdung von Wildbienen keinesfalls ausgeschlossen, denn viele Arten – z. B. Hummeln – sind bei Temperaturen aktiv, zu denen Honigbienen im Stock bleiben.

Liegendes und stehendes Totholz, blütenreiche Feldraine, Brachflächen, naturnah bewirtschaftete Acker- und Grünlandflächen, giftfreie Gärten und strukturreiche alte Wälder werden immer seltener und sind vielerorts bereits ganz verschwunden – und mit ihnen viele Bienenarten.

Dazu kommt oft eine aus Angst und Unwissenheit resultierende direkte Verfolgung durch den Menschen, besonders auf dem eigenen Grundstück. Wildbienen können zwar stechen, es passiert aber praktisch nie. Sie sind kaum aggressiv und der Stachel der meisten Arten kann die menschliche Haut nicht durchdringen. Darüber hinaus kommt es selten zu einem direkten Kontakt zwischen Menschen und Wildbienen. Viele Arten leben von uns völlig unbemerkt in unserer Nähe.

Praktische Hilfsmaßnahmen

Erhalt und Wiederherstellung von geeigneten Lebensräumen. Erst als der Mensch durch die Veränderungen in seinem Lebensumfeld „künstliche Biotope" wie Wiesen, Weiden, Gärten oder Hohlwege erschuf, wurden Wildbienen zu Kulturfolgern. Sie nutzten diverse Strukturen und Nistplätze sowie nektar- und pollenreiche Kulturpflanzen in dörflichen und sogar städtischen Bereichen als neuen Lebensraum und das in dem Maße, in dem die natürlichen Lebensräume zurückgingen. Die bienenfreundliche Gestaltung öffentlicher Grünanlagen sowie der Hausgärten kann eine sinnvolle Schutzmaßnahme darstellen, ersetzt aber nicht den Erhalt und Schutz der natürlichen Lebensräume in der freien Landschaft.

Drei wesentliche Faktoren müssen in einem optimalen Bienenlebensraum gegeben sein: Ein lang anhaltendes, lückenloses und vielfältiges Nahrungsangebot, geeignete Nistplätze sowie Baumaterial für die Nester. Je dichter diese Strukturelemente beieinanderliegen, desto besser. Der Aktionsradius der meisten Wildbienen beschränkt sich in der Regel auf wenige hundert Meter. So steigt die Erfolgsrate für die Fortpflanzung deutlich an, wenn die Tiere nur kurze Strecken zwischen Nistplatz, Nahrungsraum und „Baumaterial-Depot" zurücklegen müssen. Es gibt aber einzelne Arten, die größere Entfernungen zwischen Nahrungs – und Brutgebiet zurücklegen.

Typische gefährdete Bienenlebensräume sind beispielsweise Magerrasen, artenreiche Blumenwiesen, besonnte Ränder alter Wälder, Binnen- und Küstendünen, Sandgruben, Hochwasserdämme, Weinberge und Weinbergsbrachen, Steinbrüche, Hohlwege, Lößwände, Sand- und Lehmwege, Brachen und Ruderalfluren, Obstwiesen oder Hochstaudenfluren.

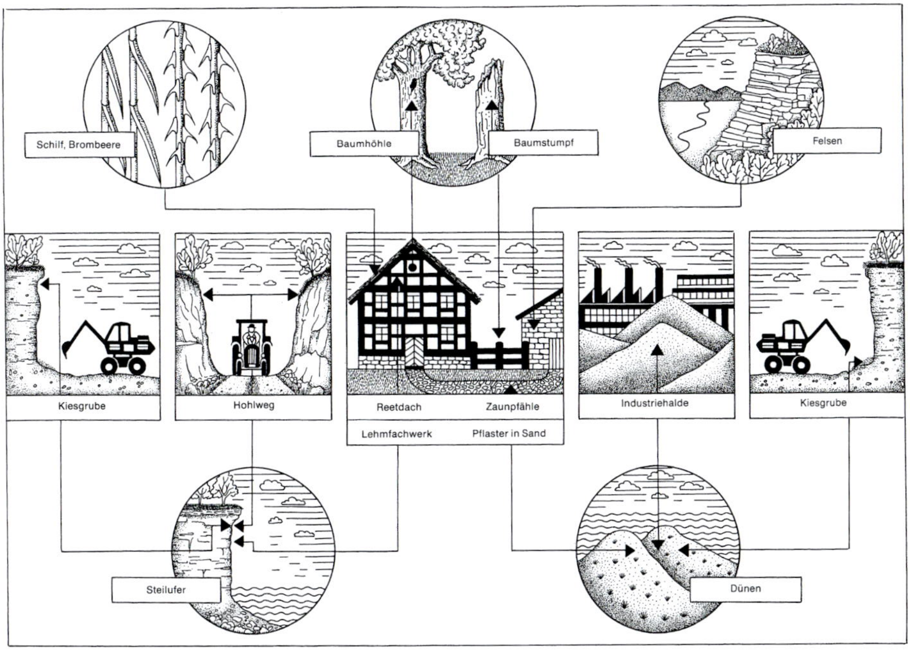

In den Kreisen sind die natürlichen Niststätten der Wildbienen dargestellt, in der mittleren Reihe in den Quadraten die von den Menschen geschaffenen Strukturen, die den Wildbienen als Ersatz dienen. *Zeichnung: H. Hintermeier*

Schaffung von Neststandorten und Nisthilfen. Ergänzend zu vorhandenen Nistplätzen oder in nistplatzleeren Bereichen kann das Anbieten von künstlichen Nisthilfen eine sinnvolle Maßnahme darstellen. Es sollte dabei aber nicht vergessen werden, dass das Schaffen von Nahrungsquellen und das Angebot von Baumaterialien genauso wichtig sind. Nisthilfen allein machen wenig Sinn, wenn Blühpflanzen und beispielsweise Baumharz oder feuchter Lehm zum Nestbau fehlen. „Lehmpfützen" lassen sich leicht in flachen Gefäßen simulieren. In diese wird Lehm gefüllt und anschließend mit Wasser relativ feucht gehalten. An solchen Stellen versorgen sich einige Bienenarten mit dem benötigten „Baustoff".

Wollbienen, wie die noch recht häufige Gartenwollbiene (*Anthidium manicatum*), sammeln Pflanzenhaare zum Nestbau. Durch die Kultivierung geeigneter Pflanzen, wie z. B. Königskerzen oder Wollziest, können diese Arten gefördert werden. „Blutende" Gehölze dienen Harzbienen als Nestbaustoff-Quelle.

Nisthilfen für bodennistende Arten. Noch wenig bekannt sind Nisthilfen im Boden. Sie erfordern in der Regel etwas mehr Aufwand und ein entsprechendes Platzangebot. Dort, wo Böden stark verdichtet, felsig oder von dichter Vegetation bestanden sind, kann ein „Sandkasten" Bodennistern helfen. Ein Rahmen von möglichst großer Seitenlänge und einer Tiefe von mindestens 30 cm gefüllt mit verschiedenen Sanden (fein bis grob) und Sandgemischen (idealerweise unter Beimischung von Feinlehm in unterschiedlichen Mengen) bietet vielen Sandbienen die

Teilweise überdachte Sandfläche vor Lochziegel- und Sandsteinwand, Nistplatz von z. B. Gemeiner Sandbiene (*Andrena flavipes*), Gestreifter Sandbiene (*Andrena cineraria*) und diversen Wespenarten. In den oberirdischen Nistbereichen leben z. B. die Rote sowie die Gehörnte Mauerbiene (*Osmia bicornis, Osmia cornuta*), die Natternkopf-Mauerbiene, die Schöterich-Mauerbiene (*Osmia brevicornis*) sowie die Garten-Blattschneiderbiene (*Megachile willughbiella*). *Foto: E. Fischer*

Möglichkeit zur Nestanlage. In der „Luxusausführung" werden diese Flächen entweder an regengeschützten Standorten (z. B. unter Vordächern) angelegt oder mit einer Plexiglasscheibe gegen zu starke Niederschläge geschützt. Natürlich können solche Sandflächen auch direkt in den Mutterboden eingebaut werden. In diesem Fall empfiehlt sich eine zusätzliche Drainage aus Grobschotter. Allerdings sollte man in Regionen mit z.B. primär lehmigen Böden nicht unbedingt typische „Sandbodenarten" erwarten. Eine Ausnahme stellt allerdings die Fliegenspießwespe (*Oxybelis uniglumis*) dar, die selbst auf kleineren Sandflächen weit ab von natürlichen Sandböden auftaucht und dort erfolgreich brütet.

Nisthilfen für holz- oder stängelbewohnende Bienenarten. Sogenannte „Insektenhotels" sind in aller Munde. Dabei ist nicht nur der Name irreführend, sondern allzu oft sind diese falsch angelegt und für den Wildbienenschutz wenig effektiv, manchmal sogar schädlich. In einem Hotel übernachten Gäste und gehen früher oder später ihrer Wege. Darum geht es jedoch hier nicht! Es geht um die erfolgreiche Fortpflanzung von Bienen in Nisthilfen! Wir sollten also lieber von „Bienennisthilfen" sprechen.

Hier gilt: Wegen des oft zu beobachtenden Parasitendrucks oder dem Aufhacken der Nester durch Vögel ist es sinnvoller, viele kleine Nisthilfen statt einer großen anzubieten. Weiterhin ist die korrekte Ausführung von Holzbohrungen entscheidend. Diese wird im Folgenden beschrieben.

Zunächst wird gut abgelagertes Hartholz ohne Risse benötigt. Dieses wird mit einem scharfen Holzbohrer (Durchmesser von 2 mm – 10 mm) quer zum Faserverlauf angebohrt. Um Rissbildung zu vermeiden, sollten die Bohrungen mindestens 3 cm auseinanderliegen. Abschließend wird jedes Bohrloch mit Schleifpapier gut abgeschliffen. Solche Bohrgänge werden bevorzugt angenommen. Besonders bei Nistplatzmangel nisten einige Arten auch in „unsauberen“ Bohrlöchern, bei denen an den Rändern kleine Fasern abstehen. Im Extremfall können dann Bienenflügel beim Ein- und Ausfliegen verletzt werden, sodass die Biene flugunfähig wird und verendet.

Saubere Bohrungen im Hartholz, besiedelt von der Schöterich-Mauerbiene (*Osmia brevicornis*),
Foto: E. Fischer

Nisthilfe aus Pappröhren mit Gitter, besiedelt von der Gehörnten Mauerbiene (*Osmia cornuta*),
Foto: E. Fischer

Nisthilfe mit weißfaulen Apfelbaumscheiben, Hartholzblöcken, Pappröhrchen, einem Mauerstein sowie Holunderstängeln. Die hier gezeigten Scheiben sind zwar mit ca. 13 cm Dicke relativ dünn, wurden aber dennoch von *Anthophora furcata*, der Wald-Pelzbiene) besiedelt. *Foto: E. Fischer*

Bohrungen ins Stirnholz sollten vermieden werden, weil hier Feuchtigkeit leichter eindringen kann und die Wahrscheinlichkeit einer Verpilzung der Zellen steigt.

Als Standort sind grundsätzlich windgeschützte, warme und weitgehend trockene Bereiche geeignet, die an möglichst große, senkrechte Flächen anschließen. Die Anbringung an Haus- oder Scheunenwänden, idealerweise mit Dachüberstand, bietet sich an. Niemals sollten Nisthilfen in Bäumen oder frei hängend angeboten werden!

Sehr zu empfehlen sind die neuerdings käuflichen, speziellen Pappröhren für Wildbienen. Diese werden mit Durchmessern von 2 mm bis 10 mm angeboten und horizontal z. B. in leere Konservendosen gesteckt. Damit das hintere Ende gut verschlossen wird, können die Röhrchen mit Holzleim fixiert werden. Außerdem ist das Anbringen eines Gitters gegen Vögel anzuraten.

Ebenso geeignet sind Bambusstängel sowie sauber abgeschnittene Schilf- oder Strohhalme. Wichtig ist bei allen Materialien, dass die Nesteingänge frei von Fasern, Splinten oder anderen scharfkantigen Materialien sind.

Das Anbringen von markgefüllten Stängeln, z. B. Holunder, macht ebenfalls Sinn. Es wird kontrovers diskutiert, ob diese nur einzeln und vertikal positioniert werden sollten, z. B. an kleinen Stöcken, die in den Boden gesteckt werden, oder ob auch Bündelungen und waagrechte Positionierungen zur Besiedlung führen.

In dieser Nisthilfe (morscher Apfelbaumstamm) befinden sich gleich drei Nester der Blauschwarzen Holzbiene (*Xylocopa violacea*). *Foto: E. Fischer*

Mit Plexiglas abgedeckte, angebohrte Niststeine aus Sandstein. Links daneben ein Hartholzblock.
Foto: E. Fischer

Trockene Stängel von Stauden wie Königskerzen sollten möglichst lange stehengelassen werden, ebenso dürre Brombeeräste oder andere markgefüllte Pflanzen. Hier nagen sich hoch spezialisierte Bienen – oder Wespenartenarten ihre Nester aus.

Einige Arten bevorzugen mehr oder weniger morsches, meist stehendes Totholz. Diesen können weißfaule Baumscheiben oder morsche, möglichst voluminöse Äste oder Stämme von Laubhölzern angeboten werden. Hierfür besonders gut geeignet ist vor allem das Holz von Apfel-, Birnen- oder Pflaumensorten.

Schöterich-Mauerbiene (*Osmia brevicornis*) in Nistblock aus gebranntem Ton, *Foto: E. Fischer*

Nisthilfen aus Steinen, Beton und Ziegeln. Entgegen häufiger Behauptungen können auch in verschiedenen Gesteinen sowie Beton Nestbohrungen (4 mm – 10 mm, volle Bohrertiefe) durchgeführt und Bienen erfolgreich angesiedelt werden.
Hierbei sind „weiche“ Gesteinsarten zu bevorzugen, besonders Sandstein bietet sich an. Auch in freier Natur nagen bestimmte Bienenarten Sandstein zur Nestbildung an. Ähnlich gut angenommen werden Niststeine aus gebranntem Ton.
Aber selbst harter Beton kann mit entsprechenden Bohrern angebohrt werden und wird von diversen Mauerbienenarten besiedelt.

Nistbereich mit angebohrtem Hartholz (rechts), weißfaulem Totholz (Mitte) und angebohrten Betonplatten in Holzoptik. Trachtpflanzen wachsen unmittelbar vor dem Nestbereich. *Foto: E. Fischer*

Nicht mehr so leicht zu bekommen, aber sehr attraktiv für Wildbienen, sind Strangfalzziegel/Lochziegel, die in ihrer Länge halbiert, am hinteren Ende mit Zement verschlossen und witterungsgeschützt aufgestapelt einen hervorragenden Nestplatz darstellen. Meist haben sie einen Lochdurchmesser von 6 mm, was die Artenauswahl allerdings begrenzt.
Oft sind es die relativ häufigen Arten Rote Mauerbiene (*Osmia bicornis*) und Gehörnte Mauerbiene (*Osmia cornuta*), die an solchen Nisthilfen hohe Individuendichten erreichen können.

„Nisthilfen“ für schneckenhausbewohnende Arten. Um schneckenhausbewohnende Arten zu unterstützen, sollten leere Schneckenhäuser verschiedener Größe im Bereich großer Steine oder an Mauerfüßen positioniert werden. Die Bienen scheinen instinktiv zu wissen, dass die Gehäuse hier vor Zerstörung besser geschützt sind und besiedeln diese bevorzugt. Das „Vollstopfen“ einzelner Gefache von Nisthilfen mit Schneckenhäusern ist dagegen nicht zielführend.

Künstliche Steilwände. Etwas kniffliger umzusetzen, aber durchaus machbar, sind künstliche Steilwände aus einem Lehm-Sandgemisch. Da sie ziemlich schwer werden, empfiehlt es sich, relativ kleine Gefache, z. B. Pflanzsteine, mit einem entsprechenden Substrat zu füllen und – wie jede Nisthilfe – witterungsgeschützt aufzustellen. Ein Dach

Nisthilfe aus Lochziegeln, besiedelt durch Gehörnte Mauerbiene (*Osmia cornuta*), Rote Mauerbiene (*Osmia bicornis*) und Natternkopf-Mauerbiene (*Osmia adunca*), durch Glasdach geschützt,
Foto: E. Fischer

aus (Plexi-)Glas ist unbedingt zu empfehlen, damit die künstliche Steilwand nicht durch Regen zu stark aufgeweicht werden kann.

Geeignet ist Lehmpulver feinster Körnung, welches im Fachhandel für Fachwerkbau erworben werden kann. Im Verhältnis 1 zu 6 bis 1 zu 7 (ein Teil Lehm, 6 Teile Sand) wird das Lehmpulver gut mit quarzfreiem, feinem Sand vermischt.

Wichtig ist ein mittlerer Trockenheitsgrad (krümelige Konsistenz), um bei der Trocknung Rissbildungen vorzubeugen, die meist bei zu feuchter Mischung auftreten.

Das Gemisch wird schichtenweise in den Stein (liegend) eingebracht und mit einem Holzblock oder Fausthammer verdichtet. Dann muss der Nist-Stein am besten im Schatten langsam trocknen (ca. 3 Wochen). Anschließend sollte das Substrat eine Härte besitzen, die ein Einritzen mit dem Fingernagel zulässt. Um Steilwandbewohner anzulocken, können ein bis zwei Zentimeter tiefe Initialbohrungen angebracht werden, die eine bereits früher erfolgte Besiedlung vortäuschen. Solche Steilwände werden bevorzugt angenommen. Arten wie die Frühlings-Pelzbiene (*Anthophora plumipes*) graben dann komplexe, weitverzweigte Nestkammern in die Nistwand.

Zweifarbige Mauerbiene (*Osmia bicolor*) beim Verschließen eines Schneckenhauses. Deutlich zu sehen sind die „Tarnflecken" aus Pflanzenmörtel. *Foto: E. Fischer*

Künstliche Steilwand aus lehmigem Sand und Plexiglasdach, rechts mit Initialbohrungen, *Foto: E. Fischer*

Frühlings-Pelzbiene (*Anthophora plumipes*) gräbt ihr Nest in künstliche Steilwand. *Foto: E. Fischer*

Das fertige Nest wird mit Pollen versorgt. *Foto: E. Fischer*

Weitere Profiteure von Bienennisthilfen. Neben der vielfältigen Bienenfauna werden mit den aufgeführten Schutzmaßnahmen auch eine Vielzahl von solitären Wespen sowie verschiedene Käfer- und Fliegenarten gefördert, die bei den Wildbienen schmarotzen. Darüber hinaus schmarotzen unzählige Bienenarten, sogenannte Kuckucksbienen, bei ihren (oft speziellen) Wirts-Bienen, indem sie ihre Eier während der Nestbauphase in deren Nester legen.

Diverse Schlupfwespen bohren mit ihren Legestacheln fertige Nester in Holz oder Pflanzenstängel und deponieren dort ebenfalls ihre Eier.

Noch während der Nestbauphase versuchen Goldwespen, ihren Wirtstieren ihre Eier „unterzuschieben."

Eine Schornsteinwespe (*Odynerus spinipes*), benannt nach ihren schornsteinartigen Nesteingängen, baut an einer künstlichen Lehmwand. *Foto: E. Fischer*

Wespenbienen sind Brutschmarotzer verschiedener Sandbienenarten. Sie profitieren von Maßnahmen für Bodennister. *Foto: E. Fischer*

Die Gemeine Trauerbiene (*Melecta albifrons*) ist eine Kuckucksbiene, die bei Pelzbienen schmarotzt. *Foto: E. Fischer*

Diese Riesenschlupfwespe (*Dolichomitus mesocentrus*) inspiziert überraschenderweise eine Bienennisthilfe (gebrannter Ton) mithilfe ihrer hochsensiblen Fühler. Sie legt ihre Eier normalerweise in die Larven von Holzwespen, welche in Nadelholzstämmen heranwachsen. *Foto: E. Fischer*

Sapyga clavicornis, die Gemeine Keulenwespe, ist ein Brutparasit verschiedener Mauerbienenarten. *Foto: E. Fischer*

Tripoxylon figulus, die Töpfergrabwespe, trägt Spinnen zur Versorgung ihrer Brut in oberirdische Hohlräume (hier eine Bienennisthilfe) ein. *Foto: E. Fischer*

Die Gichtwespe *Gasteruption assectator* ist häufig an Nisthilfen zu beobachten, wo sie die Nester diverser Solitärbienenarten parasitiert. *Foto: E. Fischer*

Auch winzige Fliegen treten als Brutparasiten an Nisthilfen auf. Hier lauert die Taufliege *Cacoxenus indagator* am Nest der Roten Mauerbiene. *Foto: E. Fischer*

Verschiedene solitäre Faltenwespen nutzen ebenfalls die angebotenen Nisthilfen. *Foto: E. Fischer*

„Klassische“ Kuckuckswespen an Nisthilfen sind die wunderbar glänzenden Goldwespen, von denen es viele, schwer unterscheidbare Arten gibt. *Foto: E. Fischer*

Auffällig ist der Bienenwolf (*Trichodes apiarius*) mit seinem rotschwarzen Muster, dessen Larve sich im Bienennest entwickelt. *Foto: E. Fischer*

Blutbienen parasitieren bei im Boden nistenden Furchenbienen (*Halictus* und *Lasioglossum*). *Foto: E. Fischer*

Die Falten-Erzwespe (*Leucospis dorsigera*) sticht hier eine Larve der gehörnten Mauerbiene an, um ihr Ei in diese zu legen. Dabei durchdringt der Stachel etwa einen Zentimeter Holz, bevor er die Larve trifft. *Foto: E. Fischer*

Arten-porträts

Colletes (Latreille, 1802)

Seidenbienen

Systematik: Familie: Colletidae – Unterfamilie: Colletinae – Tribus: Colletini.

Literatur: Blüthgen (1930h); Noskiewicz (1936); Amiet et al. (1999). Weitere hilfreiche Arbeiten: Smit (2009)

Etymologie: Latreille leitet den Namen offensichtlich von lat. „*collare*" = „Halsband, Halseisen" ab, wegen der bei den allermeisten Arten ausgebildeten breiten Haarbinden auf dem Hinterleib. Ihr deutscher Name stammt von der eigentümlichen Auskleidung ihrer Brutzellen (siehe Nestbau).

Körperliche Merkmale: Der Körperbau ähnelt der Sand- und Sägehornbienen (*Andrena* und *Melitta*). Von diesen unterscheiden sie sich durch die zweilappige kurze Zunge, wie sie unter den europäischen Bienengattungen nur noch *Hylaeus* besitzt. Beim Weibchen kommt zu diesem Merkmal noch das Fehlen einer Pygidialfranse. Von allen anderen Bienenarten unterscheidet sich *Colletes* durch die s-förmig gebogene Discoidalader des Vorderflügels. Der Körper ist 7–16 mm lang und schwarz gefärbt, der Hinterleib trägt meist breite, scharf begrenzte weiße Haarbinden.

Lebensweise: *Colletes*-Arten sind solitär lebende, pollensammelnde und nestbauende Bienen. Bis auf *Colletes cunicularius*, die bereits zur Weidenblüte erscheint, sind alle einheimischen Seidenbienen Sommerarten mit einer Generation im Jahr. Die meisten Arten überdauern den Winter im letzten Larvenstadium (Präpuppe), lediglich von *C. halophilus* wurde bekannt, dass sie als junge Larve überwintert.

Pollenquellen: Alle einheimischen Arten sind Nahrungsspezialisten, die jeweils verschiedene Pflanzenfamilien oder -gattungen besammeln.

Nestbau: Alle Seidenbienen, mit Ausnahme einiger südamerikanischer Totholznister, errichten ihre Nester in selbst gegrabenen Gängen in der Erde. Die Brutzellen bestehen aus einem körpereigenen Sekret, das an der Luft zu einer cellophan oder seidenpapierähnlichen Membrane aushärtet. Im Gegensatz zu fast allen anderen Bienen ist der Nahrungsvorrat für die Larven flüssig und das Ei wird nicht auf den Vorrat gelegt, sondern es wird mit einem Ende an der Decke der Brutzelle befestigt, wie bei der Gattung *Hylaeus* besteht der Nestverschluss aus einer Membrane.

Parasiten: Als Kuckucksbienen treten Schmuckbienenarten (*Epeolus*) auf, bei *Colletes cunicularius* jedoch schmarotzt ausschließlich die Blutbiene *Sphecodes albilabris*. Weitere Brutparasiten sind z. B. Schmalbauchwespen der Gattung *Gasteruption* und Ölkäfer der Gattung *Meloe*. Als Innenparasiten treten Fächerflügler der Familie Hylecthridae auf.

Besonderes Verhalten: Die Männchen von *Colletes cunicularius* sind in Südeuropa als Bestäuber der Orchideen *Ophrys litigosa* und *O. exaltata* bekannt, deren Blüten durch Geruch und Aussehen Seidenbienen-Weibchen imitieren; den dadurch angelockten Männchen wird dann beim Kopulationsversuch ein Pollenpaket angeheftet.

Verbreitung/Artenzahl: Mit Ausnahme der indo-australischen Region kommt *Colletes* in den gemäßigten und tropischen Klimaten aller Kontinente vor, fehlt allerdings auf Madagaskar. Weltweit sind rund 350 Arten bekannt, von denen im Gebiet 25 nachgewiesen wurden, die Meldung einer weiteren Art ist sehr zweifelhaft.

Colletes cunicularius (LINNAEUS, 1761)

Frühlings-Seidenbiene

Flugzeit	J	F	**M**	**A**	M	J	J	A	S	O	N	D

Weibchen: Hinterleib schwarz mit braungrauer Behaarung, durch das Fehlen sichtbarer Tergitbinden gut zu unterscheiden. Auf den hinteren Tergiten dunkler behaart. Thorax oben lang rötlichbraun unten heller behaart. Kopf seitlich oben kahl und schwarz. Tergite glänzend feiner, nicht allzu dicht punktiert. Mit 12–14 mm größte der Seidenbienenarten.

Männchen: Ähnlich aber etwas kleiner als die Weibchen. 11–14 mm.

Verwechslungsmöglichkeiten: Aus der Entfernung mit der Honigbiene oder *Andrena*-Arten zu verwechseln. Von *Andrena* durch die gleichgroßen Cubitalzellen 2 und 3 zu unterscheiden (bei Andrena ist die Cubitalzelle 2 merklich kleiner als 3); im Weibchen auch durch das Fehlen des für *Andrena* typischen Samtstreifens entlang der inneren Augenränder. Von den anderen Seidenbienen-Arten, die frühestens im Sommer erscheinen und sich durch breiten, scharf kontrastierenden Haarbinden auf dem Hinterleib auszeichnen, allein schon durch die frühe Flugzeit und das Fehlen derartiger Haarbinden zu trennen.

Systematik: *cunicularius*-Gruppe.

Nomenklatur: *Apis cunicularia* LINNAEUS, 1761; *Andrena cunicularia* (LINNAEUS, 1761).

Etymologie: Von lat. „*cunicularius*" = „Stollengräber" (von „*cuniculus*" = „Stollen, unterirdischer Gang, Mine"), wegen der Nestbauweise. Der deutsche Name bezieht sich auf die außergewöhnlich frühe Flugzeit – alle anderen heimischen Seidenbienen fliegen im Sommer und Herbst.

Pollenquellen: Eingeschränkt polylektisch; weit über die Hälfte der untersuchten Pollenladungen enthielten Pollen von *Salix*, sodass die Art bis vor kurzem als oligolektisch galt.

Nestbau: Die Nester werden auf horizontalen oder schwach geneigten Flächen oder in Steilwänden aus sandigem oder lössigem Substrat angelegt, oft in sehr großen Aggregationen. Durch den Aushub des Hauptganges entsteht rund um den Nesteingang ein kleiner Haufen Sand mit einem seitlichen Nesteingang. Das Nest besteht aus einem flach abfallenden Hauptgang, der in einer Tiefe von 15–30, zuweilen auch bis 50 cm in einen horizontalen Abschnitt übergeht. Von hier gehen mehr oder weniger horizontale, 2–6 cm lange Seitengänge aus, an deren Ende je eine Brutzelle errichtet wird. Pro Nest wurden bis zu sechs Brutzellen gefunden.

Lebensraum: Vorwiegend Sand- und Kiesgruben, Binnen- und Küstendünen und Hochwasserdämme. Als Pionierart, die ursprünglich vor allem neu entstandene Sandflächen in den Flussauen besiedelte, ist sie häufig in Sandgebieten zu finden. Vom Flachland bis in die obere kolline Höhenstufe.

Parasiten: Kuckucksbiene ist *Sphecodes albilabris*.

Flugzeit: In einer Generation von Mitte März bis Ende April.

Gesamtverbreitung: Transpaläarktisch. Von Portugal bis zur Pazifikküste des Fernen Ostens, in Europa vom Mittelmeer nordwärts Irland und Mittelengland, bis 62°N in Norwegen und Schweden, bis 65°N in Finnland, in Russland bis Karelien und Komi; östlich von Europa verläuft die Südgrenze der Verbreitung über Kleinasien und den Kaukasus bis Nordostchina. Ältere Meldungen aus Algerien, Ägypten und dem Libanon dürften auf Fehlbestimmungen oder Fehletikettierungen beruhen.

Lokalverbreitung: Im Gebiet aus allen Regionen gemeldet.

Colletes daviesanus (Smith, 1846)

Buckel-Seidenbiene

Flugzeit	J	F	M	A	M	J	**J**	**A**	**S**	O	N	D

Weibchen: Gelblichweiße Behaarung am Kopf und den Thoraxseiten. Oben rötlichbraune Behaarung auf dem Thorax mit leicht glänzender, aufgewölbter, wenig dicht behaarter, mitten kaum punktierter Erhebung auf dem Mesonotum. Fühlerglieder 3 und 4 ca. so hoch wie breit. Breite weiße Haarbinden an den Tergiträndern. Abdomen spitz zulaufend und lang abstehend, schütter behaart. Nur Tergit 1 seitlich länger gelblichweiß behaart und Haarbinde mittig unterbrochen. Am 6. Sternit befinden sich seitlich abstehend 2 Spitzen mit nach hinten gerichteten Haaren. 8–10 mm.

Männchen: Gesicht, Kopf und Clypeus dicht abstehend weißlich behaart. Im Gegensatz zu den Weibchen am Thorax etwas intensiver gelblich bis grauweiß behaart und schmäler erscheinend. Lockere lang abstehende Behaarung auf dem Hinterleib. Helle Haarbinden an den Tergit-Endrändern. Hinterleibsende nicht so spitz erscheinend wie beim Weibchen. Am 6. Sternit seitlich abstehend 2 Höcker mit nach hinten gerichteten Haarbüscheln als Unterscheidungsmerkmal. 7–10 mm.

Verwechslungsmöglichkeiten: Mit bloßem Auge kaum von den anderen bindentragenden *Colletes*-Arten zu unterscheiden. Durch ihre Bindung an Korbblütler ist sie am ehesten mit *C. similis* und *C. fodiens* zu ver-

wechseln. Diese unterscheiden sich durch die dichte und grobe Punktierung auf Tergit 1. *C. fodiens* zeichnet sich überdies durch die dichte, die Skulptur vollständig verdeckende Behaarung des Clypeus aus. Die Männchen von *C. daviesanus* sind neben der Punktierung an den typischen Fortsätzen von Sternit 6 zu erkennen.

Systematik: *fodiens*-Gruppe.

Etymologie: SMITH übernahm den Namen aus einem unveröffentlichten Manuskript von W. KIRBY, verrät jedoch nichts über die Person, der er gewidmet ist. Der deutsche Name bezieht sich auf das leicht bucklig aufgewölbte Mesonotum.

Pollenquellen: Oligolektisch auf Asteraceae. In der ersten Hälfte der Flugzeit wird vorwiegend an Kamillenarten gesammelt, später hauptsächlich auf Rainfarn.

Nestbau: Nistplätze sind vorwiegend Steilwände und Abbruchkanten, im Untersuchungsgebiet meist in Sand oder Löss, mancherorts aber auch in härterem Substrat bis hin zu Sandstein, meist in kleinen bis großen Aggregationen. Das Nest besteht aus einem 6–20 cm langen Gang, der am Ende auch verzweigt sein kann. Die Regel sind kürzere Nestgänge mit nur ein bis zwei Brutzellen, in längeren Gängen sind bis zu sechs Zellen linear hintereinander angeordnet. Ein Weibchen errichtet durchschnittlich 18 Brutzellen, verteilt auf mehrere Nester.

Lebensraum: Sand-, Kies- und Lehmgruben, Ruderalflächen, strukturreiche Feldfluren, Siedlungsbereich. Vom Flachland bis in die subalpine Höhenstufe.

Parasiten: Kuckucksbiene ist *Epeolus variegatus*. Als weitere Nestparasiten wurden die Erzwespe *Monodontomerus dentipes*, Schmal-

bauchwespen der Gattung *Gasteruption*, die Fleischfliege (Sarcophagidae) *Miltogramma punctata* und die Wollschweber *Bombylius pumilus* und *Bombylius minor* bekannt. Aus den Brutzellen von *Colletes daviesanus* wurden angeblich auch die Goldwespen *Chrysis ignita* und *Chrysis cyanea* gezogen.

Flugzeit: In einer Generation von Anfang Juni bis Mitte September.

Gesamtverbreitung: Von Spanien bis zur Pazifikküste des Fernen Ostens, in Europa vom Mittelmeer nordwärts bis Irland und Nordschottland, bis 63,5°N in Norwegen, bis 65,5°N in Schweden und Finnland, in Russland bis Karelien und Perm; östlich von Europa verläuft die Südgrenze der Verbreitung über Kleinasien, Iran und Zentralchina bis in die Mandschurei. Die Meldung von PEREZ aus Algerien beruht sicher auf einem Irrtum.

Lokalverbreitung: Im Gebiet aus allen Regionen gemeldet.

Colletes fodiens (GEOFFROY, 1785)

Filzbindige Seidenbiene

Flugzeit	J	F	M	A	M	J	J	A	S	O	N	D

Weibchen: Thorax rötlichbraun behaart. Clypeus und Gesicht auch auf den Seiten mit langer, dichter Behaarung. Tergitbinden auffällig breit bräunlich weiß behaart, an Tergit 1 oben in der Mitte unterbrochen. Punktierung am 1. Tergit sehr dicht. Tergit 2 durch die feinere noch dichtere Punktierung matter erscheinend. 9–11 mm.

Männchen: Ähnelt dem Weibchen zusätzlich auch an den Tergiten 2–5 mit abstehenden weißen Haare. An Sternit 2 ist der Endrand in der Mitte weiß und dicht behaart, die weiteren Sternite tragen nur seitlich weiße Fransen. Höcker an Sternit 6 gut sichtbar. 8–10 mm.

Verwechslungsmöglichkeiten: Mit bloßem Auge kaum von den anderen bindentragenden *Colletes-Arten* zu unterscheiden. Durch ihre Bindung an Korbblütler ist sie am ehesten mit *C. similis* und *C. daviesanus* zu verwechseln. Von letzterer unterscheidet sie sich durch die dichte und grobe Punktierung auf Tergit 1, von *C. fodiens* durch die lockere, die Skulptur wenigstens teilweise sichtbar lassende Behaarung des Clypeus (bei *C. fodiens* sehr dicht, die Skulptur vollständig verdeckend). Während sich die Männchen von *C. daviesanus* mit geeigneten optischen Hilfsmitteln und einiger Erfahrung gut an den typischen zahnartigen, pinselartig behaarten Seitenfortsätzen von Sternit 6 erkennen lassen, ist die

Abtrennung von *C. similis* im Gelände kaum möglich.

Systematik: *fodiens*-Gruppe.

Etymologie: Von lat. „*fodiens*" = „grabend, wühlend"; wegen der Nistweise. Der deutsche Name bezieht sich auf die filzig dichten Haarbinden des Hinterleibs, die allerdings bei den meisten Arten der Gattung ausgebildet sind.

Pollenquellen: Oligolektisch auf *Asteraceae* (Korbblütler); Hauptpollenquelle ist Rainfarn (*Tanacetum vulgare*).

Nestbau: Nistplätze sind kahle oder schütter bewachsene Flächen, vorwiegend in sandigem oder lössigem Substrat.

Lebensraum: Sandgruben, Hochwasserdämme, Brach- und Ruderalflächen in Sand- und Lössgebieten. Vom Flachland bis in die montane Höhenstufe.

Flugzeit: In einer Generation von Mitte Juli bis Ende August.

Parasiten: Als Kuckucksbiene Ist *Epeolus variegatus* bekannt geworden, ebenso *Epeolus productus*.

Gesamtverbreitung: Von Portugal bis Nordwestchina, Krasnoiarsk. Tuva und Mongolei, in Europa vom Mittelmeer nordwärts bis Irland und Südschottland, bis 58,5°N In Schweden, in Russland bis Leningrad und Perm; östlich von Europa verläuft Südgrenze der Verbreitung über Kleinasien, Iran, Turkmenien und Tadschikistan bis in Mongolei.

Lokalverbreitung: In Deutschland aus allen Bundesländern nachgewiesen. In Österreich mit Ausnahme von Salzburg, der Steiermark, Tirol und Vorarlberg aus allen Bundesländern gemeldet. In der Schweiz aktuell und historisch im Wallis, historisch aus den Kantonen Genf, Waadt, Bern, Tessin und aus dem Misox.

Colletes hederae (Schmidt & Westrich, 1993)

Efeu-Seidenbiene

Flugzeit	J	F	M	A	M	J	J	A	S	O	N	D

Weibchen: Kopf, Thorax und Tergitbinden oberseits rötlich bis gelblichbraun, an den Seiten heller behaart. 1. Tergit an der Basis gelblichbraun behaart mit mittig breit unterbrochener, nur seitlich vorhandener Tergitbinde. 2. Tergit an der Basis mit Binde. Tergite beim Weibchen auffällig schwarz glänzend, beim Männchen stumpfer. Sammelbürste weißlich behaart. Zwischen der Punktierung ist die Galea genarbt. Auffällige Querrunzelung des vorderen Clypeus, die beim Männchen fehlt. Verwechslungsmöglichkeit mit *C. succinctus* jedoch nur Blütenbesuche an Efeu und deutlich spätere Flugzeit. 8,5–14,5 mm.

Männchen: Ähnelt dem Weibchen, aber am Clypeus fehlen die Querrunzeln und Abdomen mit schwächerem Glanz. An Sternit 6 befinden sich vor dem Endrand zwei grubenartige Vertiefungen, mit einem nach unten gerichteten Kiel in der Mitte. 8,5–12,5 mm.

Systematik: *succinctus*-Gruppe.

Verwechslungsmöglichkeiten: Mit bloßem Auge kaum von den anderen bindentragenden *Colletes*-Arten zu unterscheiden; sie ist aber in der Regel etwas größer. Sie fliegt sehr spät im Jahr und kann daher am ehesten mit *C. succinctus* verwechselt werden, die eine ausgesprochene Heide-Art ist, während *C. hede-*

rae zunehmend auch im Siedlungsbereich zu finden ist und Efeu als Nahrungspflanze präferiert.

Nomenklatur: Die Art wurde bis in die jüngste Zeit mit *Colletes succinctus* und *C. halophilus* vermengt. Erst die Beobachtungen, dass diese beiden morphologisch äußerst ähnlichen Taxa als streng oligolektische, auf Heidekraut (*Ericaceae*) bzw. Korbblütler (*Asteraceae*) spezialisierte Arten wiederholt an Efeu beobachtet wurde, führten zu einer eingehenderen Untersuchung dieses Artenkomplexes und schließlich zur Entdeckung dieser Art.

Etymologie: Von *Hedera*, dem wissenschaftlichen Gattungsnamen des Efeus, der fast ausschließlichen Pollenquelle der Art.

Pollenquellen: Weitgehend oligolektisch auf Efeu (*Hedera helix*). Wenn sich Flugzeit und Blütezeit des Efeus nicht vollständig überlappen, werden auch andere Pflanzen besammelt.

Nestbau: Nistplätze sind kahle oder schütter bewachsene Flächen, bevorzugt in Sand oder Löss, auf mehr oder weniger ebenen Flächen wie in Steilwänden, zuweilen in großen Aggregationen. Das Nest besteht aus einem Hauptgang, der ungefähr senkrecht verläuft und im Extremfall bis in eine Tiefe von 60 cm geht. Befindet sich das Nest in einer Steilwand, verlaufen die ersten 7–12 cm horizontal. Pro Nest wurden 4–6 Brutzellen gefunden. Die Brutzellen liegen einzeln oder hintereinander. Im Gebiet wurden bisher weder der Bau von Seitengängen noch die Anlage eines zweiten Nestes beobachtet. Während der Verproviantierung bleibt das Nest geöffnet. Alte Nistgänge werden oft wiederverwendet.

Lebensraum: Zeigt keine strenge Habitatbindung; fast überall, wo Efeu wächst, daher

auch häufig im Siedlungsbereich. Vom Flachland bis in die kolline Höhenstufe.

Parasiten: Als Kuckucksbiene wurde *Epeolus cruciger* bekannt.

Flugzeit: In einer Generation von August/September bis Oktober.

Gesamtverbreitung: Nach bisherigem Kenntnisstand auf Europa beschränkt, hier von Spanien bis zu den Ägäischen Inseln (keine Nachweise von Korsika, Sizilien und Kreta), nordwärts bis Südengland und Kölner Bucht.

Lokalverbreitung: In Deutschland bisher aus Nordrhein-Westfalen, Hessen, Rheinland-Pfalz, Baden-Württemberg und Bayern nachgewiesen. In Österreich wurde sie erstmals 2006 in Wien gefunden und ist seither von weiteren Fundorten in Niederösterreich und der Steiermark bekannt geworden. In der Schweiz bisher von Genf, vom Neuenburgersee sowie aus dem Wallis und dem Tessin gemeldet.

♀ 8–14,5 mm | 02.09.2020 Moosburg

Colletes similis (Schenck, 1853)

Rainfarn-Seidenbiene

Flugzeit	J	F	M	A	M	J	J	A	S	O	N	D

Weibchen: Behaarung auf dem schwarzen Thorax ohne kahlen Buckel wie bei *C. daviesianus*, dicht rostbraun. 1.Tergit nur an der Basis seitlich bräunlichgelb behaart, oben frei von Behaarung und auffällig dicht und grob punktiert. Endbinden der schwarzen Tergite breit weiß, an 1. Tergit mittig unterbrochen behaart seitlich winkelförmig. Körperlänge 9–11 mm.

Männchen: Im Unterschied zum Weibchen auf Tergit 1 auch oben locker bräunlich weiß behaart. Höcker an Sternit 6. Körperlänge 7,5–10,0 mm.

Verwechslungsmöglichkeiten: Mit bloßem Auge kaum von den anderen bindentragenden *Colletes*-Arten zu unterscheiden. Durch ihre Bindung an Korbblütler ist sie am ehesten mit *C. fodiens* und *C. daviesanus* zu verwechseln. Von letzterer unterscheidet sie sich durch die dichte und grobe Punktierung auf Tergit 1, von *C. fodiens* durch die lockere, die Skulptur wenigstens teilweise sichtbar lassende Behaarung des *Clypeus* (bei *C. fodiens* sehr dicht, die Skulptur vollständig verdeckend). Während sich die Männchen von *C. daviesanus* mit geeigneten optischen Hilfsmitteln und einiger Erfahrung gut an den typischen zahnartigen, pinselartig behaarten Seitenfortsätzen von Sternit 6 erkennen lassen, ist die Abtrennung von *C. fodiens* im Gelände kaum möglich.

Systematik: *fodiens*-Gruppe.

Etymologie: Von lat. „*similis*" = „ähnlich, gleichartig"; SCHENCK vergleicht das Männchen mit dem von *C. marginatus* („Ein diesem M. sehr ähnliches hat andere Binden auf der Bauchseite").

Deutscher Name: Rainfarn gehört zu den bevorzugten Nahrungsquellen der Art.

Pollenquellen: Oligolektisch auf *Asteraceae* (Korbblütler). Pollenanalysen erbrachten oft geringe Beimischungen anderer Pollen.

Nestbau: Nistet in Abbruchkanten und Steilwänden, aber auch auf kahlen oder schütter bewachsenen, ebenen oder mäßig abschüssigen Flächen, bevorzugt in sandigem Substrat. Das Nest besteht aus einem geraden oder gekrümmten Gang, an dessen Ende eine oder zwei Brutzellen liegen.

Lebensraum: Trockenwarme Ruderalflächen, Magerwiesen, Hochwasserdämme, Sand- und Lehmgruben. Vom Flachland bis in die montane Höhenstufe.

Parasiten: Kuckucksbiene ist *Epeolus variegatus*, außerhalb des Gebiets wurden auch *Epeolus tarsalis* und *E. laevifrons* beobachtet.

Flugzeit: In einer Generation von Juni bis September.

Gesamtverbreitung: In Nordafrika von Marokko bis Tunesien. In Europa von Portugal über Europa, Kleinasien, Sibirien, Zentralasien bis Ostsibirien (Irkutsk); nordwärts bis Irland und Mittelengland, bis 60°N in Norwegen, bis 63°N in Schweden und Finnland, in Russland bis Leningrad, Kirov und Perm; südwärts bis Sizilien, Kreta, Zypern und Israel.

Lokalverbreitung: Im Gebiet aus allen Regionen gemeldet.

♀ 9–11 mm | Isarauen, Ampermündung 26.08.2019
Lockere, die Skulptur wenigstens teilweise sichtbare lassende Behaarung des Clypeus

♂ 7,5–10 mm | Moosburg Garten 02.07.2018
Im Unterschied zum Weibchen, auf Tergit 1 auch oben locker behaart

Hylaeus (FABRICIUS, 1793)

Maskenbienen

Systematik: Familie: Colletidae – Unterfamilie: Hylaeinae.

Nomenklatur: Bis in die 1990er Jahre wurde die Gattung *Hylaeus* von einigen Autoren unter dem Namen *Prosopis* geführt.

Literatur: BLÜTHGEN (1930); DATHE (1980); AMIET et al. (1999). Weitere hilfreiche Arbeiten: PITTIONI (1950); KOSTER (1986); NIEUWENHUIJSEN & RAEMAKERS (2009); STRAKA & BOGUSCH (2011).

Etymologie: Nach ILLIGER (1801) von griech. „*hylaios*" = „im Wald lebend". Ihren deutschen Namen führt die Gattung wegen der eigentümlichen weißen oder gelben Gesichtszeichnung, die beim Männchen meist die untere Gesichtshälfte einnimmt und beim Weibchen auf zwei Flecke reduziert ist.

Körperliche Merkmale: Die Gattung *Hylaeus* umfasst Arten von geringer Größe (4–10 mm) und einheitlichem Habitus. Bis auf helle gelbliche oder weiße Flecken im Gesicht, dem Brustabschnitt und den Beinen sind sie in der Regel völlig schwarz, selten ist der Hinterleib rötlich gefärbt. Eine Behaarung fehlt fast ganz. Maskenbienen haben keine Sammelbürste entwickelt, sie speichern den Pollen zum Transport im Kropf. Die Zunge ist wie bei der Gattung *Colletes* kurz und zweilappig, wodurch sich die beiden einzigen heimischen Colletidae-Gattungen von allen anderen einheimischen Bienen unterscheiden; von *Colletes* unterscheidet sich *Hylaeus* durch die geringere Größe, die weitgehend fehlende Behaarung und die zwei Cubitalzellen im Vorderflügel, die 1. davon viel größer als die 2.

Lebensweise: *Hylaeus*-Arten sind solitär lebende, pollensammelnde und nestbauende Bienen. Sie überdauern den Winter als Ruhelarve (Präpuppe).

Pollenquellen: Nicht sehr wählerisch bei Blütenauswahl; gerne besuchen sie Doldenblütler (*Apiaceae*), Natternkopf (*Echium*), Him- und Brombeere (*Rubus*) und Fingerkraut (*Potentilla*). Lediglich drei der im Gebiet heimischen Arten sind nachweislich spezialisiert.

Nestbau: Ihre Nester errichten die Maskenbienen in vorhandenen Hohlräumen, z. B. in Käferfraßgängen in altem Holz, verlassenen Eichengallen oder in Höhlungen in Lehm- oder Lösswänden oder im Mark dürrer Stängel, z. B. von Brombeeren, Königskerze, Disteln oder Beifuß, in die sie ihre Nistgänge nagen. Einige Arten wie *Hylaeus pectoralis* nisten fast ausschließlich in den verlassenen Gallen der Schilfgallenfliege *Lipara*. Die Brutzellen werden mittels eines Drüsensekrets gefertigt, das an Luft eine zellophanartige Konsistenz erlangt. Der deponierte Pollenvorrat ist, wie bei *Colletes*, mehr oder weniger flüssig.

Parasiten: Kuckucksbienen treten bei den Maskenbienen nicht als Brutschmarotzer auf, lediglich einige parasitische Hautflügler wurden beobachtet, z. B. Erzwespen (Chalcidoidea) aus den Gattungen *Coelopencyrtus* (Encyrtidae) und *Melittobia* (Eulophidae). Als Innenparasiten bei den erwachsenen Tieren sind nur Fächerflügler der Gattung *Hylechtrus* bekannt.

Verbreitung/Artenzahl: Auf allen Kontinenten, außer in der Antarktis, verbreitet. In den gemäßigten und subtropischen Zonen Australiens erreicht sie den größten Artenreichtum, während sie in Neuguinea und dem größten Teil der orientalischen Faunenregion selten ist. In Mitteleuropa kommen 47 Arten vor.

Hylaeus confusus (Nylander, 1852)

Verkannte Maskenbiene

Flugzeit	J	F	M	A	M	J	J	A	S	O	N	D

Weibchen: Der Kopf mit dem trapezförmigen, seitlich mit kleinen gelben Flecken gezeichneten Gesicht ist etwas weniger breit als lang. Die Flügel sind bräunlich verdunkelt. Das Labrum ist in der Regel meist schwarz. Runzelung an der abgewinkelten Basisfläche von Tergit 1 schwach und kaum punktiert, seitlich mit markanten weißen Haarflecken. Propodeum hinten abgerundet. Schläfenbereich im Bereich des Hinterkopfes gerundet. Körperlänge 6–8 mm.

Männchen: Gesicht gelblichweiß, seitlich nicht über die Basis der Fühler reichend, mit schwarzem Labrum. Fühlergeißel etwas schmäler als der Schaft, Unterseite gelblichbraun, Schaft unten mit gelber Linie. Schläfen im Bereich des Hinterkopfes gerundet. Die Flügel sind bräunlich verdunkelt. Propodeum abgerundet. Punktierung an Tergit 1 fein zerstreut. An den Sterniten 3–5 befinden sich mittig glatte Bereiche, die mehr oder weniger sichtbar doppelt gehöckert hervortreten können. Körperlänge 6–7 mm.

Verwechslungsmöglichkeiten: Das Weibchen unterscheidet sich von den meisten anderen Arten mit ähnlicher Gesichtszeichnung (helle Flecken der Gesichtsseiten den ganzen Raum zwischen Clypeus und Auge ausfüllend, aber nach oben nicht über Fühlerhöhe hinausgehend) und länglicher Kopfform durch die schmalen weißen Haarbinden, die zumindest auf Tergit 2 relativ gut ausgeprägt sind; zudem ist der Clypeus am Vorderrand oft rötlich aufgehellt. Allerdings ist eine Unterscheidung von den nächstverwandten *H. gibbus* und *H. incongruus*, mit der *H. confusus* bis in jüngste Zeit vermengt wurde, im Gelände bei beiden Geschlechtern nicht möglich. Die wichtigsten Erkennungsmerkmale des Männchens sind die meist nicht über die Fühlerhöhe hinausreichenden Seitenflecke des Gesichts, der nicht verbreiterte, vorne linienförmig weiß gezeichnete Fühlerschaft sowie die paarig angeordneten höckerartigen Schwielen auf den Tergiten 3–5, die allerdings ohne optische Hilfsmittel kaum zu erkennen sind.

Systematik: Untergattung *Prosopis* Fabricius, 1804.

Nomenklatur: Wurde längere Zeit als Synonym oder als Unterart von *Hylaeus gibbus* betrachtet.

Etymologie: Von lat. „*confusus*" = „vermischt, vermengt"; die Art wurde vor Nylander mit *Hylaeus signatus* vermengt.

Pollenquellen: Polylektisch.

Nestbau: Nistet in den verschiedensten vorhandenen Hohlräumen (Käferfraßgänge in Totholz, hohle Pflanzenstängel, verlassene Eichengallen) und in selbst genagten Gängen in markhaltigen Stängeln.

Lebensraum: Waldaffin; Waldsäume, Lichtungen, Hecken, Sand-, Kies- und Lehmgruben, Dämme, Gleisanlangen, häufig auch im Siedlungsgebiet. Vom Flachland bis in die subalpine Höhenstufe.

Parasiten: Als Nestparasiten wurden die Schmalbauchwespen *Gasteruption assectator* und die Erzwespe *Eurytoma rubicola* beobachtet.

Flugzeit: Von April bis September, partiell bivoltin.

Gesamtverbreitung: Transpaläarktisch. Von Portugal über Europa, Kleinasien, Kaukasus und Sibirien bis zu den Kurilen nordwärts bis Irland und Nordschottland (Inverness), in Norwegen bis 63,5°N, in Schweden bis 64,5°N, in Finnland bis 66,5°N, in Russland bis 67,5° (Murmansk); südwärts bis Sardinien und Mittelgriechenland.

Lokalverbreitung: Im Gebiet aus allen Regionen gemeldet.

Hylaeus gredleri (Förster, 1871)

Gredlers Maskenbiene

Flugzeit	J	F	M	A	M	J	J	A	S	O	N	D

Weibchen: Kopf und Thorax überall grob und dicht punktiert. Flecken seitlich in der unteren Hälfte der Augen strichartig. Dichte Punktierung an der matt erscheinenden Stirn oberhalb der Fühler. Gut sichtbare seitliche Fransen am leicht genarbten und verstreut punktierten 1. Tergit. 5–6 mm.

Männchen: Gelblichweiße Zeichnung im Gesicht, seitlich an den Augen die Fühlerbasis deutlich lang und spitz überschreitend. Oberhalb des Fühleransatzes auf der Stirn dicht, teilweise streifenartig punktiert mit undeutlicher Mittellinie und matt erscheinend. Fühlergeißel unten gelblichbraun, Schaft konisch rundlich und etwa zweifach so dick. Oben mit gelber Fleckung an der Spitze. Seitenfransen kaum sichtbar. Tergit 1 stark genarbt, deutlich punktiert, Abstände etwa so groß wie ein Punkt. 4,0–5,5 mm.

Verwechslungsmöglichkeiten: *H. gredleri* bildet zusammen mit *H. brevicornis* und *H. kahri* (und einigen anderen nicht in Deutschland vorkommenden Arten) eine schwierig zu trennende, bis vor kurzem miteinander vermengte Artengruppe. Diese Gruppe gehört zu den kleinsten Maskenbienen – sie erreichen eine Körperlänge von maximal 6 mm. Der Kopf besitzt in Frontalansicht eine kreisrunde bis schwach querovale Form. Die für *H. gredleri* typische Gesichtszeichnung sind zwei

linienförmige helle Flecken nahe des Augeninnenrandes; hier gibt es allerdings Übergänge zu *H. brevicornis*. Das Männchen ist unter den deutschen Arten der Artengruppe von *H. kahri* leicht an der Form des Fühlerschafts zu trennen, der bei *H. kahri* auffallend verdickt und ausgedehnt gelb gefärbt ist, während bei *H. gredleri* und *H. brevicornis* der Fühlerschaft nur relativ schwach verdickt ist; hier ist die helle Zeichnung bei *H. brevicornis* typischerweise auf einen linienförmigen Fleck in der basalen Hälfte, bei *H. gredleri* auf einen kleinen Fleck an der Spitze des Fühlerschafts reduziert.

Systematik: Untergattung *Dentigera* Popov, 1939.

Nomenklatur: Galt lange Zeit als Synonym von *Hylaeus brevicornis* und wurde erst in jüngerer Zeit wieder als eigenständig erkannt. Synonym: *Prosopis brevicornis var. fumipennis* (Förster, 1871).

Etymologie: Dem Tiroler Naturforscher Pater Vinzenz Maria Gredler gewidmet.

Pollenquellen: Polylektisch.

Nestbau: Nester wurden beobachtet in Brombeerstängeln und in Hohlräumen in Holzwänden und -balken.

Lebensraum: Kommt auch syntop mit *H. brevicornis* vor, geht aber eher als diese auch in feuchtere Bereiche; lichte Wälder, Lichtungen, Waldsäume, Hecken, Brach- und Ruderalflächen, Gleisanlagen, Hochwasserdämme, nicht selten auch im Siedlungsgebiet. Vom Flachland bis in die montane, zuweilen subalpine Höhenstufe.

Flugzeit: Von Juni bis August, in der Südschweiz vermutlich partiell bivoltin von Mai bis September.

Gesamtverbreitung: Wegen der Vermengung mit *H. brevicornis* noch nicht völlig geklärt. In Nordafrika von Marokko und Tunesien gemeldet. In Eurasien von Portugal über Europa, Kleinasien und Kaukasus bis Ostkasachstan; nordwärts bis Litauen und Moskau; südwärts bis Sizilien, Samos und Libanon.

Lokalverbreitung: Im Gebiet, mit Ausnahme von Schleswig-Holstein, aus allen Regionen gemeldet.

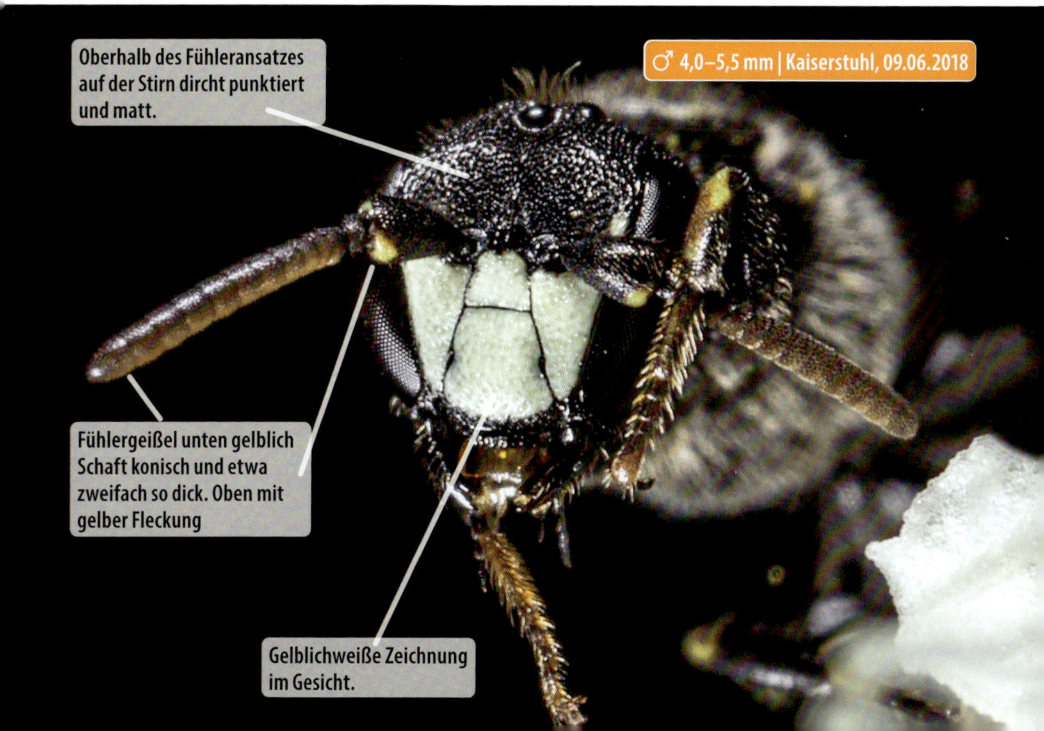

Hylaeus hyalinatus (Smith, 1842)

Mauer-Maskenbiene

Flugzeit	J	F	M	A	M	J	J	A	S	O	N	D

Weibchen: Flecken im Gesicht seitlich, länglich gelb. Fühlerunterseite vollständig gelblich braun. Länge der Behaarung des Kopfes so lang wie auf dem Thorax. Thoraxrücken weniger und zerstreuter punktiert als Kopf. Punktierung an Tergit wenig dicht, verstreut, glatt und glänzend erscheinend, an der Seite mit deutlichen weißen Haarbinden. 5,5–7,7 mm.

Männchen: Lockere weiße Behaarung des Körpers: Die weiß-gelbe Zeichnung des Gesichts überragt den Fühleransatz seitlich an den Augen spitz anliegend. Fühlergeißel und Schaft unten gelblichbraun aufgehellt, Schaft kegelartig. An den Vorderseiten der Mesopleuren befindet sich ein scharfkantiger Grat. Tergit 1 glänzend glatt, zerstreut punktiert mit einem Abstand von 2 bis 3 Punkten. 5–6 mm.

Verwechslungsmöglichkeiten: Das Weibchen von *H. hyalinatus* ist gekennzeichnet durch die auskaum die Fühlerhöhe erreichenden hellen Seitenflecken des Gesichts, die schmalen, weißen Haarfransen an den Seiten von Tergit 2 sowie den mit bloßem Auge nicht erkennbaren lamellenförmig aufgebogenen Vorderrand der Mesopleuren. Das Männchen besitzt, wie alle Arten der Untergattung *Spatulariella* (in Mitteleuropa: *H. alpinus*, *H. hyalinatus* und *H. punctatus*) ein verlängertes Sternit 8 mit einer arttypisch geformten membranartigen Scheibe, die schon bei lebenden Tieren aus dem Analspalt

herausragt. Bei *H. punctatus* ist die Maske reduziert: außer dem Clypeus sind nur zwei schmale Flecken, die am Basalrand des Clypeus enden, weiß gefärbt. *H. alpinus* kommt nur in den Alpen vor.

Systematik: Untergattung *Spatulariella* Popov, 1939.

Nomenklatur: Synonym: *Prosopis armillata* Nylander, 1848; *Prosopis bipunctata* Fabricius, 1798.

Etymologie: Von lat. „*hyalinatus*" = „durchsichtig, transparent"; Smith bezieht sich auf die durchsichtigen Flügel („*wings hyaline*").

Deutscher Name: Die Art nistet nicht selten in Mauerfugen.

Pollenquellen: Polylektisch.

Nestbau: Nistet in den verschiedenartigsten Hohlräumen (Käferfraßgänge in Totholz, Erdabbrüche und Steilwände, hohle Stängel von holzigen und krautigen Pflanzen, Mauerfugen, verlassene Nester anderer Hymenopteren u.a.m.).

Lebensraum: Zeigt keine strenge Habitatbindung; sonnenexponierte Waldsäume, blüten- und strukturreiches Grünland, Hecken, Sand-, Kies- und Lehmgruben, Brach- und Ruderalflächen, Gleisanlagen, nicht selten auch im Siedlungsgebiet. Vom Flachland bis in die montane Höhenstufe. Parasiten: Vereinzelt sich erwachsene Tiere von Fächerflüglern befallen (im Gebiet noch nicht beobachtet).

Flugzeit: Von Mai bis September, zumindest partiell bivoltin.

Gesamtverbreitung: In Nordafrika aus Marokko gemeldet. In Eurasien von Portugal über Europa und Kleinasien bis in den Kaukasus; nordwärts bis Irland und Südschottland, in Norwegen und Schweden bis 63°N, in Finnland bis 62°N, in Russland bis Kirov und Perm; südwärts bis Sizilien, Kreta und Israel. Eingeschleppt in Kanada und den USA. Auf der Iberischen Halbinsel in der ssp. *aragonensis* (Pittioni, 1950), auf der Apenninen-Halbinsel in der ssp. *montebovensis* (Pittioni, 1950).

Lokalverbreitung: Im Gebiet aus allen Regionen gemeldet.

Hylaeus nigritus (Fabricius, 1798)

Rainfarn-Maskenbiene

Flugzeit	J	F	M	A	M	J	J	A	S	O	N	D

Weibchen: Gesicht eher dreieckig abgerundet, mit schmalen gelblichweißen länglichen bis dreieckigen Strichen neben den Augen. Mittig, quer mit einer Vertiefung entlang des Clypeus. Seitlich ohne Haarflecken, aber lockerer Behaarung am grob punktierten Tergit 1. Zwei gelblichweiße Querstriche im vorderen Thoraxbereich hinter dem Kopf. An Sternit 3 ist ein deutlicher dreikantiger Höcker zu erkennen. 7,0–8,5 mm.

Männchen: Gesichtszeichnung gelblichweiß, seitlich weit über die Fühlerbasis reichend, glatt porzellanartig glänzend. Kopf auffällig klein im Verhältnis zum Körper. Fühlerschaft schwarz walzenähnlich und ca. 2-mal so breit wie die Fühlergeißel. Dichte grobe Punktierung auf Tergit 1, teils glänzend, teils genarbt. Seitlich ohne Haarflecken an Tergit 1. An Sternit 3 ist ein deutlicher dreikantiger Höcker zu erkennen. 6–8 mm.

Verwechslungsmöglichkeiten: Von den größeren heimischen Maskenbienen-Weibchen ist *Hylaeus nigritus* und ähnlicher Gesichtszeichnung (zwei weiße, den gesamten Raum zwischen Clypeus und Auge einnehmende, aber nur bis zur Fühlerhöhe reichende Flecken) aufgrund des rinnenförmig eingedrückten Kopfschilds, der weißen Gesichtszeichnung, dem glänzenden und dicht punktierten Mesonotum und Tergiten sowie den fehlenden

♂ 5–6 mm | Moosburg Garten 12.06.2020

Seitenfransen auf Tergit 1 zu unterscheiden. Das Weibchen der etwa gleichgroßen *H. duckei* hat gelbe Gesichtsflecken, eine mattes dicht punktiertes Mesonotum sowie ein fein und zerstreut punktiertes matteres Abdomen. Von *H. signatus* durch das matte Mesonotum und die fehlenden Seitenfransen gut unterscheidbar. Sowohl *H. duckei* als auch *H. signatus* besitzen einen runden bis schwach querovalen Kopf, bei *H. nigritus* ist er eher dreieckig geformt. Das Männchen ist durch ausgedehnte Weißfärbung des Gesichts mit den über den Fühlereinlenkungen breit quer abgeschnittenen Seitenflecken und den großen, nach unten ragenden Höcker auf Sternit 3, der bereits mit bloßem Auge erkennbar ist, eindeutig charakterisiert. Eine ähnliche Sternitbildung besitzt auch *H. kahri*, die aber deutlich kleiner ist und sich überdies durch den stark verbreiterten, ausgedehnt gelb gefärbten Fühlerschaft unterscheidet.

Systematik: Untergattung *Hylaeus* Fabricius, 1793 s. str.

Etymologie: Von lat. „*nigritus*" = „schwarz gemacht"; Fabricius beschreibt die Art als Angehörige der Grabwespen-Gattung *Mellinus*, und im Vergleich zu den anderen *Mellinus*-Arten, die meist einen gelb gezeichneten Hinterleib besitzen, ist *H. nigritus* tatsächlich eher schwarz.

Deutscher Name: Rainfarn gehört zu den bevorzugten Pollenquellen der Art.

Pollenquellen: Oligolektisch auf Korbblütler (Asteraceae). Am häufigsten auf Rainfarn (*Tanacetum*), Margerite (*Leucanthemum*), Färberkamille (*Anthemis*), Schafgarbe (*Achillea*) und Flockenblume (*Centaurea*) zu beobachten.

Nestbau: Nester wurden bisher nur in Erdabbrüchen, Steilwänden, Mauerfugen und ähnlichen Hohlräumen beobachtet.

Lebensraum: Extensiv genutztes Grünland, Magerrasen, Hochwasserdämme, Brach- und Ruderalflächen, Sand-, Kies- und Lehmgruben, auch im Siedlungsbereich. Vom Flachland bis in die subalpine Höhenstufe. Parasiten: Als Nestparasit wurde die Erzwespe *Coelopencyrtus arenarius* beobachtet.

Flugzeit: In einer Generation von Mai bis August/September.

Gesamtverbreitung: In Nordafrika aus Marokko gemeldet. In Eurasien von Zentralspanien über Europa, Kleinasien und Kaukasus bis Westsibirien und Kasachstan; nordwärts in Finnland bis 61,5°N, in Russland bis Kirov und Perm; südwärts bis Toskana und Marche, Griechenland, Türkei und Nordiran. Ob die alten Meldungen von Morawitz (unter dem Synonym *H. propinquuus* Nylander, 1852) und Alfken aus China wirklich auf *H. nigritus* bezogen werden können, wäre zu überprüfen.

Lokalverbreitung: In Deutschland aus allen Bundesländern nachgewiesen, aus Schleswig-Holstein und Mecklenburg-Vorpommern nur historisch. In Österreich und der Schweiz aus allen Regionen gemeldet (aktuell).

Hylaeus punctatus (Brulle, 1832)

Grobpunktierte Maskenbiene

Flugzeit	J	F	M	A	M	J	J	A	S	O	N	D

Weibchen:. Seitliche Flecken im Gesicht dreieckig, gelblichweiß am Clypeus im unteren Bereich anliegend, dessen Basis nur selten überragend, oft auch fehlend. 5,0–6,5 mm.

Männchen: Die weißgelbe Gesichtszeichnung erreicht nur die untere Kante des meist schwarzen Stirnschildchens. Augen oben auffallend weiter auseinanderstehend als unten. Fühlergeißel unten gelblichbraun, der Schaft ist schmal und schwarz gefärbt. Tergit 1 glänzend zerstreut dichter punktiert an der Seite fransenartig behaart. 5–6 mm.

Verwechslungsmöglichkeiten: Wie alle Arten der Untergattung *Spatulariella* (in Mitteleuropa: *H. alpinus*, *H. hyalinatus* und *H. punctatus*) besitzt auch *H. punctatus* einen – mit bloßem Auge allerdings nicht erkennbaren – lamellenförmig aufgebogenen Vorderrand der Mesopleuren. Beim Weibchen ist die Gesichtszeichnung auf zwei kleine, in der Regel den Basalrand des Clypeus nicht erreichende weißgelbe Makeln reduziert. Das Männchen besitzt, wie alle *Spatulariella*-Arten, ein verlängertes Sternit 8 mit einer arttypisch geformten membranartigen Scheibe, die schon bei lebenden Tieren aus dem Analspalt herausragt. Bei *H. punctatus* ist die Maske reduziert: außer dem Clypeus sind nur zwei schmale Flecken, die am Basalrand des Clypeus enden, weiß gefärbt. In seltenen Fällen ist die weiße Färbung ausgedehnter, sie geht aber nie – wie bei *H. hyalinatus* und *H.*

alpinus obligatorisch – über die Höhe der Fühler hinaus.

Systematik: Untergattung *Spatulariella* Popov, 1939. Nomenklatur: Synonym: *Prosopis subquadrata* (Förster, 1871).

Etymologie: Von lat. „*punctatus*" = „punktiert"; Brulle bezieht sich auf die tiefe und dichte Punktierung des Körpers („*Nigra, profunde et dense punctata*").

Pollenquellen: Polylektisch.

Nestbau: Nester wurden bisher nicht bekannt.

Lebensraum: Trockenwarme Standorte; sonnenexponierte Waldsäume, Ruderalflächen, Siedlungsbereich. Vom Flachland bis in die kolline Höhenstufe.

Parasiten: Als Nestparasit wurden Schmalbauchwespen der Gattung *Gasteruption* beobachtet.

Flugzeit: In einer Generation von Mai bis August.

Gesamtverbreitung: Von Portugal über Süd- und Mitteleuropa bis Osttürkei; nordwärts bis Brandenburg und Nordpolen; südwärts bis Sizilien, Kreta und Israel.

Lokalverbreitung: In Deutschland mit Ausnahme von Schleswig-Holstein, Mecklenburg-Vorpommern, Niedersachsen und Nordrhein-Westfalen aus allen Bundesländern nachgewiesen (aktuell). In Österreich aus allen Bundesländern gemeldet, ebenso in der Schweiz mit Ausnahme des nördlichen Alpenvorlandes und des Alpenhauptkammes.

Hylaeus signatus (Panzer, 1798)

Reseden-Maskenbiene

Flugzeit	J	F	M	A	M	J	J	A	S	O	N	D

Weibchen: Zwei längliche, dreieckige gelblichweiße Flecken im Gesicht an den Augen innen anliegend. Auffällig sind die breiten Seitenfransen am Endrand von Tergit 1. Punktierung dort verstreut von gröber bis fein mit glänzend erscheinender Oberfläche. Stutz deutlich aufgekantet. Fühler nach außen abgeknickt und zusätzlich nach vorne gebogen. Gesicht verkürzt erscheinend, wird nach unten sehr viel schmäler trapezförmig. Unauffällige, glatte Höcker an Sternit 3+4. Dichte weiße Behaarung am letzten Sternit. Flügel hell durchscheinend. 7–9 mm.

Männchen: Der Schaft der Fühler ist gänzlich schwarz, etwa so breit wie die oben schwarze und an der Unterseite bräunliche Geißel. Stutz deutlich aufgekantet. Die Körperoberfläche ist relativ dicht und sehr kurz weiß behaart. Die Punktierung ist auf dem 1. Tergit dicht verstreut. Der Hinterleib glänzt am 1. Tergit und trägt seitlich eine fransenartige Behaarung. 6–8 mm.

Verwechslungsmöglichkeiten: Die prägnantesten Merkmale der Weibchen von *H. signatus* sind die breiten Seitenfransen und das matte Mesonotum. Die beiden weiteren etwa gleichgroßen heimischen Maskenbienen-Arten mit querovalen Gesichtern lassen sich durch weiße Gesichtflecken und dicht punktierte glänzende Tergite und Me-

sonotum (*H. nigritus*) bzw. die feinere Punktierung der Tergite sowie den undeutlichen Haarfransen an Tergit 1 (*H. duckei*) unterscheiden. Das Männchen zeichnet sich unter den mittelgroßen Maskenbienen-Arten durch den nicht verbreiterten Fühlerschaft und das schwach querovale Gesicht aus; am ehesten ist es mit der häufigen *H. confusus* zu verwechseln, bei der die Seitenfelder oben auf Höhe der Fühler enden, während diese bei *H. signatus* die Fühlerhöhe etwas überragen. Das Männchen von *H. signatus* trägt als markantes, wenn auch mit bloßem Auge schwer zu erkennendes Merkmal, eine große, glatte, erhabene Schwiele auf Sternit 3, die in dieser Form nur noch bei der extrem seltenen *H. trinotatus* zu finden ist; bei letzterer sind aber die Hintertibien größtenteils und die Metatarsen vollständig gelb gefärbt (*H. signatus*: Hinterbeine vollständig oder fast vollständig schwarz).

Systematik: Untergattung *Prosopis* Fabricius, 1804.

Nomenklatur: Synonym: *Hylaeus pratensis* (Geoffroy, 1785).

Etymologie: Von lat. „*signatus*“ = „bezeichnet, kenntlich, mit einer Zeichnung versehen“. Der deutsche Name bezieht sich auf die ausschließliche Pollenquelle.

Pollenquellen: Streng oligolektisch auf Resede (*Reseda*, Fam. Resedaceae). Nutzt neben den wild wachsenden Arten auch Gartenformen.

Nestbau: Nistet in den verschiedenartigsten Hohlräumen (Käferfraßgänge in Totholz, Löcher in Erdabbrüchen und Steilwänden, hohle Stängel von holzigen und krautigen Pflanzen, Mauerfugen, verlassene Nester anderer Hymenopteren u.a.m.).

Lebensraum: Brach- und Ruderalflächen, Hochwasserdämme, Gleisanlagen, Sand- und Lehmgruben, Ackersäume, durch die Nutzung von Reseda-Arten als Zierpflanze auch im Siedlungsgebiet. Vom Flachland bis in die montane Höhenstufe.

Parasiten: Als Nestparasit wurde die Schmalbauchwespe *Gasteruption assectator* beobachtet. Vereinzelt sind erwachsene Tiere von Fächerflüglern befallen.

Flugzeit: Von April/Mai bis August/September, zumindest partiell bivoltin.

Gesamtverbreitung: In Nordafrika von Marokko bis Libyen. In Eurasien von Madeira über Europa, Kleinasien und Kaukasus bis Turkmenien und Usbekistan; nordwärts bis Wales und Mittelengland (nicht in Irland und Norwegen), in Schweden bis 60°N, ebenso in Finnland (hier nur ein Fund 1958 bei Helsinki), in Russland bis Moskau und Perm; südwärts bis Sardinien, Kalabrien, Peloponnes und Israel. In der ssp. *berlandi* (Benoist, 1943) auf der Iberischen Halbinsel, in Südeuropa und im Kaukasus.

Lokalverbreitung: Im Gebiet aus allen Regionen gemeldet.

Andrena (Fabricius, 1770)

Sandbienen

Systematik: Familie: Andrenidae – Unterfamilie: Andreninae

Literatur: Stöckhert (1930a); Warncke (1968); Dylewska (1987); Schmid-Egger & Scheuchl (1997); Patiny & Terzo (2010); Amiet & al. (2011). Weitere hilfreiche Arbeiten: Stöckhert (1924); Stöckhert (1935); Stöckhert (1942); Pittioni (1948); Niemelä (1949); Pittioni & Stöckhert (1950); Gusenleitner (1984); Schmid-Egger & Doczkal (1995); Gusenleitner & Schwarz (2002); Schmid-Egger (2005); Schwenninger (2009); Schwenninger (2013); Schwenninger (2015).

Etymologie: Der wissenschaftliche Name ist altgriechischen Ursprungs („*anthrene*“ = wilde Biene, Waldbiene). Ihren deutschen Namen haben die Sandbienen von ihrer Nestbauart: sämtliche Arten bauen ihre Nester in den Erdboden, viele davon bevorzugen sandigen Untergrund.

Körperliche Merkmale: Die Gattung *Andrena* ist sehr verschiedengestaltig – einige Arten wird der Laie wohl noch am ehesten als Bienen erkennen, da sie im Habitus der Honigbiene ähneln. Einige sind nur spärlich behaart, andere wiederum dicht pelzartig wie eine Hummel; einige tragen auf dem ansonsten kahlen Hinterleib helle Haarbinden. Es gibt kleine Arten von 5 mm, aber auch große von 18 mm. Manche Arten besitzen einen mehr oder weniger rot gefärbten Hinterleib. Bei den Männchen mancher Arten sind Clypeus und zuweilen auch die benachbarten Teile des Gesichts gelb gezeichnet; bei ganz wenigen (nicht heimischen) Arten ist dies auch beim Weibchen der Fall. Als Vorrichtung zum Pollensammeln tragen die Weibchen an den Hinterbeinen eine Haarbürste und an deren Basis eine gattungstypische Haarlocke (Flocculus). Ein Merkmal, das nur Andrena-Weibchen besitzen, sind die beiden flachen Gruben (*foveae facialis*) neben den Innenrändern der Komplexaugen, die samtartig dicht mit sehr kurzen feinen Härchen besetzt sind; andeutungsweise und mehr oder weniger unbehaart ist diese Bildung auch bei den Männchen zu finden. *Foveae facialis* finden sich zwar auch bei einigen anderen Bienengattungen, sind bei diesen jedoch viel unauffälliger und es fehlt die charakteristische Samtbehaarung.

Lebensweise: *Andrena*-Arten sind solitär lebende, pollensammelnde und nestbauende Bienen. Einige Arten nisten kommunal, d. h. mehrere Weibchen benutzen einen gemeinsamen Nesteingang, bauen und versorgen aber jede ihre eigenen Brutzellen. Einige *Andrena*-Arten gehören zu den ersten Bienen im Jahr; sie erscheinen schon Anfang März, wenn noch nicht einmal die Weiden (*Salix*) blühen. Es gibt auch ausgesprochene Spätflieger, die erst im August zu finden sind. Die meisten Arten fliegen jedoch in den Monaten April bis Juni. Bis auf einige Ausnahmen haben Sandbienen nur eine Generation im Jahr. Sie überdauern den Winter als Imago in ihrer Brutzelle.

Pollenquellen: Neben ausgesprochenen Generalisten, die eine Vielzahl verschiedener Blütenpflanzen besuchen, gibt es unter den Sandbienen eine ganze Reihe von Spezialisten, die auf ganz bestimmte Pflanzenfamilien oder -gattungen angewiesen sind.

Nestbau: Ausnahmslos nisten alle Sandbienen in der Erde, jedoch bevorzugen verschiedene Arten häufig verschiedene Substrate. Die Nester werden meist auf ebenen oder schwach geneigten Flächen angelegt, zuweilen auch in Steilwänden. Sie bestehen in der Regel aus einem Hauptgang, von dem mehrere kurze Seitengänge abzweigen, an deren Ende sich die einzelnen, in der Regel zwischen 2 und 10, Brutzellen befinden.

Besonderes Verhalten: Wie bei etlichen anderen Gattungen patrouillieren auch bei *Andrena* die Männchen, die etwas früher als die Weibchen erscheinen, auf durch Duftmarken festgelegten Flugbahnen entlang ihrer Nektarquellen oder um die Nesteingänge, um auf die Weibchen zu warten. Zuweilen finden sich Männchen zum Schlafen in Anzahl an bestimmten Plätzen, meist Pflanzenstängeln, zusammen. Die Männchen vieler Arten fungieren, insbesondere im Mittelmeergebiet, als Bestäuber der Orchideen-Gattung *Ophrys*, deren Blüten durch Geruch und Aussehen Sandbienen-Weibchen imitieren; den dadurch angelockten Männchen wird dann beim Kopulationsversuch ein Pollenpakete angeheftet.

Parasiten: Als Kuckucksbienen finden wir bei den Sandbienen hauptsächlich Wespenbienen (*Nomada*) und einzelne Blutbienen-Arten (*Sphecodes*). Sie werden von den Wirten gewöhnlich nicht vertrieben und auch sonst nicht beachtet. Weitere Brutparasiten sind unter anderem Wollschweber (*Bombylius*) und Ölkäfer (*Meloe*). Als Innenparasiten treten Fächerflügler der Gattung Stylops auf.

Verbreitung/Artenzahl: Die Gattung ist holarktisch, d. h. sie besiedelt die gemäßigten Zonen der gesamten nördlichen Hemisphäre, wobei einige Arten teilweise sogar den Polarkreis überschreiten. Südwärts geht sie in der Neuen Welt bis Panama, in der Alten Welt bis Südafrika, Südindien, Malaysia und Taiwan. Drei Arten kommen bekanntermaßen sowohl in der Paläarktis wie in der Nearktis vor, vermutlich existieren noch weitere holarktische Arten, insbesondere aus der Untergattung Andrena s. str., die lediglich bisher in der Ostpaläarktis unter einem anderen Namen bekannt sind als in Amerika. Weltweit sind bisher über 1500 Arten bekannt. Im Gebiet wurden 174 Arten nachgewiesen.

Andrena agilissima (SCOPOLI, 1770)

Senf-Blauschillersandbiene

Flugzeit	J	F	M	A	M	J	J	A	S	O	N	D

Weibchen: Tergit 4 und 5 (manchmal auch 3) seitlich mit silberweißen Flecken behaart, sonst kahl. Körper schwarz, vor allem an den dunkelbraunen Flügeln und Tergite bläulich glänzend. Behaarung der Hinterschenkel und der Schienenbürste unten lang abstehend weiß. Der grob punktierte Clypeus glänzt und zeigt eine sichtbare, unpunktierte Linie in der Mitte. Die Endfranse ist braun und an den Seiten weiß. Hintertibien schwarz. Thoraxrücken glänzend, verstreut grob punktiert. Calli dicht weiß behaart. 15 mm.

Männchen: Gesicht, Thoraxseiten, Pronotum weiß behaart. Tergite 2 bis 6 seitlich mit silberweißen Flecken behaart. 14–15 mm. Mesonotum und Thorax oben und an den Seiten grob punktiert. Tergite schwarz, glänzend und fein punktiert. Beine schwarz, Fühlerglied 3 kürzer als 2. Flügel dunkelbraun gefärbt mit bläulichem Schimmer.

Verwechslungsmöglichkeit: In Deutschland unverwechselbar. In Mitteleuropa kommt in der Südschweiz die nah verwandte *Andrena afrensis* vor, die sich durch den fehlenden Blauschimmer auf den Tergiten unterscheidet; zudem sind die Brustseiten direkt unter den Flügelschuppen fast so grob, wie auf der übrigen Fläche punktiert (bei *A. agilissima* deutlich feiner).

Systematik: Untergattung *Agandrena* Warncke, 1968.

Nomenklatur: *Andrena flessae* Panzer, 1805.

Etymologie: Superlativ von lat. „*agilis*" = „schnell, hurtig", wegen des reißenden schnellen Flugs, insbesondere der Männchen beim Patrouillieren.

Deutscher Name: Als Kreuzblütler-Spezialist ist die Art häufig auf Senf zu beobachten; als „Blauschillersandbienen" werden wegen des metallisch blau schimmernden Hinterleibs die Arten der Untergattung *Agandrena* bezeichnet.

Pollenquellen: Oligolektisch an Kreuzblütlern (*Brassicaceae*).

Nestbau: Nistplätze sind Steilwände in Sand, Löss und Lehm, bevorzugt an durch überhängende Felsen o.Ä. geschützten kahlen Rohbodenflächen, gelegentlich aber auch auf vegetationsfreien Flächen im Siedlungsbereich, oft in kleineren Nestaggregationen.

Lebensraum: Trockene Mager- und Fettwiesen, Waldsäume, Hecken, Hochwasserdämme, Sand-, Kies- und Lehmgruben, zuweilen auch Gärten und Parks. Vom Flachland bis in die montane Höhenstufe.

Parasiten: Kuckucksbiene ist *Nomada melathoracica*, möglicherweise auch *N. fulvicornis*. Als weiterer Nestparasit wurde der Wollschweber *Bombylius fimbriatus* beobachtet. Erwachsene Tiere sind nicht selten vom Fächerflügler *Stylops aterrimus* Newport, 1851 (früher mit *Stylops melittae* vermengt) befallen.

Flugzeit: In einer Generation von Anfang Mai bis Mitte Juni.

Gesamtverbreitung: In Nordafrika von Marokko bis Tunesien. In Europa von Portugal über Süd- und Mitteleuropa bis Polen, jüngst auch aus Rumänien gemeldet; nordwärts bis 51°N; südwärts bis Sizilien (auch auf Korsika und Sardinien) und Malta. In Süditalien, Sizilien und Malta in der ssp. *italica*

Lokalverbreitung: Im Gebiet weit verbreitet, allerdings in der Norddeutschen Tiefebene erst in jüngster Zeit erste Nachweise.

Andrena barbilabris (Kirby, 1802)

Bärtige Sandbiene

Flugzeit	J	F	M	A	M	J	J	A	S	O	N	D

Weibchen: Anhang des annähernd dreieckigen Labrums an der Spitze rundlich. Tergite 2–4 besitzen schmale weiße, oben unterbrochene Endbinden, die etwas weniger undeutlich wie bei *A. argentata* erscheinen. Endfranse dunkelbraun. Hinterleib leicht glänzend schwarz, kaum punktiert. Schienenbürste oben bräunlich, unten weißlich. Behaarung am Thorax oben rotbraun, an der Seite heller, unten silbrig weiß. 11–12 mm.

Männchen: Anhang des Labrums bildet ein Dreieck. Die Endbinden der Tergite 2–4 sind weiß, mittig unterbrochen und erreichen maximal die halbe Breite eines Tergits. Thorax erheblich breiter als der Kopf und seitlich und unten lang weißlich behaart. Behaarung der Bauchseite weiß. Die Endfranse ist dunkelbraun gefärbt. 9–11 mm.

Verwechslungsmöglichkeit: Tergite 2–4 mit deutlicher sichtbaren, schmalen, weißen, oben unterbrochenen Endbinden als bei *A. argentata*. Beim Männchen glänzt der Clypeus weniger stark als bei *A. argentata*.

Systematik: Untergattung *Leucandrena* Heidicke, 1933.

Nomenklatur: Synonym: *Andrena sericea* (Christ, 1791).

Etymologie: Von lat. „*barbo*" = „Bart" und „*labrum*" = „Lippe"; Kirby bezieht sich auf die dicht silberweiß behaarte untere Gesichtshälfte des Männchens („*facie antice barba densa argentea*').

Pollenquellen: Polylektisch.

Nestbau: Nistplätze sind Schuttkegel am Fuße von Sandsteilwänden, Sanddünen, Sandwege, sonstige schütter bewachsene, vorzugsweise horizontale oder schwach geneigte sandige Flächen.

Lebensraum: Sandgebiete, Sand- und Kiesgruben, Waldsäume und Ruderalflächen. Vom Flachland bis in die kolline Höhenstufe.

Parasiten: Als Kuckucksbiene wurden *Nomada alboguttata*, *Nomada baccata*, *Sphecodes pellucidus* und *Sphecodes reticulatus* beobachtet. Erwachsene Tiere sind zuweilen von Fächerflüglern der Gattung *Stylops* befallen.

Flugzeit: Erste Generation von Mitte März bis Ende Mai, zuweilen eine zweite, allerdings deutlich individuenärmere Generation im Juni und Juli.

Gesamtverbreitung: Holarktisch. In Eurasien in Iberien nur ein Einzelfund aus Nordspanien (Barcelona), ansonsten über den ganzen Kontinent verbreitet; nordwärts bis Irland und Nordschottland, in Skandinavien bis 69,5°N (als eine der wenigen Bienen, die den Polarkreis überschreiten); südwärts bis Sizilien und Peloponnes, in der Türkei nur an der Ägäisküste nachgewiesen (fehlt ansonsten im Nahen Osten, ebenso in Nordafrika), Kaukasus bis zur Pazifikküste des Fernen Ostens. In Nordamerika von Alaska bis zur Südgrenze der USA. Auf der Halbinsel Kamtschatka in der ssp. *malaisei* Alfken, 1929.

Lokalverbreitung: Im Gebiet aus allen Regionen gemeldet.

Andrena bicolor (FABRICIUS, 1775)

Zweifarbige Sandbiene

Flugzeit	J	F	M	A	M	J	J	A	S	O	N	D

Weibchen: In der ersten Generation mit Ausnahme der rostroten Thoraxoberseite und Schienenbürste fast vollständig schwarz behaart. Tergitränder 1–3 gelblichbraun, die hinteren schwarzbraun behaart. Clypeus etwas gewölbt hervortretend, dicht punktiert und glänzend. Anhang des Labrums relativ breit, rechtwinklig. Die schwarzbraun behaarten Foveae verengen sich nach unten stark und nehmen unten etwa die Breite eines Fühlers ein. 4. und 5. Fühlerglied breiter als lang und zusammen kürzer als 3. Thoraxoberseite rötlichbraun behaart. Der Kopf ist gänzlich schwarz behaart, der Thorax trägt an den Seiten bei der 1. Generation schwarze, in der 2. zum Teil oder vollständig helle Behaarung. Schienenbürste rötlichbraun. Endfranse bräunlich schwarz. 9–11 mm.

Männchen: Thoraxbehaarung lang abstehend, struppig, gelblich oder rötlichbraun behaart, aber variabel in der Ausdehnung der Färbung von Frühjahrs- zur Sommergeneration. Die Seiten des Thorax sind mehr (Frühjahrsgeneration) oder weniger schwarz behaart. Kopf und Gesicht abstehend schwarz bis bräunlich behaart. Clypeus mit einer nicht punktierten feinen Mittellinie. Der breite Anhang des Labrums glänzt. Tergite glänzend, punktiert, im vorderen Abschnitt genarbt. Die ersten beiden Tergite länger hell bräunlich, die restlichen kürzer behaart. 9–11 mm.

Verwechslungsmöglichkeit: Es gibt etliche ähnliche Arten, die aber zumeist deutlich seltener sind oder nur in den Alpen vorkommen. Mit Ausnahme der alpinen *A. amieti* fliegen alle verwandten Arten in einer Generation im Frühjahr, sodass beide Geschlechter durch die schwarze Behaarung auf Kopf und die insbesondere beim Weibchen ausgeprägte schwarze Behaarung der Thoraxseiten gut von diesen Arten zu trennen sind. Bei *A. fulvida* kann es in der Flugzeit zu Überschneidungen mit der 2. Generation von *A. bicolor* kommen; hier gelingt die Unterscheidung am besten durch die Skulptur des Mittelfelds, das bei *A. bicolor* eine homogene körnige Chagrinierung aufweist, während es bei *A. fulvida* an der Basis runzlig gefeldert ist. Die Männchen von *Andrena fulvata* und *A. angustior* sind zudem durch die deutlich verlängerten Mandibeln von *A. bicolor* zu trennen.

Systematik: Untergattung *Euandrena* HEDICKE, 1933.

Nomenklatur: Synonym: *Andrena gwynana* (KIRBY, 1802).

Etymologie: Von lat. „*bicolor*" = „zweifarbig", wegen des Haarkleids, das aus schwarzen und rostroten Haaren besteht.

Pollenquellen: Polylektische Art, wenn auch die zweite Generation mit Vorliebe Glockenblumen besucht.

Nestbau: Nistplätze sind kahle oder schütter bewachsene Flächen. Eine Bevorzugung bestimmter Bodenarten ist nicht erkennbar.

Lebensraum: Ubiquist, besiedelt alle möglichen Lebensräume wie lichte Wälder, Waldsäume, Hecken, trockene Mager- und Fettwiesen, Hochwasserdämme, Ruderalflächen,

Sand-, Kies- und Lehmgruben, Gärten und Parks. Vom Flachland bis in die subalpine Höhenstufe.

Parasiten: Als Kuckucksbiene wurden *Nomada fabriciana* und *Sphecodes ephippius* beobachtet. Erwachsene Tiere sind zuweilen vom Fächerflügler *Stylops gwynanae* GÜNTHER, 1957 befallen.

Flugzeit: In zwei Generationen von Anfang März bis Ende Mai und von Ende Juni bis Ende August. Die Männchen sind nur bis Juli zu finden. Die Überwinterung erfolgt als Imago.

Gesamtverbreitung: Transpaläarktisch. In Nordafrika von Marokko bis Tunesien. In Europa von Portugal bis Ukraine und Südrussland, nordwärts bis Irland und Nordschottland, in Südnorwegen und Südschweden bis 61,5°N, eigenartigerweise keine Nachweise aus Finnland, Baltikum; Türkei, Levante südwärts bis Israel, Kaukasus, Iran über Zentralasien und Sibirien bis zum Baikalsee und in die Zentralmongolei. WARNCKE stellte mehrere Taxa als Unterarten zu *A. bicolor*; meist handelt es sich um bloße Farbformen, lediglich die in Iberien und Südfrankreich vorkommende *ssp. nigrosterna* PEREZ, 1902 weist durch einen abweichenden Bau des Pygidiums auch morphologische Unterschiede auf.

Lokalverbreitung: Im Gebiet aus allen Regionen gemeldet.

Andrena cineraria (Linnaeus, 1758)

Grauschwarze Düstersandbiene

Flugzeit	J	F	M	A	M	J	J	A	S	O	N	D

Weibchen: Thorax vorne und hinten und seitlich abstehend lang weißgrau, in der Mitte ein schwarz behaarter Querstreifen. Thoraxrücken genarbt und dicht punktiert. Flügel zum Ende hin dunkler. Endfranse schwarzbraun. Abdomen metallisch blau glänzend schwarz. Hinterbeine und Schienenbürste schwarz. Labrumanhang breit, nach unten deutlich schmäler werdend. Gesicht mit lang abstehender, weißer Behaarung. Punktierung des leicht glänzenden Clypeus dicht. Hinterleib, Tergite fein punktiert, schwarz, leicht bläulich glänzend gefärbt, verstreut schwarz behaart. Flügel durscheinend hell, nur zum äußeren Rand hin dunkler braun gefärbt. 13–15 mm.

Männchen: Kleinere Art, im Mittel 10–13 mm. Abdomen schmal und länglich, leicht blau oder schwarz schimmernd. An den Seiten des Thorax, am Anfang des Abdomens und an den Schenkeln lange weiße Haare. Hintere Tergite und Beine schwarz, Tergite 1 und 2 abstehend weiß behaart. Gesicht weiß und seitlich schwarz behaart. Fühlerglied 3 in etwa so lange wie 4. Clypeus dicht quer gerunzelt und punktiert. Anhang des Labrums auffällig glänzend, breit und groß. Thorax am Rücken genarbt, dicht unauffällig punktiert. Punktierung der Tergite verstreut filigran, matt glänzend, Oberfläche genarbt.

Verwechslungsmöglichkeit: *A. vaga*-Männchen mit auffallend verlängerten, sichelartigen Mandibeln, während diese bei *A. cineraria*-Männchen normal gebildet sind. Im Gegensatz zu *A. vaga*-Männchen – schwarz behaarte Beine. Die seltene, in Deutschland verschollene *Andrena barbareae* ist ähnlich gezeichnet, das Gesicht ist jedoch ausgedehnter schwarz behaart und die Behaarung ist dort kürzer.

Systematik: Untergattung *Melandrena* PEREZ, 1890, *cineraria*-Gruppe.

Nomenklatur: Wurde früher oft mit *Andrena danuvia* und *Andrena barbareae* vermengt.

Etymologie: Von lat. „*cinereus*" = „aschgrau". Der deutsche Name bezieht sich ebenfalls auf die grauweiße, mit einer schwarzen Querbinde versehene Behaarung des Brustrückens; als „Düstersandbienen" werden wegen der bei vielen Arten vorherrschenden dunklen Behaarung die Arten der Untergattung *Melandrena* bezeichnet.

Pollenquellen: Polylektisch; nachgewiesen ist bislang die Nutzung des Pollens von sechs Pflanzenfamilien: Apiaceae, Asteraceae, Brassicaceae, Ranunculaceae, Rosaceae und Salicaceae.

Nestbau: Nistet auf kahlen oder schütter bewachsenen Flächen auf trockenen Fett- und Magerwiesen, Hochwasserdämmen, Sand- und Kiesgruben, aber auch in Gärten und Parks und sogar auf mehr oder weniger stark beschatteten Standorten an Waldsäumen und -lichtungen, in der Regel in kleinen bis zu mehreren Hundert Nestern starken Aggregationen. Sie scheint Sandboden zu bevorzugen, nimmt aber auch mit lehmigem oder humosem Substrat vorlieb. Pro Nest werden nur zwei bis drei Brutzellen angelegt, die meist

♀ 13–15 mm | Moosburg, Garten 22.03.2019

in einer Tiefe von 10–25 cm liegen, es wurden aber auch schon Brutzellen in einer Tiefe von 60 cm gefunden. Die Nesteingänge bleiben während der Verproviantierung tagsüber offen und werden nur nachts oder bei schlechter Witterung verschlossen.

Lebensraum: Waldsäume, Hecken, trockene Wiesen, Hochwasserdämme, Ruderalflächen, Sand- und Kiesgruben, Gärten und Parks. Vom Flachland bis in die subalpine, in der Südschweiz zuweilen bis in die alpine Höhenstufe.

Parasiten: Kuckucksbienen sind *Nomada lathburiana* und *Nomada goodeniana*. Als weiterer Nestparasit wurde der Wollschweber *Bombylius discolor* beobachtet. Erwachsene Tiere sind zuweilen von Fächerflüglern der Gattung *Stylops* befallen.

Flugzeit: Univoltin von Mitte März bis Ende Mai, ausnahmsweise bis Mitte Juni. Die Imagos überwintern.

Gesamtverbreitung: Transpaläarktisch. Von Nordportugal bis an die Pazifikküste des Fernen Ostens, in Europa nordwärts bis Irland und Mittelschottland, Norwegen (bis 62,50°N), in Schweden und Finnland fast bis zum Polarkreis, südwärts in Italien bis Apulien, weiter östlich ist die Südgrenze wegen der Vermengung mit *A. danuvia* bzw. in Asien mit der Vermengung mit weiteren nah verwandten Arten unklar. Auf den Britischen Inseln bis in den Norden Schottlands. Soweit bisher bekannt, beziehen sich alle Meldungen von *A. cineraria* in Griechenland und der Türkei *A. danuvia*. Alte Meldungen aus Nordafrika dürften auf Fehldeterminationen basieren.

Lokalverbreitung: Im Gebiet aus allen Regionen gemeldet.

Andrena flavipes (PANZER, 1799)

Gewöhnliche Bindensandbiene

Flugzeit	J	F	M	A	M	J	J	A	S	O	N	D

Weibchen: Fühlerglied 3 annähernd so lange wie 4–6 gemeinsam. Thorax schwarz, oben in der Mitte wenig hellbraun behaart. Deutlich abgegrenzte breite, hellbraune, lange, zum Teil abstehende Haarbinden an den Tergitendrändern ab 2. Tergit. Schwarzbraune Endfranse. An den Thoraxseiten und am hinteren Rücken dichter hellbraun behaart. Gesichtsbehaarung vorne hellbraun bis bräunlich grau, oben und seitlich schwarz. Schienenbürsten goldgelb, Beinbehaarung rötlichbraun. Clypeus glänzend, dicht und grob runzlig punktiert. An Tergitende 1 mit spärlicher, abstehender gelblichweißer Behaarung. Die hinteren Tibien in der Regel dunkel, vereinzelt auch rötlich braun. 11–13 mm.

Männchen: Überwiegend gelblichbraun behaart, Gesicht an den Seiten und oft auch bei der Frühjahrsgeneration unten mit schwarzer Behaarung. Tergite mit abstehenden, gelblichbraunen Endbinden. 2. Geißelglied ca. eineinhalb-fach so lang wie 3. 9–11 mm.

Verwechslungsmöglichkeit: Die goldgelbe bis rötlichbraune Behaarung der Sammelbürsten an den Hinterbeinen ist bei auch bei *Andrena gravida* vorhanden. Diese in der Regel etwas seltenere Erdbiene unterscheidet sich durch die weiße Gesichtsbehaarung und die weiß behaarten Tergit-Binden und Seiten des Thorax von *A. flavipes*.

Systematik: Untergattung *Zonandrena* HEDICKE, 1933. Nomenklatur: Synonym: *Andrena fulvicrus* (KIRBY, 1802).

Etymologie: Von lat. „*flavus*" = „goldgelb, rötlich gelb" und „*pes*"= „Fuß', wegen der rotgelben Sammelbehaarung der Hinterbeine bei den Weibchen. Der deutsche Name bezieht sich auf die Tatsache, dass die Art eine der häufigsten Sandbienen ist; als „Bindensandbienen" werden wegen der deutlich ausgebildeten Haarbinden auf dem Hinterleib die Arten der Untergattung *Zonandrena* bezeichnet.

Pollenquellen: Ausgesprochen polylektisch; nachgewiesen ist bislang die Nutzung des Pollens von 17 Pflanzenfamilien: Aceraceae, Apiaceae, Asteraceae, Brassicaceae, Campanulaceae, Caryophyllaceae, Convolvulaceae, Cucurbitaceae, Fabaceae, Fagaceae, Hypericaceae, Lamiaceae, Papaveraceae, Ranunculaceae, Rosaceae, Salicaceae und Scrophulariaceae.

Nestbau: Kahle oder schütter, seltener auch dicht bewachsene Flächen auf Wiesen, unter Hecken, an Böschungen und Feldrainen, in Sand- und Kiesgruben und an Waldrändern, in Gärten und Parks. Bevorzugt sandigen bis lehmigen Boden von unterschiedlicher Dichte. Unter günstigen Bedingungen können Nestaggregationen von mehreren Tausend Nestern entstehen. Das Nest besteht aus einem etwa 20 cm langen Hauptgang, an dessen Ende die Brutzellen liegen.

Lebensraum: Ubiquist, besiedelt alle möglichen Standorte. Vom Flachland bis in die montane Höhenstufe.

Parasiten: Kuckucksbiene ist *Nomada fucata*. Weitere Nestparasiten sind der Wollschweber *Bombylius discolor* und vermutlich Ölkäfer der Gattung *Meloe*. Erwachsene Tiere sind zuweilen vom Fächerflügler *Stylops melittae* Kirby, 1802 befallen.

Flugzeit: In zwei Generationen von März bis Ende Mai/Anfang Juni und von Juni bis September.

Gesamtverbreitung: Von Portugal und Marokko bis Nordindien, Nepal und Tibet, in Europa nordwärts bis Irland, Wales und Mittelengland (bis 54°N), Südnorwegen (Vest-Agder, 58,5°N), Schweden (bis 61°N), fehlt in Finnland; südwärts bis an den Nordrand der Sahara, über Israel, Irak, Iran, Afghanistan und Pakistan nach Nordindien. Warncke stellte mehrere Taxa als Unterarten zu *A. flavipes*; meist handelt es sich um bloße Farbformen, lediglich die auf Ibiza endemische *ssp. ibizensis* Warncke, 1984 und die in Iberien beheimatete *ssp. puber* Erichson, 1835 weisen geringfügige morphologische Unterschiede auf.

Lokalverbreitung: Im Gebiet aus allen Regionen gemeldet.

Andrena florea (Fabricius, 1793)

Zaunrüben-Sandbiene

Flugzeit	J	F	M	A	M	J	J	A	S	O	N	D

Weibchen: Clypeus längs der Basis auffällig glänzend, punktiert mit großem, glänzendem, im oberen Bereich quergerunzeltem Labrumanhang. Geißelglied 3 etwas länger als 4 und 5 zusammen. Gesicht oben und seitlich schwarz behaart mit breiten Schläfen. Tergit 1 und 2 in der Regel rot, oben wenig behaart. Abdomen schütter unten und seitlich bräunlichschwarz behaart. Sammelbürsten oben dunkel, unten hell behaart. Gelblich braune, lockere Behaarung an Thorax und Kopf. Thorax oben genarbt und gut erkennbar punktiert. Endfranse schwarzbraun. An Tergiten 3 und 4 seitlich nur schwache, fransenartige Behaarung. Tergit 1 wenig, 2 und 3 dicht punktiert. 12–13 mm.

Männchen: Behaarung am Körper bräunlich gelb. Geißelglied 1 so lange wie 3, 2 mehr als 3-mal so lang wie 3. Anhang des Labrums auffällig breit. Clypeus punktiert und dazwischen glänzend, fast ohne Behaarung. Tergit 1 und 2 teilweise bis ganz rötlich gefärbt. Tergite glänzend und glatt, bis auf helle Endbinden Punktierung ab Tergit 2 gut sichtbar. Thoraxrücken punktiert und genarbt. 11–12 mm.

Verwechslungsmöglichkeit: Die teilweise rotgefärbten ersten Tergite in Kombination mit dem Blütenbesuch an Zaunrübe machen die Art unverwechselbar.

♀ 11–12 mm | Blütenbesuch an Zaunrübe | Kaiserstuhl 30.05.2018 NSG Haselschacher Buck

Systematik: Untergattung *Poliandrena* WARNCKE, 1968, *florea*-Gruppe.

Etymologie: Von lat. „*florea*“ = „blumig, blühend“. Der deutsche Name bezieht sich auf Spezialisierung auf Zaunrübe.

Pollenquellen: Streng oligolektische, auf Bryonia (Cucurbitaceae) spezialisierte Art, einzige Pollenquellen sind die Rote Zaunrübe (*Bryonia dioica*) und die Weiße Zaunrübe (*Bryonia alba*). Da *Bryonia dioica* zweihäusig getrenntgeschlechtig ist, können nur die männlichen Pflanzen als Pollenquellen dienen (WESTRICH 1989).

Flugzeit: In einer Generation von Ende Mai bis in den August.

Nestbau: Nistet an kahlen bis schütter bewachsenen, horizontalen bis abschüssigen Stellen in sandigem bis lehmigem Substrat, meist in kleinen Aggregationen. Die Brutzellen befinden sich etwa 5–10 cm unter der Erdoberfläche.

Lebensraum: Waldränder, Feldhecken, Ruderalflächen, Gärten, sofern dort die Zaunrübe vorkommt. Vom Flachland bis in die montane Höhenstufe.

Parasiten: Kuckucksbienen wurden noch nie beobachtet. Erwachsene Tiere sind zuweilen von Fächerflüglern befallen.

Gesamtverbreitung: In Nordafrika von Marokko und Algerien nachgewiesen (je eine Meldung aus Tunesien und Libyen basiert auf einer Fehlbestimmung); in Eurasien von Portugal über Ukraine, Kleinasien und Kaukasus bis Turkmenien und Ural, nordwärts bis Südengland, Norddeutschland, Moskau und Perm, südwärts bis Sizilien, Kreta und Israel. Eine Meldung aus Zypern bedarf der Über-

prüfung. In der Türkei und in Israel in der ssp. *anhinga* WARNCKE, 1975, auf Korsika in der *ssp. corsica* WARNCKE, 1975.

Lokalverbreitung: In Deutschland sind nur Schleswig-Holstein und Mecklenburg-Vorpommern ohne Nachweise. In Österreich beschränken sich die Vorkommen auf Ober- und Niederösterreich, das Burgenland und die Steiermark. In der Schweiz im Tessin, Wallis, Genfersee-Gebiet, Jura und im Großraum Basel und Schaffhausen.

Kopf und Thorax mit lockerer hellrauner Behaarung
Tergit 1 und 2 in der Regel rot, oben wenig behaart
Tergit 1 kaum, 2 und 3 dicht punktiert
An Tergiten 3 und 4 seitlich nur schwache, fransenartige Behaarung
Endfranse schwarzbraun

♀ 12–13 mm

Tergit 1 kaum, 2 und 3 dicht punktiert
Tergit 1 und 2 in der Regel rot, oben wenig behaart
Gelblich braune, lockere Behaarung an Thorax und Kopf
An Tergiten 3 und 4 seitlich nur schwache, fransenartige Behaarung
Clypeus glatt und kaum punktiert. Labrumanhang auffällig groß
Gesicht oben und seitlich schwarz behaart. Schläfen breit.
Sammelbürsten oben dunkel, unten hell beahaart

Andrena fulva (MÜLLER, 1766)

Fuchsrote Lockensandbiene

Flugzeit	J	F	M	A	M	J	J	A	S	O	N	D

Weibchen: Kopf und Körperunterseite schwarz behaart. Dichte, lange, rotbraune Behaarung am Thoraxrücken bis zum Abdomen. Schwarze Schienenbürste und Endfranse. Tarsen und Tibien teilweise rötlichbraun. Behaarung an Thorax und Tergit 1–5 oben rötlichbraun, seitlich schwarz. Anhang des Labrums in Form einer Raute. Am Scheitel finden sich verstreute rötlich braune Haare. Das Weibchen ist durch die charakteristische Behaarung unverwechselbar. 12–14 mm.

Männchen: Thorax und teilweise Hinterleib rötlichbraun behaart. Gesicht oben und seitlich schwarz, mittig bräunlichgelb unten weißlich behaart. Mandibel lange mit auffällig großem Zahn an der Basis. Punktierung am Clypeus dicht, oben genarbt, nach unten zu glänzend. Tergite glänzend, fein, aber nicht dicht punktiert. Geißelglied 3 nicht ganz 2-mal so lang wie 2. 4. 10–12 mm.

Verwechslungsmöglichkeit: Die Männchen sind im Gelände schwer von ähnlichen Arten zu unterscheiden; von den verwandten Arten, die ebenfalls einen Zahn an der Mandibelbasis aufweisen, zu trennen durch das lange Fühlerglied 3, das fast doppelt so lang ist wie Glied 2.

Systematik: Untergattung *Andrena* FABRICIUS, 1775 s. str.

Nomenklatur: Synonyme: *Andrena armata* (Gmelin, 1790).

Etymologie: Von lat. „*fulva*“ = „dunkelgelb, braungelb, bräunlich, rotgelb“, wegen der dicht und leuchtend rotgelb behaarten Körperoberseite. Als „Lockensandbienen“ werden wegen der bei den Weibchen dieser Gruppe auffallend stark ausgebildeten Haarlocke auf den Hintertrochanteren (*Flocculus*) die Arten der Untergattung *Andrena* s. str. bezeichnet.

Pollenquellen: Polylektisch; nachgewiesen ist bislang die Nutzung des Pollens von zehn Pflanzenfamilien: Aceraceae, Aquifoliaceae, Berberidaceae, Brassicaceae, Buxaceae, Caprifoliaceae, Fagaceae, Grossulariaceae. Ranunculaceae, Rosaceae und Salicaceae. Auffallend häufig besucht die Art die Blüten von Stachel- oder Johannisbeeren.

Nestbau: Nistet auf kahlen oder nur schütter bewachsenen, sonnigen bis halbschattigen Flächen, unter günstigen Umständen in mehreren Hundert Nestern umfassenden Aggregationen. Der Aushub wird kegelförmig um den Nesteingang abgelagert. Die Nestgänge können mehr als einen halben Meter tief sein.

Lebensraum: Bevorzugt im Siedlungsbereich, aber auch in Wäldern, Waldsäumen und an Hochwasserdämmen. Vom Flachland bis in die montane Höhenstufe.

Parasiten: Als Kuckucksbiene sind *Nomada signata* und *Nomada panzeri* bekannt. Erwachsene Tiere sind zuweilen vom Fächerflügler *Stylops nevinsoni* Perkins, 1918 (früher mit *Stylops melittae* vermengt) befallen.

Flugzeit: In einer Generation von März bis Mai.

Gesamtverbreitung: Von Portugal bis Rumänien und Bulgarien; nordwärts auf den Britischen Inseln bis in den Süden Schottlands, in Schweden nur im äußersten Süden (57°N), fehlt im übrigen Skandinavien; südwärts bis Si. Erwachsene Tiere sind nicht selten vom Fächerflügler *Stylops aterrimus* NEWPORT, 1851 (früher mit *Stylops melittae* vermengt) befallen.

Lokalverbreitung: Im Gebiet aus allen Regionen gemeldet.

♂ 9–12 mm | schwer von anderen Andrena-Arten unterscheidbar | Moosburg, Garten 25.4.2007

Andrena gravida (Imhoff, 1832)

Weiße Bindensandbiene

Flugzeit	J	F	M	A	M	J	J	A	S	O	N	D

Weibchen: Tergitbinde 1 ausgeprägter, breiter als bei *A. flavipes*, durchgehend weiß behaart. Behaarung an Kopf und Thoraxseiten im Gegensatz zu *A. flavipes* grauweiß, *Mesonotum* lang rötlich- bis hellbraun behaart. Tibien und Tarsen rötlichbraun, Hüfte und Schenkel weißlichgrau behaart. Dunkle Hintertibien. Kontrastreicher und farbintensiver als *A. flavipes*. 12–14 mm.

Männchen: Tergit 5 und 6 mit dunkelbrauner, Sternite 5 und 6 mit hellbrauner, lang abstehender dichter Behaarung. Tergit 1–4 rötlichbraun behaart. Auffällige weiße Behaarung findet sich auf unterem Teil des Gesichts, Thoraxseite und Unterseite. Kopf-, Thorax- und Tergitoberseiten 1–4 lang abstehend, dicht rötlichgelb behaart, am Tergitendrand bindenartig dichter. Gesicht an der Seite und oben schwarz. Punktierung am Clypeus runzelig, zwischen den Punkten glänzend. Runzelung an Thorax und Propodeum grob. Hinterleib gut sichtbar punktiert und glänzend. 13–14 mm.

Verwechslungsmöglichkeit: Die sehr ähnliche *Andrena flavipes* ist mehr oder weniger einfarbig braun behaart, die Körperunterseite ist nur wenig heller und kontrastiert nicht mit der Behaarung der Oberseite. Die Männchen sind am besten an der Farbe der Clypeusbehaarung zu unterscheiden, die bei *A. gravida*

weiß, bei *A. flavipes* schwarzbraun bis hellbraun ist. Ebenfalls ähnlich ist die in fast allen deutschen Bundesländern ausgestorbene oder vom Aussterben bedrohte *Andrena chrysopyga*, die aber durch die rostgelbe Endfranse sofort zu unterscheiden ist.

Systematik: Untergattung *Zonandrena* Hedicke, 1933.

Nomenklatur: Synonym: *Andrena extricata auct. nec* Smith, 1849.

Etymologie: Von lat. „*gravida*“ = „gefüllt, beladen, beschwert“, vermutlich wegen des im Vergleich zur sehr ähnlichen *A. flavipes* robusteren Habitus. Der deutsche Name bezieht sich auf die Behaarung von Thoraxseiten und Hinterleib, die im Gegensatz zur nächstverwandten *A. flavipes* weiß statt braun ist; als „Bindensandbienen“ werden wegen der deutlich ausgebildeten Haarbinden auf dem Hinterleib die Arten der Untergattung *Zonandrena* bezeichnet.

Pollenquellen: Polylektisch; nachgewiesen ist bislang die Nutzung des Pollens von vier Pflanzenfamilien: Asteraceae, Brassicaceae, Rosaceae und Salicaceae; es dürften aber noch weitere Familien infrage kommen.

Nestbau: Kahle oder schütter, zuweilen auch dichter bewachsene Flächen. Eine Bevorzugung bestimmter Bodenarten ist nicht zu erkennen.

Lebensraum: Ubiquist, besiedelt alle möglichen Lebensräume, wie Waldsäume und -lichtungen, trockene Fett- und Magerwiesen, Gärten und Parks. Vom Flachland bis in die montane Höhenstufe.

Parasiten: Kuckucksbiene ist *Nomada bifasciata*. Erwachsene Tiere sind zuweilen von Fächerflüglern befallen.

Flugzeit: In einer Generation von März bis Juni.

Gesamtverbreitung: Von den Pyrenäen über Ukraine, Kleinasien und Kaukasus bis Kasachstan, nordwärts bis in den äußersten Südosten Englands und den äußersten Süden Schwedens, ins Baltikum und Baschkortostan, südwärts bis Sizilien und die Peloponnes, in der Türkei nur vereinzelte Nachweise. Im Kaukasus und Zentralasien in der ssp. *rubidopilosa* Osytshnjuk, 1994. Lokalverbreitung: Im Gebiet aus allen Regionen gemeldet.

Andrena haemorrhoa (Fabricius, 1781)

Rotschopfige Sandbiene

Flugzeit	J	F	M	A	M	J	J	A	S	O	N	D

Männchen: Dichte Punktierung des Clypeus, zwischen den Punkten glänzend. Anhang des Labrums rundlich. Eindrücke an Tergite 2 und 3 etwa die halb so lang wie Tergite. Mesonotum gelblichbraun behaart mit auffällig großer Punktierung. Gesichtsbehaarung hellbraun. Tarsen, Hintertibien der mittleren und hinteren Beine sowie die Schienenbürsten rötlichbraun gefärbt. Flügel rötlichbraun geädert. Tergite glänzend mit gröberer Punktierung. Endfranse rötlichbraun, Hinterleib nur an der Seite wenig behaart. 9–11 mm.

Weibchen: Clypeus auffällig grob punktiert, zwischen den Punkten intensiv glänzend, mittig mit unpunktierter Linie. Punktierung oben am Thorax sehr runzelig, in Zwischenräumen glänzend. Propodeum sehr grob gefeldert, eine rechtwinklige Kante begrenzt das Mittelfeld. Kopf schwarz, Gesicht vorne weiß behaart. Die hellen Foveae werden in der Mitte beidseitig schmaler und liegen hier nicht mehr den Komplexaugen an. Thorax und Abdomen schwarz, unten und seitlich weiß behaart. Schienenbürste oben rötlichbraun, innen weiß behaart, oben mit schwarzem Fleck. Dichte gleichmäßige rotbraune Behaarung auf dem Thoraxrücken. Innensporn der Hintertibien nicht verbreitert, gerade. Die Tergite besitzen keine Endbinden, sind grob punktiert, mattiert glänzend und oben nicht behaart. Endfranse rotbraun. 10–11 mm.

Verwechslungsmöglichkeit: Behaarung bei Weibchen von *A. gravida* länger sowie klar begrenzte breite weiße Tergitbinden. Behaarung bei *A. tibialis* kürzer mit reduzierten weißen Tergitbinden.

Systematik: Untergattung *Trachandrena* ROBERTSON, 1902. Nomenklatur: Synonym: *Andrena albicans auct. nec* MÜLLER, 1776. Etymologie: Von griech. „*haima*" = „Blut" und „*rhoe*" = „das Fließen", sinngemäß „als ob Blut geflossen sei", bezieht sich wie der deutsche Name auf die rötliche Franse an der Hinterleibsspitze des Weibchens.

Pollenquellen: Polylektisch; nachgewiesen ist bislang die Nutzung des Pollens der 15 Pflanzenfamilien Aceraceae, Apiaceae, Aquifoliaceae, Asteraceae, Betulaceae, Brassicaceae, Caryophyllaceae, Cornaceae, Fagaceae, Grossulariaceae, Ranunculaceae, Resedaceae, Rosaceae, Salicaceae, Scrophulariaceae.

Nestbau: Nistplätze sind meist schütter, oft aber auch dichter bewachsene Flächen in Wiesen, an Feldsäumen, unter Hecken, bevorzugt in sandigem oder lehmigem, aber auch humosem Boden. Die Art nistet in der Regel einzeln, selten in kleineren Aggregationen.

Lebensraum: Ubiquist, besiedelt alle möglichen Lebensräume wie Waldsäume und -lichtungen, trockene Fett- und Magerwiesen, Gärten und Parks. Vom Flachland bis in die montane Höhenstufe.

Parasiten: Als Kuckucksbiene ist *Nomada ruficornis* bekannt, sehr wahrscheinlich kommt auch *Nomada moeschleri* infrage. Als weiterer Nestparasit wird der Ölkäfer *Meloe violaceus* vermutet. Erwachsene Tiere sind zuweilen vom Fächerflügler *Stylops melittae* befallen.

Flugzeit: In einer Generation von März bis Juni.

Gesamtverbreitung: Transpaläarktisch. In Eurasien von Zentralspanien über Ukraine, Kleinasien, Kaukasus, Nordiran, Zentralasien und Sibirien bis Mongolei, Korea, Japan und den Fernen Osten Russlands (Irkutsk, Transbaikalien, Amur, Jakutien, Chabarowsk, Primorje). In Europa nordwärts auf den Britischen Inseln bis Nordschottland, in Norwegen und Finnland bis nördlich des Polarkreises (68°N), in Russland bis in den Norden der Republik Komi, südwärts bis Korsika, die Toskana und Attika. Im Fernen Osten in der *ssp. japonibia* HIRASHIMA, 1957, in Nordafrika (Algerien und Libyen) in der *ssp. messaadensis* SCHEUCHL, 2013; zumindest letztere sollte wegen deutlicher morphologischer Unterschiede zur Stammform als eigene Art aufgefasst werden.

Lokalverbreitung: Im Gebiet aus allen Regionen gemeldet.

Andrena hattorfiana (Fabricius, 1775)

Knautien-Sandbiene

Flugzeit	J	F	M	A	M	J	J	A	S	O	N	D

Weibchen: Körper schwarz, Hinterleib glänzend erscheinend. Hinterflügel am Endrand mit breiter Rundung. Der Anhang des annähernd quadratischen Labrums bildet ein Dreieck mit gerundeten Ecken. Clypeus gleich breit wie hoch, intensiv punktiert, dazwischen matt glänzend mit genarbter Basis und Mittellinie. Foveae stark eingedrückt. Punktierung am Thoraxrücken zwischen den Punkten glänzend. Oberseite von Kopf und Thorax kurz und spärlich weiß behaart. Fovae schmal und stark vertieft. Tergit 1 an der Basis schwarz, der Rest rot. Tergit 2 meist vollständig rot mit schwarzem Punkt an der Seite. Es kommen jedoch auch völlig schwarze Exemplare vor. Schienenbürste oben gelblichweiß unten doppelt so lange wie oben, abstehend weiß behaart. Endfranse an Tergit 5 und 6 gelblich-orange. Unterseite des Thorax und Sternite abstehend weiß behaart. Kurze mehr oder weniger gut sichtbare, weiße, teilweise mittig unterbrochene Tergitendbinden an 2–4, manchmal mit rötlichen Aufhellungen. 13–16 mm.

Männchen: Kopf beinahe quadratisch, geringfügig breiter als hoch. Punktierung am Thoraxrücken filigran, glänzend. Der gelblichweiße, glänzende Clypeus ist stark nach außen gerundet. Tergite glänzend, fein punktiert, an den Rändern und weiteren Teilen von 1–3 oftmals rot aufgehellt. An Propodeum

auffallend genarbt. Ab dem 3. Tergit mit wenig ausgeprägten, teils unterbrochenen bräunlich weißen Endbinden. Körper bräunlichgelb, spärlich, kurz behaart. Im Unterschied zur in der Schweiz vorkommenden *Andrena nobilis* ist die Fühlergeißel kurz und dicker. 14–16 mm.

Verwechslungsmöglichkeit: Die Kombination von Körpergröße und Blütenbesuch auf Knautie oder Skabiose machen die Art unverwechselbar, zudem sind beim Weibchen in aller Regel (beim Männchen seltener) die ersten Tergite teilweise rot gefärbt. *Andrena marginata*, die auf die gleichen Pflanzen spezialisiert ist, ist mit 10 mm Körperlänge deutlich kleiner, die Tergite sind in beiden Geschlechtern viel ausgedehnter und heller rot gefärbt, überdies erscheint diese Art erst ab Anfang August.

Systematik: Untergattung *Charitandrena* HEDICKE, 1933.

Etymologie: Gewidmet Baron (?) VON HATTORF, aus dessen Sammlung das von FABRICIUS beschriebene Exemplar stammt. Der deutsche Name bezieht sich auf die Hauptpollenquelle.

Pollenquellen: Oligolektisch auf Kardengewächse (Dipsacaceae); Hauptpollenquelle im Gebiet ist die Wiesen-Knautie (*Knautia arvensis*), Nebenpollenquelle die Wald-Knautie (*Knautia dipsacifolia*). Wenn die Knautien bereits vor dem Ende der Flugzeit verblühen, wird auch die Tauben-Skabiose (*Scabiosa columbaria*) besammelt.

Nestbau: Nistplätze sind kahle oder schütter, zuweilen auch dichter bewachsene Flächen auf trockenwarmen Standorten. Eine Bevorzugung bestimmter Bodenarten ist nicht erkennbar.

Lebensraum: Trockene Fett- und Magerwiesen, Hochwasserdämme, Straßenböschungen, Waldsäume. Vom Flachland bis in die montane Höhenstufe.

Parasiten: Kuckucksbiene ist *Nomada armata*. Erwachsene Tiere sind zuweilen von Strepsipteren (*Stylops melittae*) befallen.

Flugzeit: In einer Generation von Mai bis August.

Gesamtverbreitung: Von Zentralspanien über Ukraine bis Ural und über Kleinasien in den Kaukasus; nordwärts bis Südengland und Südwales, in Norwegen und Schweden bis 60,5°N, in Finnland bis 62,5°N, in Russland bis Perm, südwärts bis Sizilien, Peloponnes und Südtürkei; nicht auf Kreta. Im östlichen Mittelmeergebiet (westwärts bis nach Sizilien) in der ssp. dimidiata BRULLE, 1832.

Lokalverbreitung: Im Gebiet aus allen Regionen gemeldet.

♀ schwarze Variante | Isarauen bei Moosburg 19.06.2019

♂ 14–16 mm | Isarauen bei Moosburg 17.05.2020
Körper bräunlichgelb, spärlich, kurz behaart
Clypeus weißlich, glänzend

♂ 14–16 mm | Isarauen bei Moosburg 17.05.2020
Tergite glänzend, an den Rändern und weiteren Teilen von 1–3 oftmals rot aufgehellt. Ab dem 3. Tergit mit wenig ausgeprägten, teils unterbrochenen bräunlich weißen Endbinden

Andrena helvola (Linnaeus, 1758)

Schlehen-Lockensandbiene

Flugzeit	J	F	M	A	M	J	J	A	S	O	N	D

Weibchen: Thoraxrücken und Tergit 1 und 2. Tergit 1–2 lang rötlich- bis gelblichbraun, Tergit 3 und 4 kürzer abstehend gelblichbraun behaart mit undeutlichen Endbinden. Endfranse dunkelbraun. Clypeus unten glatt oben mehr oder weniger fein quergerunzelt. Schienenbürste oberseits gelblichbraun, auf der Unterseite weiß behaart. 10–11 mm.

Männchen: Ecke der sehr langen Mandibeln an der Basis fast rechtwinklig. Kopf mit langer, gerader Schläfenkante, hinten eckig. Behaarung am Thoraxrücken und Tergit 1 und 2 lang gelbbraun, an den übrigen kürzer. Tergite 3–5 mit kurzer, schwarzer Behaarung. Clypeus zum großen Teil glänzend. Geißelglied 3 so lang wie 4. 9–10 mm.

Verwechslungsmöglichkeit: Sehr ähnlich und schwer unterscheidbar zu *A. varians*. Männchen ähnlich *praecox*.

Systematik: Untergattung *Andrena* Fabricius, 1775 s. str. Nomenklatur: Synonym: *Andrena varians* var. *helvola* (Llnnaeus, 1758).

Etymologie: Von lat. „*helvola*" = „blassrot, gelblich"; wegen der Farbe der Körperbehaarung. Der deutsche Name bezieht sich auf eine der bevorzugten Nahrungspflanzen; als „Lockensandbienen" werden wegen der bei den Weibchen dieser Gruppe auffallend stark ausgebildeten Haarlocke auf den Hintertrochanteren (*Flocculus*) die Arten der Untergattung *Andrena s. str.* bezeichnet.

Pollenquellen: Polylektisch; nachgewiesen ist bislang die Nutzung des Pollens der sechs Pflanzenfamilien Amaryllidaceae, Asteraceae, Grossulariaceae, Rhamnaceae und Rosaceae. Am häufigsten anzutreffen auf Wiesen-Löwenzahn (*Taraxacum offcinale*), Johannisbeere (*Ribes spec.*), Kreuzdorn (*Rhamnus spec.*) und bestimmten Rosengewächsen (*Prunus spec.*).

Nestbau: Nestfunde wurden nicht bekannt, aber offensichtlich zeigt die Art keine Bevorzugung bestimmter Bodenarten.

Parasiten: Kuckucksbiene ist *Nomada panzeri*. Als weiterer Nestparasit wird der Ölkäfer *Meloe violaceus* vermutet. Erwachsene Tiere sind zuweilen vom Fächerflügler *Stylops melittae* befallen.

Lebensraum: Waldränder, Waldlichtungen, Hecken, Wiesen, Siedlungsbereich. Vom Flachland bis in die montane und subalpine Höhenstufe.

Flugzeit: In einer Generation von April bis Juni.

Gesamtverbreitung: Isolierte Funde in Südspanien (Jaen); von Zentralfrankreich über Ukraine, Kleinasien und Kaukasus bis zum Mittelsibirischen Bergland (Obl. Kemerowo), nordwärts bis Nordschottland (fehlt in Irland), in Norwegen bis 62,5°N, in Schweden bis 68°N, in Finnland nur ganz im Süden auf der Insel Áland, südwärts in Italien bis Friaul.

Lokalverbreitung: Im Gebiet aus allen Regionen gemeldet.

Andrena labiata (Fabricius, 1781)

Rote Ehrenpreis-Sandbiene

Flugzeit	J	F	M	A	M	J	J	A	S	O	N	D

Weibchen: Die Unterseite der Fühlergeißel erscheint heller rötlichbraun. Der Anhang des Labrums ist viereckig geformt, fast quadratisch, die Kanten etwas abgerundet. Die Fovae erscheinen recht schmal. Körperbehaarung kurz weißlich. Tergite 1–3 größtenteils rot gefärbt. Tergit 2 an der Seite mit schwarzem Fleck. Zur Unterscheidung von *Andrena potentilla* dient die größere und dichtere Punktierung zwischen dem Clypeus und den Komplexaugen. Thorax am Rücken punktiert und dazwischen gut sichtbar genarbt. Runzelung des Mittelfeldes verstreut. An den kurz und spärlich weiß behaarten, glänzenden fein punktierten Tergiten sind keine Endbinden sichtbar. Die Endfranse ist bräunlich gefärbt. Die Behaarung der Schienenbürste ist oben bräunlichgelb, unten weiß. Tergite glänzend, fein und dicht punktiert. 8–10 mm.

Männchen: Geißelglied 2 etwas länger als im Vergleich zu *Andrena potentilla* und bis zu doppelt so lang wie 3. Körper schwarz mit weißer Behaarung. Scheitel gelblich braun behaart. Die rote Färbung erstreckt sich meist ab dem Endrand von Tergit 1 bis zum vorderen Bereich von Tergit 3. Tergite mit feiner Punktierung, glänzend. Behaarung an der Unterseite weiß, oben an Thorax und Kopf gelblich weiß. Clypeus glänzend gelblich weiß gefärbt. Punktierung am Thoraxrücken dicht, leicht glänzend, genarbt. 7–9 mm.

Verwechslungsmöglichkeit: Durch die Kombination von roter Hinterleibsfärbung und geringer Körpergröße eigentlich nur mit *A. potentillae* zu verwechseln (alle anderen *Andrena*-Arten mit teilweise rot gefärbtem Hinterleib sind deutlich größer). *A. potentillae* ist bei weitem seltener und etwas kleiner (Weibchen 6–8, Männchen 6–7 mm). Beim Weibchen trägt das Pygidium längs der Mitte eine erhabene Leiste (*A. labiata*: Pygidium mit durch flach vertiefte Seitenränder abgesetzte Mittelplatte); die Fühlergeißel ist am Ende auch oben rotgelb aufgehellt (bei *A. labiata* nur auf der Unterseite). Beim Männchen ist die Rotfärbung der Tergite weniger ausgedehnt: Rot sind ein schmaler Endrand von Tergit 1, Tergit 2 mit Ausnahme eines dunklen Mittelflecks und die seitlichen Teile von Tergit 3.

Systematik: Untergattung *Poecilandrena* HEDICKE, 1933, *labiata*-Gruppe.

Nomenklatur: Synonyme: *Andrena cingulata auct. nec* (FABRICIUS, 1775)

Etymologie: Von lat. „*labia*“ = „Lippen“, wegen des gelben Kopfschildes des Männchens. Der deutsche Name bezieht sich auf den roten Hinterleib bei beiden Geschlechtern sowie auf eine der bevorzugten Nahrungspflanzen.

Pollenquellen: Polylektisch; nachgewiesen ist bislang die Nutzung des Pollens von sieben Pflanzenfamilien: Asteraceae, Brassicaceae, Caryophyllaceae, Lamiaceae, Ranunculaceae, Rosaceae, Scrophulariaceae. Besonders häufig besucht die Art Gamander-Ehrenpreis (*Veronica chamaedrys*) und Fingerkraut (*Potentilla spec.*).

Nestbau: Nistet einzeln auf kahlen oder schütter bewachsenen Flächen ohne Bevorzugung bestimmter Bodenarten.

Lebensraum: Magerrasen, trockene Fettwiesen, Feld- und Waldsäume, Hochwasserdämme, auch Gärten und Parks. Vom Flachland bis in die montane, zuweilen bis in die subalpine Höhenstufe.

Parasiten: Kuckucksbiene ist *Nomada guttulata*. Erwachsene Tiere sind zuweilen von Fächerflüglern befallen.

Flugzeit: In einer Generation von April bis Juni/Juli.

Gesamtverbreitung: Von Portugal über die Ukraine und Südrussland sowie Kleinasien, Kaukasus, Nordiran und Zentralasien bis zum Mittelsibirischen Bergland (Obl. Kemerowo); nordwärts bis Südschottland, in Schweden und Finnland bis 61°N, in Russland bis Karelien und Perm; südwärts bis Sizilien, Peloponnes und Süd-Türkei. In Iberien in der *ssp. bellina* WARNCKE, 1967.

Lokalverbreitung: Im Gebiet aus allen Regionen gemeldet

♂ 7–9 mm | Kallmünz Oberpfalz 15.06.2021
2. Tergit an der Seite mit schwarzem Fleck
Tergite kurz und spärlich weiß behaart, ohne Haarbinden
Körperbehaarung kurz bräunlich weiß
Tergite mit feiner Punktierung, glänzend

♀ 8–10 mm
Scheitel gelblich braun behaart
Foveae relativ schmal

Andrena nigroaenea (Kirby, 1802)

Erzfarbene Düstersandbiene

Flugzeit	J	F	M	A	M	J	J	A	S	O	N	D

Weibchen: Schienenbürste rötlichbraun. Thorax abstehend dicht und lang gelblichbraun behaart. Kopf braunschwarz behaart. Clypeus grob punktiert mit einer sichtbaren Mittellinie. 1. bis 3. Tergit dunkel bräunlich gefärbt und gelblich braun behaart. Anhang des Labrums groß und rautenförmig. Endfranse bräunlich schwarz. Die schwarzen Tarsen und Tibien sind schwarz bis bräunlich behaart. Tergitendbinden praktisch nicht vorhanden. 13–15 mm.

Männchen: Gesicht dunkel- bis schwarzbraun behaart mit rötlich gelbbräunlichem Haarfleck in der Mitte. Behaarung an Thorax und Hinterleib rötlich gelbbraun. Körper und Beine schwarz bis bräunlichschwarz, teils unauffällig bronzefarben. Hintertibien mit rölichbraunen Sporen. Quer verlaufende, dichte Runzelung des Clypeus. Punktierung am Abdomen deutlich und Oberfläche glänzend. 11–14 mm. Verwechslungsmöglichkeit mit *A. limata*, unterscheidbar nur durch Genitalanalyse.

Verwechslungsmöglichkeiten: Metatarsus der Hinterbeine beim Weibchen von der Seite gesehen breiter mit abgerundeter Hinterkante als bei *A. bicolor*.

Systematik: Untergattung *Melandrena* Perez, 1890, *nitida*-Gruppe.

Etymologie: Von lat. „*niger*" = „schwarz" und „*aenea*" = „aus Kupfer oder Bronze", wegen des bronzefarben schimmernden Hinterleibs. Als „Düstersandbienen" werden wegen der bei vielen Arten vorherrschenden dunklen Behaarung die Arten der Untergattung *Melandrena* bezeichnet.

Pollenquellen: Ausgesprochen polylektisch; nachgewiesen ist bislang die Nutzung des Pollens der zwölf Pflanzenfamilien Apiaceae, Aquifoliaceae, Asteraceae, Brassicaceae, Caryophyllaceae, Cistaceae, Cucurbitaceae, Ericaceae, Fabaceae, Ranunculaceae, Rosaceae, Salicaceae.

Nestbau: Kahle oder schütter bewachsene Flächen, zuweilen auch in Steilwänden und Erdabbrüchen. Eine der wenigen Arten, die auch in humosem Boden nistet. Mehrfach wurde beobachtet, dass mehrere Weibchen einen Nesteingang benutzten, also die Art gelegentlich kommunal nistet.

Lebensraum: Waldsäume, Hecken, Hochwasserdämme, trockene Fett- und Magerwiesen, Sand- und Kiesgruben, Gärten, Parks. Vom Flachland bis in die subalpine Höhenstufe.

Parasiten: Als Kuckucksbienen wurden *Nomada fulvicornis, N. goodeniana, N. marshamella* und *N. succincta* bekannt. Erwachsene Tiere sind zuweilen vom Fächerflügler *Stylops melittae* Kirby, 1802 befallen.

Flugzeit: In einer Generation von März bis Juli.

Besonderes Verhalten: Die Männchen von *Andrena nigroaenea* sind im Gebiet neben denen von *A. limata* die einzigen bekannten Bestäuber der Spinnen-Ragwurz (*Ophrys sphegodes*), deren Blüten durch Geruch und Aussehen ein Sandbienen-Weibchen imitieren; den dadurch angelockten Männchen wird

dann beim Kopulationsversuch ein Pollenpaket angeheftet.

Gesamtverbreitung: In Nordafrika von Marokko bis Ägypten. In Eurasien von Portugal über die Ukraine bis zum Ural und über Kleinasien, Kaukasus und Iran bis Afghanistan; nordwärts bis Schottland (auch auf Irland), in Norwegen bis 63,5°N, in Schweden bis 65,5°N, in Finnland bis 60,5°N, in Russland bis Kostroma und Perm; südwärts bis Malta, Kreta, Zypern und Israel. Die von WARNCKE als Unterarten aufgefassten Taxa *candiae* STRAND, 1915 (östliches Mittelmeergebiet), *corsa* TKALCŮ, 1984 (Korsika) und *nigrosericea* DOURS, 1872 (Nordafrika) sowie die von den Kanalinseln beschriebene *ssp. sarnia* RICHARDS, 1979 sind lediglich Färbungsformen.

Lokalverbreitung: Im Gebiet aus allen Regionen gemeldet.

♀ 13–15 mm | Freising ehem. Standortübungsplatz 04.06.2021
Thorax lang und dicht rötlichbraun behaart
Kopfbehaarung schwarzbraun

♂ 11–14 mm
Behaarung an Thorax und Hinterleib rötlich gelbbraun
Gesicht dunkel- bis schwarzbraun behaart, zuweilen mit rötlich gelbbräunlichem Haarfleck in der Mitte

Andrena nitida (Müller, 1776)

Glänzende Düstersandbiene

Flugzeit	J	F	M	A	M	J	J	A	S	O	N	D

Weibchen: Thorax in frischem Zustand oben rötlich braun, unten und seitlich weiß behaart. Schienenbürste oben dunkel, unten weiß. Endfranse schwarz. 3. Geiselglied gleich lang wie breit. Der Anhang des Labrums hat die Form eines Dreiecks und ist unten abgerundet. Die schwarze Behaarung des Kopfes erscheint im Gesichtsbereich heller. Die Sporen an den Hintertibien sind rötlich gefärbt. 12–16 mm. Das schwarze, glänzende Abdomen ist auf den ersten Tergiten spärlich weiß, auf den hinteren ganz wenig verstreut schwarz behaart.

Männchen: Auffällige weiße Behaarung des Gesichts und der Thoraxseiten. 12–14 mm. Anhang des Labrums viereckig annähernd quadratisch. Seitlich schwarze Behaarung am Gesicht. Das Hinterleibsende und die Thoraxoberseite sind gelblich braun behaart.

Verwechslungsmöglichkeiten: Ähnlich sind *A. limata*, *A. thoracica*, *A. assimilis*, die aber alle in Deutschland extrem selten sind. Alle drei unterscheiden sich im Weibchen durch die vollständig schwarze Scopa; bei den Männchen von *A. thoracica* und *A. assimilis* sind sämtliche Tergite schwarz behaart, bei *A. limata* ist das Gesicht bräunlich behaart und die eingedrückten Endränder der Tergite 2–4 sind deutlich punktiert (bei *A. nitida* kaum sichtbar punktiert).

Systematik: Untergattung *Melandrena* Perez, 1890, *nitida*-Gruppe.

Nomenklatur: Wird von manchen Autoren mit der bivoltinen *Andrena limata* vermengt. Synonym: *Andrena pubescens* Olivier, 1789 [nec (Kirby, 1802)].

Etymologie: Von lat. „*nitida*" = „glänzend", wegen des glänzenden Hinterleibs. Der deutsche Name lehnt sich an die wissenschaftliche Bezeichnung an; als „Düstersandbienen" werden wegen der bei vielen Arten vorherrschend dunklen Behaarung die Arten der Untergattung *Melandrena* bezeichnet.

Pollenquellen: Ausgesprochen polylektisch; nachgewiesen ist bislang die Nutzung des Pollens der 17 Pflanzenfamilien Aceraceae, Amaryllidaceae, Apiaceae, Aquifoliaceae, Asteraceae, Brassicaceae, Caryophyllaceae, Cistaceae, Cornaceae, Hippocastanaceae, Lamiaceae, Liliaceae, Ranunculaceae, Rosaceae, Salicaceae, Saxifragaceae und Scrophulariaceae.

Nestbau: Nistplätze sind kahle oder schütter bewachsene Flächen an Waldsäumen, unter Hecken, auf Ruderalflächen, trockenen Fett- und Magerwiesen, Hochwasserdämmen, in Gärten und Parks.

Lebensraum: Ubiquist, besiedelt alle möglichen Lebensräume wie lichte Wälder, Waldsäume, Hecken, trockene Mager- und Fettwiesen, Hochwasserdämme, Ruderalflächen, Sand-, Kies- und Lehmgruben, Gärten und Parks. Vom Flachland bis in die montane Höhenstufe.

Parasiten: Als Kuckucksbienen sind *Nomada succincta, Nomada flava, Nomada goodeniana, Nomada marshamella* und *Nomada fulvicornis bekannt*. Erwachsene Tiere sind zuweilen vom

Fächerflügler *Stylops melittae* KIRBY, 1802 befallen.

Flugzeit: In einer Generation von März bis Mai/Juni.

Gesamtverbreitung: Wegen der Vermengung mit *A. limata* unklar. Die Meldungen aus Nordafrika (Marokko bis Algerien) gehören zu *A. limata*. Nach sicheren Angaben von Portugal bis zur Ukraine nordwärts bis zur Nordgrenze Englands (in Irland seit Ende des 19. Jahrhunderts verschwunden), in Schweden bis 60°N, in Finnland bis 62°N, in Russland bis Perm; südwärts bis Sizilien und Peloponnes. Nachweise von Kreta und Zypern gehören zu *A. limata*, von den ostägäischen Inseln, aus der Türkei und dem Nahen Osten größtenteils zu *Andrena nitidemula* SCHEUCHL & HAZIR, 2012. Meldungen aus Zentralasien und Mittelsibirien (Obl. Kemerowo) sollten überprüft werden, wahrscheinlich handelt es sich um *A. limata*.

Lokalverbreitung: Im Gebiet aus allen Regionen gemeldet.

Andrena ovatula (Kirby, 1802)

Ovale Kleesandbiene

Flugzeit	J	F	M	A	M	J	J	A	S	O	N	D

Weibchen: Körper wenig glänzend schwarz gefärbt mit deutlichen schmalen weißen, auf 1–3 mittig unterbrochenen Binden und schwarzbrauner Endfranse. Schienenbürste und Thorax oben gelblichbraun, unten hell behaart. Fühler gänzlich schwarz gefärbt. Dichte grobkörnige Punktierung des glänzenden Clypeus, 9–11 mm. Das Weibchen, der durch rote Hintertibien und schmale weiße Tergitbinden ebenfalls ähnliche *A. dorsata*, besitzt eine die Seitenflächen des Propodeums umschließende Sammelfranse

Männchen: Fühlergeißel lang, Geißelglied 3 kaum länger als 2. Geißelglied 3–8 länger als breit. 8–10 mm.

Verwechslungsmöglichkeiten: Im Gelände kaum von den nah verwandten Arten *Andrena wilkella*, *A. gelriae*, *A. intermedia*, *A. albofasciata* und *A. similis* zu trennen, die alle einen auffallend abgeflachten Clypeus besitzen. Das Weibchen der durch rote Hintertibien und schmale weiße Tergitbinden ebenfalls ähnliche *A. dorsata* besitzt eine die Seitenflächen des Propodeums umschließende Sammelfranse.

Systematik: Untergattung *Taeniandrena* Hedicke, 1933, *ovatula*-Gruppe.

Nomenklatur: Neuere Untersuchungen auf genanalytischer und morphologischer Basis

durch Praz et al. (2022) ergaben, dass sich bislang unter dem Namen *A. ovatula* drei verschiedene Arten verbargen, wobei aber schon lange vermutet wurde, dass das Taxon *A. albofasciata* (Thomson, 1870) eine eigene Art darstellt. *A. albofasciata* ist nach Typenuntersuchungen durch Praz et al. ein Synonym von *A. afzeliella* (Kirby, 1802) ist. Das dritte Taxon, *A. ovata* (Schenck, 1853), wurde schon kurz nach der Erstbeschreibung in die Synonymie mit *A. ovatula* verwiesen und erst durch die besagten Untersuchungen wieder in Artrang erhoben. Alle drei Arten sind im Gelände nicht und auch unter dem Binokular nur sehr schwer zu trennen.

Etymologie: Von lat. „*ovatus*" = „eiförmig", wegen des eiförmigen Hinterleibs. Der deutsche Name bezieht sich auf die Tatsache, dass die Art im Gebiet die häufigste dieser Gruppe ist; als „Kleesandbienen" werden wegen der Spezialisierung auf Schmetterlingsblütler die Arten der *ovatula*-Gruppe aus der Untergattung *Taeniandrena* bezeichnet.

Pollenquellen: Vermutlich mesolektische Art, die den Pollen von drei Pflanzenfamilien nutzt, die jedoch Schmetterlingsblütler (*Fabaceae*) deutlich bevorzugt; bei Pollenanalysen wurden in geringen Mengen auch Korbblütler (*Asteraceae*) und Kreuzblütler (*Brassicaceae*) nachgewiesen.

Nestbau: Nistplätze sind meist schütter, zuweilen auch dichter bewachsene Flächen auf Fett- und Magerwiesen, Feldsäumen und unter Hecken. Eine Bevorzugung bestimmter Bodenarten ist nicht erkennbar.

Lebensraum: Trockene Mager- und Fettwiesen, Hochwasserdämme, Ruderalflächen, Sand-, Kies- und Lehmgruben, Hecken, Gärten und Parks. Vom Flachland bis in die montane und subalpine Höhenstufe.

Parasiten: Kuckucksbiene ist *Nomada rhenana*, möglicherweise auch *Sphecodes ephippius*. Erwachsene Tiere sind zuweilen vom Fächerflügler *Stylops thwaitesi* PERKINS, 1918 befallen.

Flugzeit: In zwei Generationen von März bis Juni und von Juli bis August.

Gesamtverbreitung: Transpaläarktisch. In Nordafrika von Marokko bis Ägypten, außerhalb Ägyptens sehr zerstreut und selten. In Eurasien von Portugal über Ukraine und Sibirien sowie über Kleinasien, Kaukasus und Zentralasien bis zur Pazifikküste des Fernen Ostens (Khabarowsk, Primorje); in Europa nordwärts bis Südschottland (2004 erstmals auch in Irland nachgewiesen, FITZPATRICK et al. 2006), Südskandinavien (von BERG 2000 erstmals aus Norwegen gemeldet, in Finnland seit 1940 nicht mehr nachgewiesen), in Russland bis Perm; südwärts bis Sizilien (auch auf Korsika und Sardinien), Kreta, Zypern, Israel, Südiran und Afghanistan.

Lokalverbreitung: Im Gebiet überall.

♀ 9–10 mm | Freising ehem. Standortübungsplatz 04.06.2021

♀ 9–10 mm | Freising ehem. Standortübungsplatz 04.06.2021
Fühler gänzlich schwarz gefärbt
Clypeus flach, Punktierung dicht und grob

♂ 8–10 mm | Freising ehem. Standortübungsplatz 04.06.2021
Fühlergeißel lang, Geißelglied 3 kaum länger als 2. Geißelglied.
Schwer unterscheidbar von ähnlichen Arten

Andrena pandellei (Perez, 1895)

Graue Schuppensandbiene

Flugzeit	J	F	M	A	M	J	J	A	S	O	N	D

Weibchen: Schuppenartige, dichte braune Behaarung des Thorax, bei frischen Tieren ist Punktierung darunter nicht sichtbar. Schienenbürste gelblich braun. Endbinden von Tergit 2 bis 4 weiß, 1 und 2 mittig unterbrochen. 10–12 mm. Anhang des Labrums kleiner und weniger abgerundet als bei der sehr ähnlichen *A. curvungula*.

Männchen: Sternit 8 besitzt an der Basis einen nicht behaarten Stiel von geringer Dicke. Sternit 7 mit flachem Rand. 9–10 mm.

Verwechslungsmöglichkeiten: *Andrena curvungula* ist etwas größer als *A. pandellei* (Weibchen 12–13 mm, Männchen 10–12 mm), die Behaarung der Thoraxoberseite ist rostbraun, das Klauenglied der Hinterbeine ist stark verlängert und deutlich gekrümmt. Die Endränder der Tergite sind gelblich durchscheinend und schwach eingedrückt, daher vom übrigen Tergit abgesetzt. Bei der bisher in Deutschland nur aus Brandenburg bekannten *A. paucisquama* ist die Behaarung der Thoraxoberseite bei den Weibchen zwar ebenfalls „schuppenartig", jedoch deutlich spärlicher, sodass die darunter liegende Skulptur deutlich sichtbar ist. Sie ist etwas kleiner als *A. pandellei* (Weibchen 9–11 mm, Männchen 8–10 mm). Die Männchen lassen sich ohne Genitalpräparation kaum unterscheiden.

Systematik: Untergattung *Lepidandrena* HEDICKE, 1933, *curvungula*-Gruppe.

Etymologie: Gewidmet dem französischen Arzt und Entomologen Louis PANDELLE (1824–1905). Der deutsche Name bezieht sich auf die im Gegensatz zur nächstverwandten *Andrena curvungula* graue Behaarung des Brustrückens; als „Schuppensandbienen" werden wegen der fast schuppenartig kurzen und dichten Behaarung des Thoraxrückens die Arten der *curvungula*-Gruppe aus der Untergattung *Lepidandrena* bezeichnet.

Pollenquellen: Streng oligolektisch auf Glockenblumen (*Campanula*, Fam. Campanulaceae). Hauptpollenquelle ist die Wiesen-Glockenblume (*Campanula patula*).

Nestbau: Nistplätze sind kahle oder schütter bewachsene Flächen auf trockenwarmen Standorten.

Lebensraum: Warmes, extensiv genutztes Grünland, Magerrasen, Hecken, Waldsäume. Vom Flachland bis in die montane Höhenstufe.

Parasiten: Als Kuckucksbiene wurde *Nomada braunsiana* bekannt, infrage kommt möglicherweise auch *Nomada striata*. Erwachsene Tiere sind zuweilen von Fächerflüglern der Gattung *Stylops* befallen.

Flugzeit: In einer Generation von Anfang Mai bis Ende Juni.

Gesamtverbreitung: In Nordafrika von Marokko bis Algerien (Stammform). In Eurasien in der ssp. *europaea* WARNCKE, 1967 von Portugal bis in die Ukraine und über Kleinasien bis zum Kaukasus; nordwärts bis in die Niederlande, Südpolen und Kiew; südwärts bis Sizilien, Peloponnes und Südtürkei.

Lokalverbreitung: In Deutschland mit Ausnahme von Schleswig-Holstein und Mecklenburg-Vorpommern überall nachgewiesen, aus Nordrhein-Westfalen nur eine Meldung von 1949. In Österreich fast überall. In der Schweiz fast überall mit Ausnahme der Alpensüdseite.

Andrena praecox (Scopoli, 1763)

Frühe Lockensandbiene

Flugzeit	J	F	M	A	M	J	J	A	S	O	N	D

Weibchen: Anhang des Labrums breit, in Form einer Raute. Gesicht und Tergite abstehend, dicht gelblich braun behaart, aber ohne weiße Endbinden. Schienenbürste gelblich weiß. Punktierung der filigran genarbten Tergite fehlt. Clypeus matt, ohne Glanz, genarbt mit einer Linie ohne jegliche Punktierung in der Mitte. 10–11 mm.

Männchen: Tergit 2–4, Kopf und Thorax lang abstehend, weißlich behaart. Gesicht am äußeren Rand und oben schwarz behaart. An den Mandibeln mit einem nach hinten abstehenden, relativ breiten und langen, zum Ende abgerundeten Zacken. Hinterleib an den Tergiten glänzend und fein genarbt. 9–11 mm.

Verwechslungsmöglichkeiten: Im Unterschied zu anderen Arten aus der *helvola* Verwandtschaft befinden sich am Clypeus größere glänzende Bereiche. Der Metatarsus der Hinterbeine verjüngt sich zur Spitze hin sichtbar während bei *A. helvola* der Metatarsus gleich breit bleibt.

Systematik: Untergattung *Andrena* Fabricius, 1775 s. str.

Etymologie: Von lat. „*praecox*“ = „frühzeitig“, wegen der frühen Flugzeit. Der deutsche Name bezieht sich ebenfalls darauf; als „Lockensandbienen“ werden wegen der bei den Weibchen dieser Gruppe auffallend stark

ausgebildeten Haarlocke auf den Hintertrochanteren (*Flocculus*) die Arten der Untergattung *Andrena s. str.* bezeichnet.

Pollenquellen: Streng oligolektisch auf Weiden (*Salix*, Fam. Salicaceae).

Nestbau: Nistet meist einzeln, zuweilen auch in kleinen Aggregationen, auf kahlen oder schütter bewachsenen Flächen in Sand- und Lössboden.

Lebensraum: Sand- und Kiesgruben, Hochwasserdämme, Waldsäume, Hecken, bevorzugt in Sandgebieten. Vom Flachland bis in die montane Höhenstufe.

Parasiten: Kuckucksbiene ist *Nomada ferruginata*. Erwachsene Tiere sind zuweilen vom Fächerflügler *Stylops praecocis* LUNA DE CARVALHO, 1974 (früher mit *Stylops melittae* vermengt) befallen.

Flugzeit: In einer Generation von März bis Mai.

Gesamtverbreitung: Von Zentralspanien über die Ukraine und Südrussland bis zum Kaukasus und Kasachstan; in der Türkei ein einziger Fundpunkt bei Seydisehir auf einer Verbreitungskarte von WARNCKE (in GUSENLEITNER & SCHWARZ 2002); nordwärts in Norwegen historisch bis jenseits des Polarkreises (69°N), aktuell bis 62°N, in Schweden bis 61°N, in Finnland bis 65,5°N, in Russland bis Perm; südwärts bis Lazio, Südungarn, Südrumänien und Armenien.

Lokalverbreitung: Im Gebiet aus allen Regionen gemeldet.

Andrena vaga (Panzer, 1799)

Große Weiden-Sandbiene

Flugzeit	J	F	M	A	M	J	J	A	S	O	N	D

Weibchen: Beine, Schienenbürste schwarz, Endfranse dunkelbraun behaart. Große, schwarze Art mit dichter, weißlich grauer Behaarung an Kopf, Thorax und Schenkeln. Das breit ausladendende, stark schwarz glänzende Abdomen ist nur sehr spärlich an Tergit 1–4 seitlich weißgrau behaart. Tergite glatt, fast gänzlich ohne Punktierung. 13–15 mm.

Männchen: Schwarz mit dichter abstehender weißlich grauer Behaarung an Kopf und Thorax und Schenkeln. Punktierung der Tergite filigran, glänzend, unregelmäßig verteilt. Thorax genarbt, kaum sichtbar punktiert. Tibien und Tarsen bräunlich weiß behaart. Tergite glänzend schwarz mit zerstreuter, unregelmäßiger Punktierung, eine spärliche, weißgraue und relativ kurze Behaarung ist nur seitlich ausgeprägt. Flügel mit rötlicher Aderung. 13–15 mm.

Systematik: Untergattung *Melandrena* Perez, 1890, *vaga*-Gruppe. Nomenklatur: Synonym: *Andrena ovina* Klug, 1810; *Andrena pratensis* (Müller, 1776).

Etymologie: Von lat. „*vaga*“ = „umherschweifend, umherziehend“. Der deutsche Name bezieht sich auf die Körpergröße und auf die ausschließliche Pollenquelle.

Pollenquellen: Streng oligolektisch auf Weiden (*Salix*, Fam. Salicaceae).

Nestbau: Nistplätze sind kahle oder schütter bewachsene Flächen auf Wegen, in Sand- und Lehmgruben, auf Hochwasserdämmen, auf Wiesen. Die Nester werden auch an Standorten errichtet, die regelmäßig im Frühjahr überschwemmt werden. Bevorzugt Sand- und Lössböden, nistet zuweilen aber auch in Lehm, meist in mehr oder weniger großen Aggregationen. Der Hauptgang des Nestes reicht bis zu einer Tiefe von 60 cm, wo er sich in mehrere kurze Seitengänge verzweigt, an deren Ende eine oder mehrere Brutzellen errichtet werden. Die Nester werden am Beginn jedes Verproviantierungsfluges verschlossen.

Lebensraum: Flussauenart, Ersatzlebensräume sind Sand-, Kies- und Lehmgruben, Hochwasserdämme. Vom Flachland bis in die montane Höhenstufe.

Parasiten: Kuckucksbiene ist *Nomada lathburiana*, möglicherweise auch *Sphecodes gibbus*. Erwachsene Tiere sind häufig vom Fächerflügler *Stylops ater* REICHERT, 1914 (früher mit *Stylops melittae* vermengt) befallen. Weitere Nestparasiten sind die Ölkäfer *Meloe violaceus*, *Meloe decorus* und *Meloe proscarabaeus* sowie die Wollschweber *Bombylius major* und *Bombylius discolor* und die Blumenfliege *Leucophora cinerea* (Fam. Anthomyiidae).

Flugzeit: In einer Generation von März bis Juni.

Gesamtverbreitung: Transpaläarktisch. Von den Pyrenäen bis Jakutien und Primorje, in Europa nordwärts bis Südengland, in Norwegen und Schweden bis 61°N, in Finnland bis 66°N, südwärts bis zum Alpensüdrand und Mazedonien; in der Türkei nur im Nordosten, Zentralasien, SibirienLokalverbreitung: Im Gebiet aus allen Regionen gemeldet.

♂ 13–15 mm | Pfrombach, Isarhangleiten 24.03.2022
Kopf, Thorax und Schenkel lang weißgrau behaart
Tergite glänzend schwarz mit weniger, unregelmäßiger Punktierung, nur seitlicher, zerstreuter, weißgrauer, abstehender Behaarung und kaum sichtbaren Tergitendbinde

♀ 13–15 mm | Pfrombach, Isarhangleiten 24.03.2022
Kopf, Thorax und Schenkel dicht weißlichgrau behaart
Schienenbürste schwarz

Andrena ventralis (IMHOFF, 1832)

Rotbauch-Sandbiene

Flugzeit	J	F	M	A	M	J	J	A	S	O	N	D

Weibchen: Kopf, Thorax seitlich und unten sowie Schenkel lang abstehend weißlich behaart. Thoraxbehaarung auf der Oberseite gelblichbraun. Schmale weiße Endbinden an den Seiten der Tergite 2–4, in der Mitte unterbrochen. Schienenbürste weiß. Sternite und zum Teil auch bis in spitz zulaufende, schmale Bereiche der Tergite rotbraun gefärbt. Hellrote Behaarung auf Tergit 5 und 6 sowie Stigma und Flügeladern rötlich gefärbt. 7–9 mm.

Männchen: Clypeus größtenteils gelblichweiß gefärbt. Sternite mehr oder weniger rötlichbraun. Behaarung an Kopf, Thorax, Sternite und Schenkeln weiß. Tergite glatt wenig behaart und wie auch Sternite teils rötlich. Endbinden schmal und mittig unterbrochenen. Schläfen hinter den Augen im Blick von oben nach hinten verlängert erscheinend. 7–10 mm.

Systematik: Untergattung *Larandrena* LABERGE, 1964.

Etymologie: Von lat. „*ventralis*“ = „den Bauch betreffend“; wegen der rot gefärbten Unterseite des Hinterleibs.

Pollenquellen: Streng oligolektisch auf Weiden (*Salix*, Fam. *Salicaceae*). Nestbau: Nistet einzeln oder in kleineren bis großen Aggregationen auf kahlen oder schütter bewachsenen

Flächen bevorzugt in sandigen, aber auch lössigen oder seltener lehmigen Böden.

Lebensraum: Flussauenart, Ersatzlebensräume sind Sand-, Kies- und Lehmgruben sowie Hochwasserdämme. Vom Flachland bis in die montane Höhenstufe.

Parasiten: Als Kuckucksbienen wurde eine kleine, dunkle Form der *Nomada alboguttata* und *Sphecodes pellucidus* beobachtet. Erwachsene Tiere sind zuweilen vom Fächerflügler *Stylops analis* PERKINS, 1918 befallen.

Flugzeit: In einer Generation von März bis Mai.

Gesamtverbreitung: Transpaläarktisch. Ein isolierter Fund bei Madrid (WARNCKE 1975), ansonsten vom südlichen Pyrenäen-Vorland ostwärts bis zum Baikalsee und Japan; in Europa nordwärts bis Estland und Moskau. Keine Nachweise von den Britischen Inseln, Skandinavien und der Peloponnes. In der Türkei nur ein einziger Fund bei Samsun (WARNCKE 1974b), im Kaukasus nur ein einziger Fund bei Achalziche/Georgien (SKIRTLADZE 1970).

Lokalverbreitung: Im Gebiet aus allen Regionen gemeldet.

Panurgus (PANZER, 1806)

Zottelbienen

Systematik: Familie: Andrenidae – Unterfamilie: Panurginae – Tribus: Panurgini.

Literatur: SCHMIEDEKNECHT (1930); WARNCKE (1972); SCHMID-EGGER & SCHEUCHL (1997); AMIET et al. (2011).

Etymologie: PANZER gibt keinen Hinweis zur Namensgebung; FRIESE (1901) leitet den Namen ohne weitere Begründung von griech. „*panurgos*“ = „schlau“ ab. Ihren deutschen Namen trägt die Gattung wegen ihrer struppigen Behaarung; insbesondere die Sammelbehaarung auf den Hinterbeinen der Weibchen wirkt sehr zottig.

Körperliche Merkmale: Zottelbienen sind durchweg tiefschwarz gefärbt mit struppiger, dunkler Behaarung. Ihre Körperlänge beträgt 5–14 mm, die einheimischen Arten sind deutlich größer als die nächstverwandte Gattung *Panurginus*. Von dieser Gattung unterscheidet sich *Panurgus* auch durch eine kurze EpiSternitel-Naht, die *Panurginus* fehlt, im weiblichen Geschlecht auch durch die dichte Sammelbürste auf den Tibien und Metatarsen der Hinterbeine, die bei *Panurginus* nur spärlich ausgeprägt ist. Im Habitus ähneln sie auch *Andrena*-Arten, besitzen im Gegensatz zu diesen aber nur zwei Cubitalzellen. Die Männchen besitzen einen großen, kubischen Kopf. Das Männchen von *Panurgus calcaratus* trägt am Hinterschenkel einen eigentümlichen rechteckigen Fortsatz, wodurch es leicht von *Panurgus banksianus* zu unterscheiden ist, mit dicht behaartem Kopf; Clypeus und Beine schwarz. Größere Arten von 8–10 mm. Labrum konkav, glatt und glänzend, in einer tiefen Ausrandung des Clypeus sitzend. Hinterbeine oft mit auffallenden Bewehrungen.

Pollen wird mittels einer Haarbürste auf den Hinterbeinen gesammelt. Nestanlage in selbstgegrabenen Hohlräumen im Erdboden. Im Gebiet drei Arten.

Lebensweise: *Panurgus*-Arten sind solitär lebende, pollensammelnde und nestbauende Bienen. Sie überdauern den Winter als Ruhelarve (Präpuppe) in ihrer Brutzelle.

Pollenquellen: Die drei einheimischen Arten sind auf Korbblütler (Asteraceae) spezialisiert, wobei sie (fast?) ausschließlich gelb, zuweilen auch blau blühende Blüten von Arten der Unterfamilie Cichorioideae besammeln.

Nestbau: Alle Zottelbienen nisten in der Erde, meist in sandigem Substrat. Die Nistweise ist solitär, zuweilen auch kommunal. Aufgrund der Tatsache, dass die Pollenquellen ihre Blüten bereits am frühen Nachmittag schließen, erfolgt die Verproviantierung der Zellen nur zwischen etwa 8 und 14 Uhr.

Parasiten: Als Kuckucksbienen sind nur *Nomada*-Arten als weitere Satellitenfliegen der Gattung *Leucophora* bekannt.

Verbreitung/Artenzahl: Die Gattung ist auf die Westpaläarktis beschränkt. Weltweit sind fast 40 Arten bekannt, von denen im Gebiet drei vorkommen.

Panurgus calcaratus (Scopoli, 1763)

Stumpfzähnige Zottelbiene

Flugzeit	J	F	M	A	M	J	J	A	S	O	N	D

Weibchen: Auf dem Scutellum befindet sich eine eingeprägte, dicht punktierte Mittellinie. Tergite sehr fein, nicht zu dicht punktiert und gerunzelt. Fühler bis zur Mitte schwarz, dann rötlichbraun gefärbt. 1.–4. Tergit im Gegensatz zu *P. banksianus* mit nur wenigen recht kurzen Haaren bewachsen, ab Tergit 5 und 6 länger und dichter behaart. 8–9 mm.

Männchen: In der Mitte der Hinterschenkel befindet sich unten ein großer, platt gedrückter und abgestutzter zahnartiger Fortsatz. Lange schwarze, verstreute Behaarung. Kopf im Vergleich zum restlichen Körper recht groß und kantig. Sternite 5 – 7 besitzen keine gut sichtbaren Haarflecken. Fühlergeißel etwa bis zur Mitte dunkel, der Rest bis auf letztes wieder an der Spitze dunkles Glied braunrot bis rotgelb. Hintertibien gekrümmt und keulenförmig verdickt. An der Unterseite der Geißelglieder sind knotige Verdickungen zu finden. – Körperoberfläche glatt, glänzend schwarz mit verstreuter Punktierung. 8–9 mm.

Verwechslungsmöglichkeiten: Durch die Körperlänge von 8–9 mm und die sehr kurze und dadurch kaum erkennbare Tergitbehaarung von der mit 10–12 mm Körperlänge deutlich größeren *P. banksianus* zu unterscheiden. Die Trennung von der etwa gleich großen *P. dentipes* ist dagegen mit bloßem Auge kaum möglich. *P. dentipes* kommt nur im Südwesten des Gebiets vor (Rheintal, Schweizer Mittel-

land und Jura, Wallis). Die Weibchen von *P. calcaratus* besitzen auf dem Scutellum eine sehr dicht punktierte Mittellinie, die *P. dentipes* fehlt. Die Männchen unterscheiden sich durch die Position eines zahnartigen Fortsatzes auf den Hinterbeinen. Dieser sitzt bei *P. calcaratus* etwa in der Mitte der Hinterschenkel, bei *P. dentipes* auf den Hintertrochantern, also vor der Basis des Hinterschenkels. Zudem fehlen bei *P. calcaratus* auffällige Haarbildungen auf den Sterniten; bei *P. dentipes* befinden sich auf den Sterniten 5–7 beiderseits der Mitte dichte graubraune Haarflecken.

Systematik: Untergattung *Panurgus* PANZER, 1806 s. str.

Nomenklatur: Synonym: *Panurgus lobatus* (FABRICIUS, 1804).

Etymologie: Von lat. „*calcaratus*" = „sporntragend" (von „*calcar*" = „Sporn"); wegen des spornartigen Fortsatzes auf dem Hinterschenkel des Männchens. Deutscher Name: Beim Männchen sind die Hinterschenkel der Hinterbeine in einen abgestutzten Zahn ausgezogen.

Pollenquellen: Oligolektisch auf Korbblütler (Asteraceae), besucht fast ausschließlich Arten der Unterfamilie Cichorioideae.

Nestbau: Nistet auf kahlen oder schütter bewachsenen, horizontalen oder geneigten Flächen, zuweilen auch in Steilwänden, bevorzugt in Sand- oder Lehmboden, meist in kleineren oder größeren Aggregationen. Die Nistweise ist solitär oder kommunal, im letzteren Fall leben 2–10 Weibchen in einem Nest zusammen. Die Nesteingänge werden von unregelmäßigen Erdhaufen umgeben. Das Nest besteht aus einem Hauptgang, der sich nach einigen Zentimetern in meist 3–5 Seitengänge gabelt, an deren Ende je eine Brutzelle errichtet wird. Die Brutzellen liegen in einer Tiefe von 10–25 cm und sind mit einem

wasserabweisenden, glänzenden Überzug beschichtet. Nach Verproviantierung und Eiablage werden die Seitengänge mit Sand verfüllt. In der Regel erfolgt die Überwinterung als Ruhelarve und die Verpuppung im folgenden Sommer. Beobachtungen deuten jedoch darauf hin, dass sich ein Teil der Larven erst im übernächsten Jahr verpuppt.

Lebensraum: Waldsäume, Magerwiesen, Brach- und Ruderalflächen, Sand- und Kiesgruben, Hochwasserdämme, Weinberge, Gleisanlagen. Vom Flachland bis in die subalpine Höhenstufe.

Parasiten: Kuckucksbiene ist *Nomada fuscicornis*. Flugzeit: In einer Generation von Juni bis September.

Gesamtverbreitung: In Nordafrika aus Marokko und Algerien bekannt, eine überprüfungsbedürftige Meldung aus Tunesien. In Eurasien von Portugal über Europa, Kleinasien, Kaukasus und Sibirien bis zum Mittelsibirischen Bergland (Bely Jar/Chakassien, Minusinsk/Krasnoiarsk); nordwärts bis Wales und Südengland, bis 66°N in Norwegen (Mosjoen/Nordland), 60,5°N in Schweden (Värmland), 64,5°N in Finnland (Kainuu), in Russland bis Karelien, Kirov und Perm; südwärts bis Sizilien, Zakinthos und Nordtürkei. In der ssp. *lagopus* WARNCKE, 1972 von Nordafrika über Iberien bis Südfrankreich.

Lokalverbreitung: Im Gebiet aus fast allen Regionen aktuell gemeldet, lediglich in der Schweiz keine Nachweise aus dem Engadin, im Mittelland fast nur historisch, eine historische Meldung aus dem Puschlav.

♀ 8–9 mm | Freising, ehem. Standortübungsplatz 13.08.2021
Fühlergeißel etwa bis zur Mitte dunkel, der Rest bis auf letztes wieder an der Spitze dunkles Glied braunrot bis rotgelb
Körperoberfläche glatt, glänzend schwarz mit verstreuter Punktierung
Tergite fein, aber nicht dicht punktiert, glänzend. Hintertibien gekrümmt und keulenförmig verdickt
In der Mitte der Hinterschenkel befindet sich unten ein großern plattgedrückter und abgestutzter zahnartiger Fortsatz
An der Unterseite der Geißelglieder sind knotige Verdickungen zu finden

♂ 8–9 mm | Freising, ehem. Standortübungsplatz 13.08.2021
An der Unterseite der Geißelglieder sind knotige Verdickungen zu finden
Körperoberfläche glatt, glänzend schwarz mit verstreuter Punktierung
Tergite fein, aber nicht dicht punktiert, glänzend. Hintertibien gekrümmt und keulenförmig verdickt
In der Mitte der Hinterschenkel befindet sich unten ein großern plattgedrückter und abgestutzter zahnartiger Fortsatz

Halictus (Latreille, 1804)

Furchenbienen

Systematik: Familie: Halictidae – Unterfamilie: Halictinae – Tribus: Halictini.

Nomenklatur: Die Gattung Halictus war lange Zeit mit der Gattung *Lasioglossum* vereinigt. In jüngerer Zeit wurde *Halictus* von Pesenko in mehrere Gattungen aufgesplittet, von denen im Gebiet *Halictus* und *Seladonia* vorkommen. Michener (2007) erkennt im Gegensatz zu Pesenko nur eine einzige Gattung *Halictus* an, folgt aber dessen Aufteilung in viele verschiedene Untergattungen. Hier wird dem klassischen System von Ebmer mit einer Aufteilung der Gattung in der Paläarktis in die drei Untergattungen *Halictus s. str.*, *Seladonia* und *Vestitohalictus* gefolgt; die Aufteilung nach Michener wird in eckigen Klammern angegeben.

Literatur: Blüthgen (1930); Ebmer (1969); Amiet et al. (2001). Weitere hilfreiche Arbeiten: Pesenko et al. (2000).

Etymologie: Von griech. „*alekto*" = „die niemals Rastende", möglicherweise mit Bezug auf Alekto, eine der drei Erinnyen der griechischen Mythologie. Ihren deutschen Namen besitzt die Gattung wegen der charakteristischen Mittelfurche auf dem 5. Rückensegment des Hinterleibs bei den Weibchen.

Taxonomie: Etliche Arten können nur im männlichen Geschlecht mit Sicherheit determiniert werden.

Körperliche Merkmale: Die Gattung *Halictus* umfasst Arten von 4–16 mm Länge; die Körper sind schwarz oder schwarzbraun gefärbt, es gibt aber auch metallisch grüne oder goldglänzende Arten. Männchen sind deutlich schlanker als die Weibchen; diese besitzen eine Sammelbürste an den Hinterbeinen. Von den Schmalbienen (*Lasioglossum*), mit der die Furchenbienen früher zu einer Gattung zusammengefasst waren, unterscheiden sie sich hauptsächlich durch die dichten hellen Haarbinden an den Enden der Hinterleibssegmente und durch Abweichungen im Flügelgeäder.

Lebensweise: Viele der heimischen Furchenbienen sind eusozial, leben also in kleinen sozialen Gemeinschaften. Diese umfassen meist zwei bis vier, selten bis zu einem Dutzend Tiere. Die überwinternden Weibchen ziehen im Frühjahr ihre erste Brut selbst groß, danach übernehmen die daraus schlüpfenden Arbeiterinnen die Versorgung der nächsten Brut, einige Tiere beschränken sich ganz auf das Bewachen der Nesteingänge. Die Arbeiterinnen sind jedoch nicht auf ihren Status festgelegt, sondern können, z. B. durch den Tod der Königin, selbst zu Königinnen werden, d. h. sie legen Eier, die jedoch, da die Tiere nicht begattet wurden, unbefruchtet bleiben und nur Männchen hervorbringen. Die Nestgründung geschieht meist durch ein einzelnes befruchtetes Weibchen, es können allerdings auch mehrere befruchtete Weibchen gemeinsam ein Nest etablieren (polygyne Nestgründung). In diesem Fall übernimmt in der Regel das größte Tier die Rolle der Königin. Die Weibchen aller Arten überwintern und erscheinen im Frühjahr (in der Regel im April), ihre Nachkommen (bei eusozialen Arten in der Regel zwei Bruten pro Jahr) sind bis in den Herbst zu beobachten, wobei die Männchen erst im Sommer (ca. Juli) erscheinen. Sie verpaaren sich mit den jungen Weibchen und fliegen gemeinsam bis in den Herbst.

Pollenquellen: Alle im Gebiet vorkommenden Furchenbienen sind Nahrungsgeneralisten.

Nestbau: Sie legen ihre Nester im Boden an, wobei in der Regel kahle oder nur schütter bewachsene Stellen bevorzugt werden. Bei vielen Arten ist der Nesteingang von einem kleinen Erdhügel (*Tumulus*) umgeben, der aus dem beim Nestbau anfallenden Aushub errichtet wird, bei anderen wird eine kurze Röhre gemauert. Bei der Untergattung *Halictus s. str.* werden die Brutzellen in einem dichten Verbund angeordnet, der durch kleine Pfeiler deutlich vom umgebenden Bodensubstrat isoliert ist. Die Brut durchläuft die Entwicklung vom Ei zum fertigen Insekt innerhalb einer Saison. Die Larve spinnt zur Verpuppung keinen Kokon.

Parasiten: Als Kuckucksbienen treten Blutbienenarten (*Sphecodes*) auf. Erwachsene Bienen sind manchmal von Fächerflüglern der Gattung *Halictoxenos* befallen, oft auch von Milben.

Verbreitung/Artenzahl: Die Gattung besiedelt alle Kontinente mit Ausnahme von Australien. In der Neuen Welt ist sie von Kanada bis Brasilien verbreitet, in der alten Welt von Schweden und Finnland bis Südafrika und von den Kanaren bis China und Südostasien. Zwei Arten sind holarktisch. Insgesamt sind fast 200 Arten bekannt, von denen im Gebiet 28 vorkommen.

Halictus rubicundus (Christ, 1791)

Rotbeinige Furchenbiene

Flugzeit	J	F	M	A	M	J	J	A	S	O	N	D

Weibchen: Gesicht breiter als hoch. Runzelung des Mittelfelds des Propodeums an der Basis sehr fein, kaum sichtbar. Mesonotum dicht punktiert. Alle Tergite mit in der Mitte verschmälerten weißen Haarbinden, auf Tergit 1 unterbrochen. Tibien der Hinterbeine sowie die Tarsen der Mittel- und Hinterbeine rötlichbraun, Hintertibien zuweilen dunkel gefleckt. Körperlänge 10–11mm.

Männchen: Gesicht annähernd rund, etwas breiter als lang, Clypeus kaum hervorstehend, an der Spitze gelb. Fühlerglieder samtartig und kaum sichtbar behaart und etwa Eineinviertel mal länger wie breit. Endbinden der Tergite sehr schmal weiß. Thorax und Kopf gelblichbraun behaart. Körperlänge 9–11 mm.

Verwechslungsmöglichkeiten: Das Weibchen ist durch die Kombination von rot gefärbten Hintertibien und Tarsen und nicht metallischer Körperoberfläche mit keiner anderen heimischen *Halictus*-Art zu verwechseln. Das Männchen zeichnet sich durch das auf der gesamten Breite bogenförmig ausgerandete Sternit 4 aus, ein Merkmal, das unter den heimischen *Halictus*-Arten nur noch *H. quadricinctus* aufweist, die sich aber durch die bedeutendere Körperlänge von 13–16 mm (*H. rubicundus*: 9–11 mm) und die lange, wimpernartige Behaarung der Fühler leicht trennen lässt.

Systematik: Untergattung Halictus Latreille, 1804 s. str.; [*Protohalictus* Pesenko, 1986].

Etymologie: Von lat. „*rubicundus*“ = „rot, rot bemalt“; beim Weibchen sind die Tibien und Tarsen der Hinterbeine rot gefärbt (beim Männchen gelb).

Pollenquellen: Polylektisch; nachgewiesen ist bislang die Nutzung des Pollens der neun Pflanzenfamilien Asteraceae, Brassicaceae, Campanulaceae, Dipsacaceae, Fabaceae, Geraniaceae, Ranunculaceae, Rosaceae und Salicaceae.

Nestbau: Nistet ohne erkennbare Bevorzugung bestimmter Bodenarten meist in kleinen bis größeren Aggregationen. Der Nesteingang ist von einem konischen Tumulus umgeben und wird permanent von einer Arbeiterin bewacht. Das Nest besteht aus einem vertikalen, etwa 10–20 cm langen Hauptgang, von dem kurze Seitgänge abzweigen, an deren Ende jeweils eine Brutzelle errichtet wird.

Lebensweise: In der Regel eusozial mit zwei Bruten. Die erste Brut erzeugt vorwiegend Arbeiterinnen und zu einem geringen Teil Männchen und fertile Weibchen, die sich verpaaren und aus den Nestern verschwinden, wobei die Weibchen anscheinend direkt in die Diapause gehen. Die zweite Brut besteht dann vollständig aus Geschlechtstieren, also Männchen und fertilen Weibchen. In Lebensräumen, wo die klimatischen bzw. mikroklimatischen Verhältnisse nur die Produktion einer Brut erlauben (höhere Lagen, nördlicher Teil des Verbreitungsgebietes, nordexponierte oder beschattete Standorte), ist eine Rückkehr zu einer solitären Lebensweise zu beobachten. Die Nestgründung erfolgt in der Regel durch ein einzelnes Weibchen, es wurden allerdings auch polygyne Nestgründungen beobachtet.

Lebensraum: Ubiquitäre Art, die sowohl in offenen, trockenen als auch feuchteren, walddominierten Lebensräumen auftritt; auch im Siedlungsbereich. Vom Flachland bis in die subalpine Höhenstufe. Parasiten: Kuckucksbienen sind *Sphecodes gibbus* und *Sphecodes monilicornis*, im Süden möglicherweise auch *Sphecodes olivieri*. Erwachsene Tiere sind zuweilen von Fächerflüglern der Gattung *Halictoxenos* befallen.

Flugzeit: Eine Generation; überwinterte Weibchen ab April, die Männchen von Juli bis September.

Gesamtverbreitung: Holarktisch. In Nordafrika aus Marokko bekannt; eine ältere Meldung aus Tunesien ist zweifelhaft. In Eurasien von Portugal bis Kamtschatka; in Europa nordwärts bis Irland und Nordschottland, in Norwegen bis 64°N (Prov. Nord-Trandelag), in Schweden und Finnland bis 68°N (Torne Lappmark bzw. Prov. Lappland), in Russland bis Karelien und Perm; in Südeuropa isoliert in den Gebirgen. In der Neuen Welt von Alaska bis Nova Scotia und südwärts bis Arizona, Texas und Florida.

Lokalverbreitung: Im Gebiet aus allen Regionen gemeldet.

♀ 10–11 mm | Moosburg Garten 01.05.2015
Der Endrand der Tergite ist ca. doppelt so breit wie deren Endbinden
Tibien 3 und die Tarsen 2 und 3 rötlichbraun, Tibien 3 vereinzelt auch dunkel gefleckt
Gesicht etwas breiter als lang. Runzelung des Mittelfeldes des Propodeums kaum vorhanden

♀ 10–11 mm | Moosburg Garten 01.05.2015
Tibien 3 und die Tarsen 2 und 3 rötlichbraun, Tibien 3 vereinzelt auch dunkel gefleckt
Gesicht etwas breiter als lang. Runzelung des Mittelfeldes des Propodeums kaum vorhanden
Der Endrand der Tergite ist ca. doppelt so breit wie deren Endbinden

Halictus scabiosae (Rossi, 1790)

Gelbbindige Furchenbiene

Flugzeit	J	F	M	A	M	J	J	A	S	O	N	D

Weibchen: Körperbehaarung vollständig ockergelb. Tergite mit breiten, durchgehenden ockergelben Binden, Tergite 2–3 zusätzlich mit meist gut sichtbarer Basalbinde. Basis von Tergit 1 ohne behaarte Längsfurche. Große Art mit einer Körperlänge von 14–15 mm.

Männchen: Körper sehr schlank mit einer Länge von 12–14 mm. Endglied der Fühler hakenförmig gekrümmt. Oberseite der Fühler vollständig schwarz. Metatarsen der Mittelbeine mit abstehender Behaarung von etwa Metatarsusbreite. Sporn der Mitteltibia nicht gekrümmt, in eine scharfe Spitze endend. Tergite mit durchgehenden bräunlichgelben Endbinden. Vorderrand des Clypeus gelb

Verwechslungsmöglichkeiten: Durch die Körpergröße nur mit *Halictus quadricinctus* und *H. sexcinctus* möglich. Das Weibchen von *Halictus quadricinctus* unterscheidet sich von *H. scabiosae* und *H. sexcinctus* durch die mitten verschmälerten Haarbinden der Tergite und durch die spärliche Punktierung in der Mitte des Mesonotums (vollständig dicht punktiert bei den beiden anderen Arten). Bei den Männchen von *H. scabiosae* und *H. sexcinctus* ist das Endglied der Fühler nahezu rechtwinklig gebogen, während es bei *H. quadricinctus* normal gebildet ist. Bei *H. scabiosae* und *H. quadricinctus* sind alle Fühlerglieder auf der Oberseite schwarz gefärbt und die Metatarsen der Mittelbeine sind „normal" behaart, während

bei *H. sexcinctus* die Fühlerglieder 3–9 auf der Oberseite rostgelb gefärbt und die Metatarsen der Mittelbeine mit auffallend langen Borstenhaaren besetzt sind. Bei beiden Geschlechtern sind die Tergitbinden von *H. scabiosae* eher ockerfarben, bei den anderen beiden Arten sind sie weiß.

Systematik: Untergattung *Halictus* LATREILLE, 1804 s. str.; [*Hexataenites* PESENKO, 1984].

Etymologie: Eine Pflanze, auf der die Art häufig zu beobachten ist, ist die Skabiose (*Scabiosa*). Der deutsche Name nimmt Bezug auf die im Gegensatz zur sehr ähnlichen *Halictus sexcinctus* leuchtend ockergelben Haarbinden des Hinterleibs (bräunlich-weiß bei *H. sexcinctus*).

Pollenquellen: Polylektisch; nachgewiesen ist bislang die Nutzung des Pollens der drei Pflanzenfamilien Asteraceae, Convolvulaceae und Dipsacaceae. Häufig findet man die Art auf Distelblüten.

Nestbau: Nistet auf kahlen oder schütter bewachsenen, ebenen oder geneigten Flächen, bevorzugt in Sand, Löss oder lockerem Lehm, unter günstigen Voraussetzungen auch in größeren Aggregationen. Das Nest besteht aus einem verzweigten Gang, in den die Brutzellen direkt münden.

Lebensweise: Eusozial. Die begatteten Weibchen überwintern zusammen in ihrem Geburtsnest. Im folgenden Frühjahr wird ein neues Nest gegründet, wobei das größte Weibchen die Rolle der Königin übernimmt. Sie legt die Eier und bewacht den Nesteingang. Ihre Schwestern errichten die Brutzellen und sorgen für deren Verproviantierung, bis sie schließlich vom dominanten Weibchen nicht mehr in das Nest gelassen werden. Die verstoßenen Helfer graben nun entweder eige-

ne Nestgänge oder übernehmen ein fremdes Nest, auch das anderer Bienenarten.

Lebensraum: Trockenwarme Standorte, Hochwasserdämme, Magerrasen, sonnenexponierte Waldsäume, Sand- und Lehmgruben. Vom Flachland bis in die montane Höhenstufe.

Flugzeit: Eine Generation; überwinterte Weibchen ab April, die Männchen von Juli bis September.

Gesamtverbreitung: Westpaläarktisch mit westmediterranem Verbreitungsschwerpunkt. In Nordafrika von Marokko bis Tunesien. In Eurasien von Portugal bis in die Westtürkei (Bilecik); nordwärts bis in die Niederlande, Thüringen, Böhmen, Slowakei und Ukraine; südwärts bis Sizilien und Kreta. Bei Meldungen von den Kanaren handelt es sich um *H. fulvipes* (Klug, 1817), von Madeira um *H. frontalis* Smith 1853, von Ägypten, dem Nahen Osten und dem Kaukasus vermutlich um *H. sexcinctus* (Fabricius, 1775) und *H. berlandi* Blüthgen, 1936.

Lokalverbreitung: In Deutschland vor 1990 nachgewiesen aus Baden-Württemberg, Rheinland-Pfalz, Hessen und Bayern (Mainfranken), breitete sie sich in den letzten Jahren nach Norden, Nordosten und Südosten aus und hat mittlerweile Niedersachsen, Thüringen und Südostbayern erreicht. Österreich besteht keine derartige Ausbreitungstendenz, hier aktuell aus der Südsteiermark, dem Burgenland und Wien. In der Schweiz im Jura, dem Mittelland, Wallis und Tessin (aktuell).

♂ 12–14 mm | Isarauen 26.08.2020
Tergite 1–6 mit gelblichweißen Endbinden
Endglied der Fühler hakenförmig nach hinten gebogen und auf der Oberseite gänzlich schwarz
Behaarung der Metatarsen 2 geringfügig länger als deren gesamte Breite

♀ 12–14 mm | Isarauen 03.09.2019
Behaarung gelblichbraun
Gesicht etwas breiter als der Thorax

Halictus sexcinctus (FABRICIUS, 1775)

Sechsbinden-Furchenbiene

Flugzeit	J	F	M	A	M	J	J	A	S	O	N	D

Weibchen: Körperbehaarung bräunlich. Tergite mit breiten, durchgehenden weißlichbraunen Binden, Tergite 2–3 zusätzlich mit schmalen Basalbinden, die auf Tergit 2 in der Mitte meist von Tergit 1 verdeckt und auf Tergit 3 zu einem Seitenfleck reduziert ist. Basis von Tergit mit rötlich behaarter Längsfurche. Große Art mit einer Körperlänge von 14–15 mm.

Männchen: Körper sehr schlank mit einer Länge von 12–15 mm. Endglied der Fühler hakenförmig gekrümmt. Fühler nur an der Spitze oben schwarz. Metatarsen der Mittelbeine mit abstehender Behaarung von über doppelter Metatarsusbreite. Sporn der Mitteltibia stumpf, an der Spitze gekrümmt. Tergite mit durchgehenden weißlichgelben Endbinden. Vorderrand des Clypeus gelb

Verwechslungsmöglichkeiten: Eine Verwechslung ist durch die Körpergröße nur mit *Halictus quadricinctus* und *H. scabiosae* möglich. Das Weibchen von *H. quadricinctus* unterscheidet sich von *H. scabiosae* und *H. sexcinctus* durch die mitten verschmälerten Haarbinden der Tergite und durch die spärliche Punktierung in der Mitte des Mesonotums (vollständig dicht punktiert bei den beiden anderen Arten). Bei den Männchen von *H. scabiosae* und *H. sexcinctus* ist das Endglied der Fühler nahezu rechtwinklig gebogen, wäh-

rend es bei *H. quadricinctus* normal gebildet ist. Bei *H. sexcinctus* sind die Fühlerglieder 3–9 auf der Oberseite rostgelb gefärbt und die Metatarsen der Mittelbeine sind mit auffallend langen Borstenhaaren besetzt, während bei *H. scabiosae* und *H. quadricinctus* alle Fühlerglieder auf der Oberseite schwarz gefärbt und die Metatarsen der Mittelbeine „normal" behaart sind. Im Unterschied zu den in beiden Geschlechtern eher ockerfarbenen Tergitbinden bei *H. scabiosae* sind diese bei *H. sexcinctus* weiß.

Systematik: Untergattung *Halictus* LATREILLE, 1804 s. str.; [*Hexataenites* PESENKO, 1984].

Etymologie: Von lat. „*sex*" = „sechs" und „*cinctus*" = „Umgürtung, Gurt"; bezieht sich auf die Haarbinden des Hinterleibs.

Pollenquellen: Polylektisch; nachgewiesen ist bislang die Nutzung des Pollens der vier Pflanzenfamilien Asteraceae, Convolvulaceae, Dipsacaceae und Papaveraceae. Am häufigsten ist die Art auf Distelblüten zu beobachten.

Nestbau: Nistet auf ebenen oder geneigten Flächen und in Steilwänden, in sandigem oder lehmigem Substrat. Das Nest besteht aus einem meist schräg nach unten verlaufenden Hauptgang, der sich mehrfach verzweigen kann. Von diesen Gängen zweigen kurze Seitengänge ab, an deren Ende jeweils eine Brutzelle errichtet wird. Auf mehr oder weniger ebenen Flächen ist der Nesteingang von einem asymmetrischen Tumulus umgeben.

Lebensweise: Im Gebiet solitär. Das Weibchen lebt jedoch oft einige Wochen mit seinen geschlüpften Nachkommen zusammen.

Lebensraum: Binnendünen, Flugsandfelder, Sandgruben, Magerrasen, hauptsächlich in

Sand-, aber auch Lössgebieten. Vom Flachland bis in die montane Höhenstufe.

Parasiten: Kuckucksbiene ist *Sphecodes gibbus*, vermutlich auch *S. albilabris*.

Flugzeit: Im Gebiet eine Generation; beide Geschlechter fliegen von Mai bis September/Oktober.

Gesamtverbreitung: Westpaläarktisch. Von Portugal über Europa, Kleinasien und Kaukasus bis Orenburg und Iran; nordwärts bis Schweden (Vastergötland), Baltikum, Moskau und Kirov; südwärts bis Sizilien, Kreta und Israel. Die Meldungen aus Zentralasien stammen aus dem 19. und frühen 20. Jahrhundert und beziehen sich auf verwandte Arten, das Gleiche dürfte bei den Meldungen aus Sibirien (Tomsk) und China der Fall sein. In Kleinasien, Kaukasus, Iran und Israel in der ssp. *albohispidus* BLÜTHGEN, 1923, Übergänge in Griechenland, im übrigen Gebiet in der Stammform.

Lokalverbreitung: In Deutschland aus allen Bundesländern nachgewiesen. In Schleswig-Holstein verschollen. In Österreich mit Ausnahme von Salzburg aus allen Bundesländern gemeldet. In der Schweiz mit Ausnahme der höheren Jura-Lagen und der Alpennordseite fast überall, aber nur im Wallis und im Tessin etwas häufiger.

Halictus subauratus (Rossi, 1792)

Dichtpunktierte Goldfurchenbiene

Flugzeit	J	F	M	A	M	J	J	A	S	O	N	D

Weibchen: Körperoberfläche metallisch goldgrünlich glänzend. Gesicht rundlich, etwas breiter als hoch erscheinend. Clypeus etwas vorstehend. Stirn und Mesonotum erscheinen durch die dichte Punktierung matt. Gelblichbraune Behaarung und dichte Punktierung am Thoraxrücken. Tergitendbinden dicht gelblichweiß, filzartig behaart. Tergit 1 mit filziger Behaarung an der Seite. Tergite 4 und 5 ohne helle, anliegende Haare. 7–8 mm.

Männchen: Rundes Gesicht mit vorstehendem Clypeus. Oberseite der Fühler dunkel Unterseite rötlichbraun. Fühlerglieder etwa Eineinviertel mal so lang wie breit. Tibien und Tarsen gelb, Tibien mit schwarzen Flecken, Schenkel schwarz. Am Gonostylus ist eine sichere Unterscheidung zu *H. smaragdulus* möglich. 7–8 mm.

Verwechslungsmöglichkeiten: Die sehr ähnlichen, mit 6–7 mm Körperlänge aber meist deutlich kleineren und viel selteneren *H. submediterraneus* und *H. semitectus* lassen sich in beiden Geschlechtern mit bloßem Auge kaum abtrennen. Bei Verwendung optischer Hilfsmittel ist die dicht gedrängte Punktierung des Mesonotums ein gutes Trennungsmerkmal – zwischen den einzelnen Punkten sind kaum Zwischenräume erkennbar. Bei *H. submediterraneus* und *H. semitectus* ist das Mesonotum durch die etwas weniger dichte Punktierung

mit deutlich ausgeprägten Punktzwischenräume glänzender, ein Merkmal, das auch auf die ebenfalls metallisch gefärbten *H. tumulorum*, *H. confusus* und *H. leucaheneus* zutrifft; bei Letzteren ist die Körperfarbe dunkler, eher grünlich bronzefarben.

Systematik: Untergattung *Seladonia* ROBERTSON, 1918; [*Seladonia* ROBERTSON, 1918].

Nomenklatur: Synonym: *Seladonia subaurata* (ROSSI, 1792).

Etymologie: Von lat. *„sub"* = „unter, nahe an ..." und *„auratus"* = „golden, vergoldet"; wegen der goldfarben schimmernden Körperoberfläche.

Deutscher Name: Das Mesonotum ist im Gegensatz zu den nah verwandten *H. confusus*, *H. gavarnicus*, *H. tumulorum* und *H. leucaheneus* fingerhutartig dicht punktiert; als Goldfurchenbienen werden die metallisch glänzenden Arten der Untergattung *Seladonia* bezeichnet.

Pollenquellen: Polylektisch; nachgewiesen ist bislang die Nutzung des Pollens der vier Pflanzenfamilien Apiaceae, Asteraceae, Cistaceae und Convolvulaceae.

Nestbau: Nistet auf kahlen oder schütter bewachsenen, ebenen oder schwach geneigten, seltener vertikalen Flächen in sandigem oder lössigem Substrat, in der Regel in kleineren, unter günstigen Bedingungen auch großen Aggregationen. Der Nesteingang ist von einem konischen Tumulus umgeben. Das Nest besteht aus einem 10–15 cm langen, mehr oder weniger vertikalen Hauptgang, in den in der Regel die Brutzellen direkt münden. In feuchterem Substrat sind die Brutzellen auch als Gruppe in einem Hohlraum angeordnet, die nur durch

schmale Pfeiler mit der Wand des Hohlraumes verbunden ist, sodass die Zellen vorn Substrat getrennt sind.

Lebensweise: Eusozial. Die Nestgründung erfolgt durch ein einzelnes Weibchen. Die erste Brut, etwa vier bis sechs Arbeiterinnen, hilft dieser dann bei der Aufzucht der Geschlechtstiere.

Lebensraum: Magerrasen, Hochwasserdämme, Ruderalflächen, Sand- und Kiesgruben. Vom Flachland bis in die montane Höhenstufe.

Parasiten: Kuckucksbiene ist *Sphecodes cristatus*.

Flugzeit: Eine Generation; überwinterte Weibchen ab März/April, die Geschlechtstiere von Juli bis August.

Gesamtverbreitung: Wärmere Paläarktis. In Nordafrika nur aus Marokko bekannt. In Eurasien von Portugal bis Ostchina (Beijing); nordwärts bis Südengland (wurde dort unter dem Synonym *Halictus gramineus* SMITH, 1849 beschrieben, seither verschollen), ins Baltikum, Moskau und Kirov; südwärts bis Sizilien, Peloponnes und Israel.

Lokalverbreitung: In Deutschland mit Ausnahme von Schleswig-Holstein aus allen Bundesländern nachgewiesen, im Norden selten. In Österreich mit Ausnahme von Salzburg und Vorarlberg aus allen Bundesländern gemeldet. In der Schweiz mit Ausnahme des alpennahen Mittellandes und des Alpenhauptkammes fast überall.

♂ 7–8 mm | Isardamm bei Bruckberg 04.09.2019
Körperoberfläche metallisch gold-grünlich glänzend
Oberseite der Fühler dunkel Unterseite rötlichbraun
Körper- und Tergitbehaarung grauweiß
Fühlerglieder etwa eineinviertel mal so lang wie breit
Tibien und Tarsen gelb, Tibien mit schwarzen Flecken
Tergite mit weißen Endbinden

♀ 7–8 mm | Moosburg, Garten 05.09.2018
Gesicht rundlich, etwas breiter als hoch erscheinend
Clypeus etwas vorstehend

Lasioglossum (Curtis, 1833)

Schmalbienen

Systematik: Familie: Halictidae – Unterfamilie: Halictinae – Tribus: Halictini.

Nomenklatur: Die Gattung wurde lange Zeit unter dem Gattungsnamen *Halictus* geführt bzw. wurde als Untergattung von *Halictus* betrachtet. Unter den europäischen Autoren traten in jüngerer Zeit vor allem Pesenko für eine Erhebung der Untergattung *Evylaeus* in den Gattungsrang ein; derselbe Autor (Pesenko 1986) stellte für mehrere Artengruppen von *Lasioglossum* Untergattungen auf. Im Gegensatz dazu erkennen Ebmer und Michener (2007) nur die Gattung *Lasioglossum* an, die Systeme dieser beiden Autoren unterscheiden sich im westpaläarktischen Rahmen im Großen und Ganzen nur dadurch, dass Ebmer die Gattung in die beiden Untergattungen *Lasioglossum* s. str. und *Evylaeus* aufteilt, während bei Michener etliche *Evylaeus*-Arten in einer weiteren Untergattung *Dialictus* platziert sind. Gibbs et al. (2013) stellen nach phylogenetischen Analysen ein neues Untergattungssystem auf, in dem Teile der zur Untergattung *Evylaeus* gehörenden paläarktischen Arten zu *Sphecodogastra* (zu der bis dahin ausschließlich einige neuweltliche, auf Onagraceae spezialisierte und daher dämmerungsaktive, mit vergrößerten Ozellen versehene Arten gezählt wurden) und zu *Hemihalictus* gestellt werden. Hier wird dem System von Ebmer gefolgt, die Auffassung von Michener wird in eckigen, die von Gibbs et al. in geschweiften Klammern angegeben.

Literatur: Blüthgen (1930a); Ebmer (1970); Ebmer (1971); Ebmer (1974); Amiet et al. (2001). Weitere hilfreiche Arbeiten: Pesenko et al. (2000).

Etymologie: Von griech. *„lásios“* = „zottig, dicht behaart“ und griech./lat. *„glóssa“* = „Zunge, Sprache“. Ihren deutschen Namen besitzt die Gattung wegen der lang gestreckten Gestalt der Männchen.

Körperliche Merkmale: Die Gattung umfasst kleine bis mittelgroße Bienen (3,5–12 mm); die Körper der Einheimischen sind meist schwarz oder schwarzbraun gefärbt, es gibt aber auch metallisch grüne, blaue oder bronzefarbene Arten; bei etlichen Arten ist der Hinterleib der Männchen (bei ganz wenigen Arten auch der der Weibchen) teilweise rot gefärbt. In der Neuen Welt überwiegen stark metallisch glänzende Arten. Die Männchen sind deutlich schlanker als die Weibchen; letztere besitzen eine Sammelbürste an den Hinterbeinen. Ähnlich wie bei *Halictus*, mit der sie früher zu einer Gattung zusammengefasst war, besitzen die Weibchen am Hinterleibsende eine kahle, von kurzer, dichter Behaarung gesäumte Furche. Von dieser Gattung unterscheidet sich *Lasioglossum* hauptsächlich durch das Fehlen von dichten hellen Haarbinden an den Enden der Hinterleibssegmente (allerdings treten oft solche Binden an der Basis der Segmente auf) und durch die Reduzierung der Cubitalader 3: Während diese bei *Halictus* genauso dick ist wie die Cubitalader 2, ist sie bei Lasioglossum deutlich dünner.

Lebensweise: Die meisten Arten leben in sozialen Gemeinschaften unterschiedlicher Entwicklungsstufen. Im Regelfall ziehen die überwinternden Weibchen Im Frühjahr ihre erste Brut selbst groß. Danach übernehmen die daraus schlüpfenden Arbeiterinnen die Versorgung der nächsten Brut, aus der in der Regel die Geschlechtstiere hervorgehen. Zuweilen treten diese erst in der dritten Brut auf. Die Nester können von einem einzigen Weibchen oder auch von mehreren, in der Regel verwandten (Schwestern oder bei langlebigen

Arten auch Mutter und Töchter), zusammen gegründet werden (polygyne Nestgründung). Die Weibchen aller Arten überwintern, wobei die Königinnen der eusozialen Arten in der Regel zwei Bruten pro Jahr erzeugen. Zwar begeben sich manche Arten durchschnittlich etwas früher aus den Winterverstecken als andere bzw. schlüpfen die jungen Königinnen und Männchen etwas eher, aber im Großen und Ganzen ist der Lebenszyklus der einheimischen Schmalbienenarten gleichartig, d. h. im Frühjahr fliegen zuerst nur die aus den Überwinterungsquartieren kommenden Weibchen, bei eusozialen Arten erscheinen etwas später dann die Tiere der ersten Brut, überwiegend Arbeiterinnen (also unfruchtbare Weibchen) und nur vereinzelt Männchen, im Sommer schlüpfen dann die Männchen und die fertilen jungen Weibchen. Beide Geschlechter fliegen etliche Wochen zusammen, bis die Männchen schließlich sterben und die Weibchen ihre Überwinterungsquartiere aufsuchen.

Pollenquellen: Furchenbienen sind bis auf wenige Ausnahmen Nahrungsgeneralisten.

Nestbau: Sie legen ihre Nester in selbst gegrabenen Hohlräumen im Boden an, wobei meist unbewachsene Stellen bevorzugt werden. Bei vielen Arten ist der Nesteingang von einem kleinen Erdhügel (Tumulus) umgeben, der aus dem beim Nestbau anfallenden Aushub errichtet wird, bei anderen wird eine kurze Röhre gemauert. In der Regel besteht ein Nest aus einem Hauptgang, der mehr oder weniger vertikal verläuft. Die Brutzellen werden aus dem Bodensubstrat gefertigt und sind oft wabenartig zu einer Gruppe zusammengefasst („Erdwabe“). Diese Erdwabe befindet sich meist in einem Hohlraum („Nestkammer“) und schwebt sozusagen, nur von schmalen Pfeilern mit den Kammerwänden verbunden, in dessen Mitte. Bei den eusozialen Arten wird diese Nestkammer im Frühjahr von der bzw. den Nestgründerinnen gegraben, eine weitere wird dann einige Zentimeter darunter von den Arbeiterinnen errichtet und nimmt die zweite Brut auf. Der Hauptgang führt fast immer noch ein Stück weiter in die Tiefe und endet dann blind. Bei manchen Arten werden nach dem Schlupf der Sommerbrut noch weitere Kammern gegraben, die dann den befruchteten Weibchen als Überwinterungsquartiere dienen.

Parasiten: Als Kuckucksbienen treten Blutbienen (*Sphecodes*), seltener Wespenbienen (*Nomada*) auf. Erwachsene Bienen sind manchmal von Fächerflüglern der Gattung *Halictoxenos* befallen, oft auch von Milben.

Verbreitung/Artenzahl: *Lasioglossum* kommt auf allen Kontinenten mit Ausnahme der Antarktis vor. Einige Arten sind holarktisch verbreitet. Weltweit sind weit über 1200 Arten bekannt, von denen im Gebiet 88 vorkommen.

Lasioglossum calceatum (Scopoli, 1763)

Gewöhnliche Schmalbiene

Flugzeit	J	F	M	A	M	J	J	A	S	O	N	D

Weibchen: Der Scheitel am fast kreisförmig runden Gesicht sehr flach. Die Breite des Postscutellums entspricht etwa der Länge des Mittelfelds des Propodeums. An der hinteren Kante in der Form eines Halbkreises. Stutz kantig begrenzt. An der Basis von Tergit 2 erscheint die Punktierung dichter als zum hinteren Rand. An den Tergiten 2 und 3 finden sich basal bindenartige Haarflecken. 8–9 mm.

Männchen: rundlich erscheinender Kopf nicht ganz so breit wie lang. Dunkelbraune Fühler, schwarzbraunes Labrum. Im Bereich des Propodeums ist das Mittelfeld breit in Form eines Halbkreises ausgebildet. Stutz rundum sehr kantig ausgebildet. Tergite 1, 2, 3 ganz oder teilweise rot oder auch nur gänzlich dunkel. An den Tergiten 2, 3 und 4 sind basalen Haarflecken zu erkennen. 8–10 mm. Im Freiland kaum von ähnlichen Arten der Gattung zu unterscheiden.

Verwechslungsmöglichkeiten: Was die Bestimmbarkeit anbelangt, gehört die Untergattung *Evylaeus* zum Frustrierendsten, was die Bienenwelt zu bieten hat. Zum einen ist diese Gruppe sehr artenreich, und zum anderen sind die Artmerkmale in aller Regel nur unter dem Mikroskop zu erkennen. Eine wichtige Rolle spielen hier die Punktierung der verschiedenen Körperteile (Punktgröße, Abstand der Punkte zueinander) und andere Skulpturmerkmale, die oft auch noch einer gewissen Variationsbreite unterliegen.

♂ 8–10 mm | Moosburg Oberbayern Garten 20.08.2020

Innerhalb der Untergattung *Evylaeus* gehört *L. calceatum* zu den Arten, die sich von anderen Schmalbienen durch nichtmetallische Körperoberfläche, durchscheinende Tergit-Endränder und eine scharfe Kante zwischen dem abfallenden Stutz und den Seiten des Propodeums unterscheiden. Hier gehört sie zu den größeren Art, die 8–9 mm Körperlänge erreichen. Am ähnlichsten unter den häufigeren Arten sind *Lasioglossum albipes* und *L. malachurum*. Bei *L. albipes* ist das Gesicht schmäler, der Scheitel stärker gerundet, der Augenumriss flacher, das Propodeum etwa so lang wie das Scutellum, die Seitenfelder sind seitlich stark abfallend und glänzender, und Tergit 2 ist regelmäßig punktiert. *L. malachurum* ist an den spitz vorragenden Pronotumecken (von oben betrachtet) zu unterscheiden. Auch bei den Männchen, die deutlich schlanker sind als die Weibchen, kann L. calceatum am leichtesten mit *L. albipes* und *L. malachurum* verwechselt werden, insbesondere bei allen drei Arten die ersten Tergite nicht selten teilweise oder vollständig rot gefärbt sein können. Eine rote Farbform tritt unter den häufigeren Arten der Verwandtschaft auch bei den Männchen von *L. laticeps* auf. Bei *L. laticeps* wie auch bei *L. malachurum* ist die Unterseite der Fühlergeißel braungelb gefärbt, bei *L. calceatum* und *L. albipes* sind die Fühler vollständig schwarz. Die Unterscheidung der beiden letzteren Arten ist wie bei den Weibchen sehr schwierig; wie bei diesen gibt im Gelände (mit einer Lupe) allenfalls die Gesichtsform einen Anhaltspunkt.

Systematik: Untergattung *Evylaeus* ROBERTSON, 1902; [*Evylaeus* ROBERTSON, 1902]; {*Sphecodogastra* ASHMEAD, 1899}.

Nomenklatur: Synonyme: *Evylaeus calceatus* (SCOPOLI, 1763).

Etymologie: Von lat. „*calceatum*" = „mit Schuhen versehen, beschuht"; vermutlich wegen der teilweise weißgelben Beinfärbung

des Männchens. Deutscher Name: Die Art ist im Gebiet eine der häufigsten der Gattung.

Pollenquellen: Polylektisch; nachgewiesen ist bislang die Nutzung des Pollens der 16 Pflanzenfamilien Apiaceae, Asparagaceae, Asteraceae, Brassicaceae, Caryophyllaceae, Dipsacaceae, Ericaceae, Geraniaceae, Hypericaceae, Lamiaceae, Liliaceae, Plantaginaceae, Primulaceae, Ranunculaceae, Rosaceae, Salicaceae und Scrophulariaceae.

Nestbau: Nistet auf kahlen oder schütter bis dichter bewachsenen, horizontalen oder relativ geneigten Flächen ohne erkennbare Bevorzugung eines bestimmten Substrats, oft in kleinen bis großen Aggregationen. Der Nesteingang wird in der Regel von einem konischen Tumulus umgeben. Er wird über Nacht oder bei Regen verschlossen. Der rund 20 cm lange Nestgang verläuft vertikal. In etwa 10–15 cm Tiefe zweigt seitlich eine Kammer ab, in der sich, mit Stützpfeilern an den Seitenwänden befestigt, eine wabenartige Anhäufung von Brutzellen befindet. Es wurden aber auch Nester beobachtet, bei denen die Brutzellen einzeln angelegt werden und direkt in den Hauptgang münden oder am Ende kurzer Seitengänge sitzen, möglicherweise abhängig von der Beschaffenheit des Bodensubstrats.

Lebensweise: In der Regel eusozial mit zwei Bruten. Die Nestgründung erfolgt in der Regel durch ein einzelnes Weibchen, es wurden allerdings auch polygyne Nestgründungen durch gemeinsam überwinternde Weibchen beobachtet, wobei dann eines der Tiere die Rolle der Königin übernimmt. Die erste Brut von maximal einem Dutzend Nachkommen besteht aus Arbeiterinnen und zu einem normalerweise geringeren Teil aus Männchen. Der größte Teil der Arbeiterinnen wird zwar begattet, jedoch bleiben zumindest in den von einer Königin geführten Nestern deren Ovarien unterentwickelt, sodass sie weiterhin

Arbeiterinnen bleiben. Stirbt die Königin, wird ihr Platz in der Regel von der ältesten Arbeiterin eingenommen. Die Arbeiterinnen der ersten Brut errichten nun rund 50 Brutzellen, aus denen dann die Geschlechtstiere, also Männchen und fertile Weibchen, schlüpfen. Nach der Begattung überwintern die Weibchen in ihrem Geburtsnest. Manche Königinnen können zwei Jahre alt werden. Im nördlichen Teil des Verbreitungsgebietes, wo die klimatischen Verhältnisse nur die Produktion einer Brut erlauben, ist eine Rückkehr zu einer solitären Lebensweise möglich.

Lebensraum: Zeigt keine strenge Habitatbindung; sowohl an trockenwarmen als auch feuchtkühlen Standorten; vom xerothermen Trockenrasen bis zum Auwald, häufig auch im Siedlungsbereich. Vom Flachland bis in die subalpine, zuweilen auch alpine Höhenstufe.

Parasiten: Kuckucksbiene ist *Sphecodes monilicornis*. Als weitere Nestparasiten werden Goldwespen der Gattungen *Chrysis* und *Hedychridium* erwähnt. Erwachsene Tiere sind zuweilen von Fächerflüglern der Gattung *Halictoxenos* befallen.

Flugzeit: Weibchen von März bis Oktober, Männchen ab Juni.

Gesamtverbreitung: Transpaläarktisch. Von Irland und Portugal über Europa, Kleinasien, Kaukasus, Zentralasien und Sibirien bis zur Pazifikküste des Fernen Ostens; nordwärts bis Irland und Nordschottland, in Norwegen bis 63‘5°N (Nord-Trondelag), in Schweden und Finnland bis über den Polarkreis (67–68°N), ein Einzelfund aus Murmansk/Russland sogar bei 69,5°N; im Süden Europas isoliert hochmontan, südwärts bis Sizilien, Peloponnes, Israel und Nordiran.

Lokalverbreitung: Im Gebiet aus allen Regionen gemeldet.

♀ 8–9 mm | Moosburg Garten 27.05.2018
Die Breite des Postscutellums entspricht etwa der Länge des Mittelfelds des Propodeums. An der hinteren Kante in der Form eines Halbkreises.
Der Scheitel am fast kreisförmig runden Gesicht sehr flach

♀ 8–9 mm | Isarauen 09.04.1997
Die Breite des Postscutellums entspricht etwa der Länge des Mittelfelds des Propodeums. An der hinteren Kante in der Form eines Halbkreises. Stutz kantig begrenzt
Der Scheitel am fast kreisförmig runden Gesicht sehr flach
Tergite 2 und 3 mit deutlichen, bindenartigen basalen Haarflecken
An der Basis von Tergit 2 Punktierung dichter als zum hinteren Rand. An den Tergiten 2 und 3 basal bindenartige Haarflecken

Lasioglossum clypeare (Schenck, 1853)

Glatte Langkopf-Schmalbiene

Flugzeit	J	F	M	A	M	J	J	A	S	O	N	D

Weibchen: Eines der auffallendsten Bestimmungskriterien bei dieser Art ist der lange, schmale Kopf mit einer auf Fühlerhöhe quer über das Gesicht verlaufenden Vertiefung, durch die Stirnschildchen und Clypeus ungewöhnlich stark hervortreten. An der Basis der Fühler befindet sich eine Vertiefung. Thorax oben gröber und dichter punktiert, glänzend glatt erscheinend. Propodeum hinten abgerundet. Tergit 1 glatt, etwas weniger dicht punktiert als die folgenden und mit angedeuteter Haarbinde seitlich basal. Haarflecken an der Basis der Tergite 2 und 3 fehlen. 6–7 mm.

Männchen: Gesicht erreicht in der Länge fast das Doppelte der Breite. Fühlergeißel oben dunkel, unten bräunlichgelb mit annähernd quadratischen Gliedern. 6–7 mm.

Verwechslungsmöglichkeiten: Unter den einheimischen Arten in beiden Geschlechtern unverwechselbar durch den auffallend lang gezogenen Kopf mit dem schnauzenartig vorspringenden Clypeus. Am ähnlichsten hierin ist noch die ebenfalls sehr seltene *L. buccale*, jedoch ist bei dieser der Kopf etwas kürzer und im Umriss nach unten deutlich konvergierend. Das Mesonotums ist mit feinen und groben Punkten besetzt, während bei *L. clypeare* die Punkte einheitlich stark sind.

Flugzeit: Anfang Juni bis Anfang August. Männchen ab Mitte Juli.

Bemerkung: Trockenhänge, trockenwarme Ruderalstellen. Zeigt eine Vorliebe für Lippenblütler (Lamiaceae).

Systematik: Untergattung *Evylaeus* ROBERTSON, 1902; [*Dialictus* ROBERTSON, 1902]; {*Hemihalictus* COCKERELL, 1897}.

Nomenklatur: Synonym: *Evylaeus clypearis* (SCHENCK, 1853).

Etymologie: Von „Clypeus" (anat.) = „Kopfschild"; SCHENCK betont in seiner Beschreibung den lang gestreckten Clypeus. Deutscher Name: Das Weibchen zeichnet sich durch den lang gezogenen Kopf aus und im Gegensatz zur ähnlichen *L. buccale* durch das glatte Mesonotum.

Pollenquellen: Polylektisch; nachgewiesen ist bislang die Nutzung des Pollens der vier Pflanzenfamilien Asteraceae, Boraginaceae, Lamiaceae und Salicaceae. Lippenblütler (Lamiaceae) werden deutlich bevorzugt, sodass manche Autoren sie für oligolektisch halten. Im Gebiet ist sie hauptsächlich auf Ziest (*Stachys*) und Schwarznessel (*Ballota nigra*) zu beobachten.

Lebensraum: Trockenwarme Standorte; Trockenrasen, Ruderalflächen, Steppen. Vom Flachland bis in die montane Höhenstufe.

Flugzeit: Weibchen von Mai bis August, Männchen ab Juli.

Gesamtverbreitung: Südliche Westpaläarktis. In Nordafrika nur zwei überprüfungsbedürftige Meldungen von Marokko (Internetquelle) und Algerien (BLÜTHGEN 1935). In Eurasien von Portugal über Süd- und südliches Mitteleuropa, Kleinasien und Kaukasus bis Zentralasien; nordwärts bis Sachsen-Anhalt, Böhmen und Nordukraine; südwärts bis Sizilien, Thessalien und Israel.

Lokalverbreitung: In Deutschland nur bis zum Nordrand der Mittelgebirge; nachgewiesen aus Sachsen-Anhalt, Hessen, Thüringen, Rheinland-Pfalz, Baden-Württemberg und Bayern (aktuell). In Österreich historisch aus dem Burgenland und der Steiermark, aktuell aus dem Burgenland und Niederösterreich gemeldet. In der Schweiz historisch und aktuell aus dem Wallis und der Umgebung des Neuenburgersees, nur historisch aus dem Tessin und dem Genfersee-Gebiet.

Lasioglossum maius (Nylander, 1852)

Große Schmalbiene

Flugzeit	J	F	M	A	M	J	J	A	S	O	N	D

Weibchen: schwarz mit rundem Gesicht. Mesonotum glatt mit dichter Punktierung. Tergit 1 vorne zerstreut zum Ende hin dicht punktiert. An den Tergiten 2–4 befinden sich jeweils an der Basis weiße Haarflecken, Tergit 4 matt, am Endrand fein und dicht fein punktiert. Stutzkante des Propodeums abgerundet 11–12 mm.

Männchen: Das etwa so hohe wie breite Gesicht zeigt auf der unteren Hälfte eine weiße, anliegende Behaarung. Die schwarzen Fühlerglieder sind ca. ein Viertel mal länger als breit. Das Mesonotum ist ebenso wie die Tergite schwarz, glänzend glatt, mit dichter Punktierung. Tergite mit dunklen Endrändern. Basal tragen die Tergite 2 – 4 weiße Haarflecken. An Sternit 6 befinden sich ein bürstenartiger, schmaler Haarfleck und an Sternit 7 auch von oben gut sichtbare, vorstehende Lappen. Stutzkante des Propodeums abgerundet. 9–11 mm.

Verwechslungsmöglichkeiten: Ebenfalls ein Mitglied der Untergattung *Lasioglossum* s.str., d. h. die Tergite sind an den Endrändern nicht aufgehellt und tragen an der Basis weiße Haarbinden oder -flecken. Zusammen mit der bis zu 12 mm langen *L. albocinctum*, die ausgesprochen selten und lokal auftritt (in Deutschland nur im Oberrheingraben), sind *L. majus*, *L. sexnotatum* und *L. xanthopus*

die größten heimischen Schmalbienen (10–11 mm). *L. sexnotatum* und *L. xanthopus* unterscheiden sich durch die abgerundete Seitenkante des Propodeums, *L. xanthopus* überdies durch die teilweise rot gefärbten Hintertibien und -tarsen. Mit 9–10 mm Körperlänge sind *L. costulatum*, *L. leucozonium* und *L. zonulum* nur geringfügig kleiner. Zur Unterscheidung von *L. costulatum* siehe dort. Bei *L. leucozonium* ist Tergit 1 auch auf der Scheibe dicht punktiert, also ebenso dicht oder nur wenig zerstreuter als auf dem Endteil, während bei *L. majus* und *L. zonulum* Tergit 1 auf der Scheibe deutlich zerstreuter punktiert als der Endteil. Diese beiden Arten sehen sich sehr ähnlich. Neben der durchschnittlich etwas bedeutenderen Körpergröße unterscheidet sich *L. majus* die Punktierung des Hinterleibs; diese ist auf dem Endteil von Tergit 1 deutlich feiner, und auf dem Endteil von Tergit 4 äußerst dicht, so dass diese völlig glanzlos wirkt. Die Flügel sind grau getönt, Stigma und Adern sind gelb- bis rotbraun. Scheitel und Mesonotum sind graubraun behaart, die Haare sind zerstreuter und kürzer (*L. zonulum*: Punktierung auf dem Endteil von Tergit 1 deutlich kräftiger, die Punkte etwa doppelt so groß wie bei *L. majus*, auf dem Endteil von Tergit 4 zerstreuter, diese wirkt daher seidig glänzend. Die Flügel sind gelblich getönt, Adern und Stigma ist bräunlichgelb. Scheitel und Mesonotum sind braungelb und dichter behaart. Bei den Männchen ist das beste Merkmal die in einem Streifen längs der Mitte sitzende weiße, bürstenartige, von der kahlen Umgebung deutlich abgesetzte Behaarung auf Sternit 6, die in dieser Form unter den Schmalbienen-Männchen nur noch *L. leucozonium* besitzt (ohne optische Hilfsmittel leider nicht sichtbar). Das Sternit 7 ist bei *L. majus* in zwei deutliche Lappen ausgezogen, die von oben gut erkennbar sind; diese sind bei *L. leucozonium* kaum ausgebildet und nie in der Sicht von oben erkennbar.

Systematik: Untergattung *Lasioglossum* CURTIS, 1833 s. str.; {*Lasioglossum* CURTIS, 1833 s. str.]}.

Nomenklatur: *Halictus major* NYLANDER, 1852.

Etymologie: Von lat. „*maius*" = „größer" (Komparativ von „*magnus*" = groß); NYLANDER vergleicht die Art mit der etwas kleineren *L. leucozonium* („*affinis est H. leucozonio, ala ant. 8–8 ½ mm.* (*in H. leucozonia fere 7 mm*)").

Pollenquellen: Polylektisch; nachgewiesen ist bislang die Nutzung des Pollens der sieben Pflanzenfamilien Asteraceae, Boraginaceae, Lamiaceae, Plantaginaceae, Ranunculaceae, Rosaceae und Valerianaceae.

Nestbau: Nistet auf kahlen oder schütter bewachsenen, ebenen oder schwach geneigten Flächen, aber auch in Abbruchkanten, meist in kleineren Aggregationen. Bevorzugt Sand, Löss oder Lösslehm als Substrat. Der Nesteingang ist in eine 2–3 cm hohe, dickwandige Erdröhre verlängert. Der Nestgang führt senkrecht oder schwach gekrümmt nach unten, am Ende knickt er fast rechtwinklig ab und endet blind. Die Brutzellen münden direkt oder fast direkt in den Hauptgang, sie werden fortschreitend von oben nach unten angelegt.

Lebensweise: Solitär, aber nistet zuweilen kommunal, d.h. zwei oder mehr Weibchen teilen sich ein Nest, in das jede ihre eigenen Brutzellen versorgt.

Lebensraum: Waldsäume, Magerrasen, Hochwasserdämme, extensiv genutztes Grünland, Ruderalflächen, vor allem in Augebieten. Vom Flachland bis in die montane Höhenstufe.

Flugzeit: Weibchen von April bis September, Männchen ab Juli.

Gesamtverbreitung: Gemäßigte Westpaläarktis; isolierte Art einer sehr artenreichen ostpaläarktischen Artengruppe. Die Meldungen aus Nordafrika und aus Iberien sind nicht überprüfbar; zumindest in Nordafrika dürfte die Art nicht vorkommen. Nach aktuell überprüfbaren Exemplaren von Südfrankreich über Piemont, Slowenien, Nordkroatien bis Nordgriechenland; nordwärts bis Luxemburg, Niedersachsen, Polen (Poznan) und Baltikum (Alfken 1913: „Russische Ostseeprovinzen“); ostwärts nach vertrauenswürdigen Literaturangaben bis in die Ukraine; die Meldung von Perm (Lykov 2008) ist überprüfungsbedürftig. Alle Funde in der Mediterranzone und östlich von Griechenland erwiesen sich bei Überprüfungen als Fehlbestimmung oder basieren auf Meldungen, zu denen keine Belegexemplare existieren.

Lokalverbreitung: In Deutschland mit Ausnahme von Schleswig-Holstein aus allen Bundesländern nachgewiesen, aus Niedersachsen, Nordrhein-Westfalen, Hessen, Sachsen und Sachsen-Anhalt nur historisch, aus Mecklenburg-Vorpommern nur eine zweifelhafte Meldung von 1867. In Österreich mit Ausnahme von Salzburg aus allen Bundesländern belegt. In der Schweiz aktuell aus den Kantonen Zürich, Freiburg, Genf, Wallis, Tessin und Graubünden, historisch aus den Kantonen Waadt, Bern und Thurgau, fehlt an der Alpennordseite und dem Alpenhauptkamm.

Lasioglossum marginatum (Brulle, 1832)

Langlebige Schmalbiene

Flugzeit	J	F	M	A	M	J	J	A	S	O	N	D

Weibchen: Der von vorne quer oval geformte Kopf glänzt im Stirnbereich und am Clypeus. Auffällig ist das rundlich hervorgewölbte, glänzende Stirnschildchen. Der Thoraxrücken ist dicht punktiert, glänzend glatt erscheinend, am Stutz aufgekantet begrenzt und zum Mittelfeld abgerundet. An den Thoraxseiten genarbt mit punktförmigen Erhebungen und Unregelmäsigkeiten. Tergite an den Endrändern gelblich mit weißen Haarbinden, die beim 2. mittig unterbrochen bei 3 und 4 vollständig sind. Oberfläche der Tergite dicht und fein punktiert. 8 mm.

Männchen: Ähnlich wie das Weibchen. Fühler dunkel gefärbt. Kurzes quer ovales Gesicht. Halbkugelig geformter Clypeus. Abdomen in etwa so breit, wie beim Weibchen. 8–9 mm.

Verwechslungsmöglichkeiten: Die Endränder der Tergite 2–4 sind mit einer schmalen, dichten weißgelblichen Wimpernbinde besetzt (auf Tergit 2 breit, auf Tergit 3 schmäler mitten unterbrochen). Das Gesicht ist deutlich kürzer als breit und nach unten deutlich konvergierend. Ein gutes Merkmal (ohne optische Hilfsmittel schwer zu erkennen) ist das glänzende, erhabene, im Profil fast nasenförmig vorspringende Stirnschildchen. Anders als bei fast allen übrigen Schmalbienen unterscheidet sich das Männchen im Habitus kaum

♀ 8 mm | Landshut Standortübungsplatz 22.05.2020

vom Weibchen, lediglich die Fühler sind etwas länger.

Systematik: Untergattung *Evylaeus* Robertson, 1902; {[*Evylaeus* Robertson, 1902]}.

Nomenklatur: Synonym: *Evylaeus marginatus* (Brullé, 1832).

Etymologie: Von lat. „*marginatum*" = „mit einem Rand versehen"; wegen der breit gelblich durchscheinenden Endränder der Tergite, die mit für die Gattung ungewöhnlich stark ausgebildeten Haarwimpern versehen sind.

Deutscher Name: Die Königinnen dieser Art können ein Alter von sechs Jahren erreichen.

Pollenquellen: Polylektisch; nachgewiesen ist bislang die Nutzung des Pollens der sieben Pflanzenfamilien Aceraceae, Asteraceae, Brassicaceae, Ranunculaceae, Rosaceae, Salicaceae und Scrophulariaceae.

Nestbau: Nistet auf kahlen oder schütter bewachsenen, ebenen oder schwach geneigten Flächen, meist in großen Aggregationen. Bevorzugt Löss als Substrat, Nester wurden aber auch in reinen Lehmböden gefunden. Der Nesteingang ist in eine auffällige, in Einzelfällen bis 10 cm hohe, dickwandige Erdröhre verlängert. Bei der Nestgründung baut die Königin einen einfachen, senkrecht in die Erde reichenden Gang, der dann von den Arbeiterinnen durch immer weitere Verzweigungen zu einem Labyrinth ausgebaut wird, das bis zu fast einem Meter in die Tiefe reicht und mehrere Hundert Brutzellen beherbergen kann.

Lebensweise: Eusozial auf sehr hoher Stufe. Einzigartig unter den ein. heimischen Wildbienen lebt das befruchtete Weibchen fünf bis sechs Jahre. Abweichend von der Vor-

gehensweise anderer Bienenarten errichtet es nach der Nestgründung zuerst zwei bis sechs Zellen, bevor sie diese mit Pollen und Nektar befüllt, und erst wenn alle Zellen verproviantiert sind, legt sie die Eier ab. Die Zellen werden nicht verschlossen, sodass die Königin in ständigem Kontakt mit ihren Nachkommen ist. Nach dem Schlupf dieser ersten Brut, die ausschließlich aus Weibchen besteht, wird der Nesteingang verschlossen. Die Tiere, die sich äußerlich nicht von ihrer Mutter unterscheiden und 12–15 Monate alt werden, bleiben das ganze restliche Jahr im Nest und überwintern dort gemeinsam mit der Königin. Im zweiten Frühling fliegen diese um Pollen und Nektar aus und errichten neue Brutzellen, während die Königin im Nest bleibt, Eier legt und die Brutzellen versorgt, Nach den zahlreichen Untersuchungen an dieser Art umfasst das Nest im zweiten Jahr 6–18 Arbeiterinnen, im dritten Jahr 18–54, im vierten 54–162 und erst im fünften Jahr mit 162–486 oder manchmal erst im sechsten Jahr mit 486–1458 Bewohnern treten fertile Weibchen und Männchen auf. In dem Jahr, in dem die Geschlechtstiere produziert werden, verläuft zuerst alles wie in den Jahren davor: Die Arbeiterinnen erwachen im Frühjahr aus der Diapause, verproviantieren in einer relativ kurzen Zeitspanne die neu errichteten Brutzellen und verschließen dann das Nest. Aber im September wird dann der Nestverschluss entfernt und die Männchen verlassen das Nest. Erst dadurch wird ihr Fortpflanzungsinstinkt geweckt. Sie erkunden die Umgebung und dringen in andere Nester ein, wo sie sich mit den darin befindlichen Weibchen paaren. Die Männchen sterben kurz darauf, die befruchteten Weibchen überwintern mit ihren Geschwistern im Geburtsnest und gründen im nächsten Jahr eigene Nester.

Lebensraum: Trockenwarme Standorte; Magerrasen, extensiv genutztes Grünland. Vom Flachland bis in die montane Höhenstufe.

Parasiten: Bisher wurden keine Kuckucksbienen bekannt.

Flugzeit: Weibchen von März bis Mai, Männchen von August/September bis Oktober,.

Gesamtverbreitung: Südliche Westpaläarktis. Von Zentralspanien über Süd- und südliches Mitteleuropa, Kleinasien, Levante, Kaukasus und Sibirien bis in die Region Altai; nordwärts bis in den Großraum Paris, Süddeutschland, Mähren, Slowakei und Kiew; südwärts bis Sizilien, Kreta, Israel und Afghanistan. Erreicht in Pakistan, Nepal und Kashmir die orientalische Faunenregion.

Lokalverbreitung: In Deutschland nur vom Kaiserstuhl und seit jüngerer Zeit von einigen Lokalitäten in Ostbayern bekannt (aktuell). In Österreich aus dem Burgenland, Ober- und Niederösterreich und der Steiermark belegt (aktuell). In der Schweiz nur aus der Umgebung von Schaffhausen, aus dem Wallis und von Genf gemeldet (aktuell).

Lasioglossum morio (Fabricius, 1793)

Dunkelgrüne Schmalbiene

Flugzeit	J	F	M	A	M	J	J	A	S	O	N	D

Weibchen: Kopf und Thorax mit metallisch grünlicher Färbung. Abdomen bräunlich schwarz, an den Seiten mit grünlichem Glanz. Tergit 1 mehr oder weniger chagriniert und zerstreut punktiert. Tergite 2 und 3 an der Basis mit großen Haarflecken. 5–6 mm.

Männchen: An Kopf und Thorax metallisch grünliche Färbung. Kopf von vorne rund mit auffällig nach vorne ragenden, schmalem Clypeus. Die oben dunklen Fühlergeißeln sind an der Unterseite gelblich braun. Die Fühlerglieder sind etwa ein Viertel mal länger als breit. Der Thorax ist oben dicht punktiert und genarbt und der Stutz seitlich oben abgerundet. Der Hinterleib ist sehr dunkel beinahe schwarz und dicht punktiert. An der Basis sind die Tergite 2 und 3 auffällig eingekerbt und tragen dort seitlich Haarflecken. 5–6 mm.

Verwechslungsmöglichkeiten: Es gibt im Gebiet noch weitere acht Schmalbienen mit grünmetallischer Körperoberfläche und ähnlicher Körpergröße (5–7 mm). Bei den Weibchen von *Lasioglossum leucopus* und *L. aeratum* sind die Gesichter rundlicher und Tergite 1 glänzender, das Mesonotum ist kräftig punktiert. Bei *L. morio* ist der Hinterleib schwarzbraun mit leichtem Bronzeschimmer, während dieser bei den übrigen Arten in aller Regel schwarz oder grünmetallisch ist. Die seltenen Arten *L. lissonotum* und *L. smeathmanellum* sowie die häufigere *L. nitidulum*

♂ 5–6 mm | Moosburg, Garten 20.10.2020

unterscheiden sich durch die teilweise glatten Thoraxseiten. *L. alpigenum* und *L. bavaricum* sind auf die Alpen beschränkt; bei ihnen ist die Scheibe von Tergit 1 fast punktlos, bei *L. morio* ist hier (mit optischen Hilfsmitteln) eine deutliche Punktierung zu erkennen. Auch die Männchen sind aufgrund ihrer relativen Häufigkeit am ehesten mit *L. leucopus*, *L. aeratum* und *L. nitidulum* zu verwechseln. *L. leucopus* und *L. aeratum* besitzen eine gedrungenere Gestalt, das Gesicht ist in etwa so lang wie breit, und die Geißelglieder der Fühler sind kaum länger als breit. *L. morio* und *L. nitidulum* sind hingegen von schlankerer Gestalt, und die Geißelglieder sind etwa 1,5 mal so lang wie breit. Die beiden letzten Arten unterscheiden sich gut in der Form des Kopfes: Bei *L. morio* ist der Umriß des Kopfes fast kreisförmig, am unteren Augenrand springt jedoch der Clypeus deutlich vor, so dass der Kopf insgesamt länger als breit wirkt. Bei *L. nitidulum* ist der Kopfumriß länglich-oval, der Clypeus springt nicht vor.

Systematik: Untergattung *Evylaeus* ROBERTSON, 1902; {[*Dialictus* ROBERTSON, 1902}.

Nomenklatur: Synonym: *Evylaeus morio* (FABRICIUS, 1793).

Etymologie: Von lat. „*morio*" = „Mohr"; FABRICIUS beschreibt die Art als schwarzes Tier mit bläulichem Thorax („*H. niger thorace coerulescente, abdomine atro nitido*"). Der deutsche Name betont den auffälligeren grünmetallischen Brustabschnitt.

Pollenquellen: Polylektisch; nachgewiesen ist bislang die Nutzung des Pollens der neun Pflanzenfamilien Asteraceae, Boraginaceae, Brassicaceae, Campanulaceae, Caryophyllaceae, Convolvulaceae, Hypericaceae, Lythraceae, Ranunculaceae und Rosaceae.

Nestbau: Nistet – oft in kleineren oder größeren Aggregationen – auf kahlen oder schütter bewachsenen, ebenen oder steil abfallenden

Flächen in den verschiedensten Substraten, in den Mörtelfugen von Mauern, im Erdreich der Wurzelballen umgestürzter Bäume, im Verwitterungsschutt alte Kalk- oder Sandsteinmauern und Ähnlichem. Auf ebenen Flächen ist der Nesteingang von einem kleinen konischen Tumulus umgeben. Das Nest besteht in der Regel aus einem bis zu 20 cm langen Hauptgang, entlang dem die Brutzellen in sehr kurzen Seitengängen oder direkt neben dem Hauptkorridor angelegt sind. Die Zellen sind zwar separat, aber normalerweise doch in Gruppen angeordnet. Ein Nest enthält etwa 10–18 Zellen. Lebensweise: Eusozial. Die erste Brut besteht aus Arbeiterinnen. Die fertilen Weibchen der zweiten Brut graben sich zuweilen nach der Verpaarung eigene Überwinterungsgänge oder sie überwintern im Geburtsnest. Lebensraum: Zeigt keine strenge Habitatbindung, kommt auch häufig im Siedlungsbereich vor. Vom Flachland bis in die untere subalpine Höhenstufe.

Parasiten: Als Kuckucksbiene wurden *Sphecodes niger*, *Sphecodes longulus*, *Sphecodes miniatus* und *Sphecodes geoffrellus* beobachtet, vermutet wird auch *Nomada furva*. Erwachsene Tiere sind zuweilen vom Fächerflügler *Halictoxenos tumulorum* befallen.

Flugzeit: Weibchen von März bis Oktober, Männchen ab Juli.

Gesamtverbreitung: Westpaläarktisch. In Nordafrika von Madeira und den Kanaren bis Tunesien. In Eurasien von den Azoren und Portugal über Europa, Kleinasien und Kaukasus bis in Region Altai und Kasachstan; nordwärts in Norwegen bis 62,5°N, in Schweden bis 63°N, Einzelfund bei 65,5°N, in Finnland bis 60°N, in Russland bis Kirov; südwärts bis Sizilien und Malta, Kreta und Israel. Eingeschleppt auf den Azoren.

Lokalverbreitung: Im Gebiet aus allen Regionen gemeldet (aktuell).

Lasioglossum sexnotatum (KIRBY, 1802)

Spargel-Schmalbiene

Flugzeit	J	F	M	A	M	J	J	A	S	O	N	D

Weibchen: Kopf von vorne gesehen rundlich. Thorax schwarz, am Rücken dicht filigran punktiert und genarbt, matt. Außenkante des Stutz oben an der Seite abgerundet. 1. Tergit schwarz, glatt, glänzend am Endrand dichter punktiert. Endränder der Tergite schwarz. Punktierung der restlichen Tergite dichter. An Tergit 2 und 3 auffällige basale, breitere Haarflecken. Seitenplatten (Mesopleuren) genarbt und fein gerunzelt. Weiße Behaarung im Gesicht am Thoraxrücken, seitlich und an den Sterniten. 10–11 mm.

Männchen: Fühler schwarz Gesicht etwas breiter als lang fast rundlich. Propodeum am Mittelfeld nur im hinteren Bereich scharfkantig begrenzt. Tergite 2–4 der Basis mit großen weißen Haarflecken. Tarsen dunkel gefärbt. 9–10 mm.

Verwechslungsmöglichkeiten: Im Gegensatz zu den ähnlich großen und ähnlich gefärbten Verwandten sind die Seitenkanten des Propodeums abgerundet. Siehe auch bei *L. majus*.

Systematik: Untergattung *Lasioglossum* CURTIS, 1833 5. str.; {[*Lasioglossum* CURTIS, 1833 s. str.]}.

Nomenklatur: Synonym: *Halictus nitidus* PANZER, 1798.

Etymologie: Von lat. „*sex*" = „sechs" und „*notatum*" = „gekennzeichnet, mit einem Kennzeichen versehen"; bezieht sich auf die basalen Haarflecken auf den Tergiten 2–4 bei den Weibchen. Deutscher Name: Die Art besucht gerne blühenden Spargel.

Pollenquellen: Polylektisch; nachgewiesen ist bislang die Nutzung des Pollens der acht Pflanzenfamilien Asparagaceae, Asteraceae, Brassicaceae, Lythraceae, Ranunculaceae, Rosaceae, Salicaceae und Scrophulariaceae.

Nestbau: Nach einer Beobachtung aus den Niederlanden errichtete die Art zerstreut liegende Nester auf kahlen Stellen in sandigem Boden.

Lebensweise: Vermutlich solitär.

Lebensraum: Trockenwarme Standorte in Sand- und Lössgebieten; Magerrasen, Sandgruben, Weinberge, Brach- und Ruderalflächen. Vom Flachland bis in die kolline, in der Südschweiz bis in die montane Höhenstufe.

Flugzeit: Weibchen von April/Mai bis September/Oktober, Männchen ab Juli.

Gesamtverbreitung: Gemäßigt-warme Westpaläarktis. Von Portugal über Europa, Kleinasien und Kaukasus bis Iran und Turkmenien, ein alter, später nicht wieder bestätigter Fund in der Südwestmongolei (Ebmer 1982); nordwärts bis Südengland, Dänemark, Nordpolen, Baltikum und Kirov; südwärts bis Sizilien, Peloponnes, Kreta und Nordiran.

Lokalverbreitung: In Deutschland aus allen Bundesländern nachgewiesen (aktuell). In Österreich lediglich aus Vorarlberg keine Nachweise. In der Schweiz aktuell aus dem Wallis, dem Tessin und dem Bündner Rheintal, historisch aus der Nordschweiz und dem Mittelland, insbesondere aus der Gegend um den Genfersee. In Österreich und der Schweiz in den letzten Jahren auffällig selten geworden bis lokal erloschen.

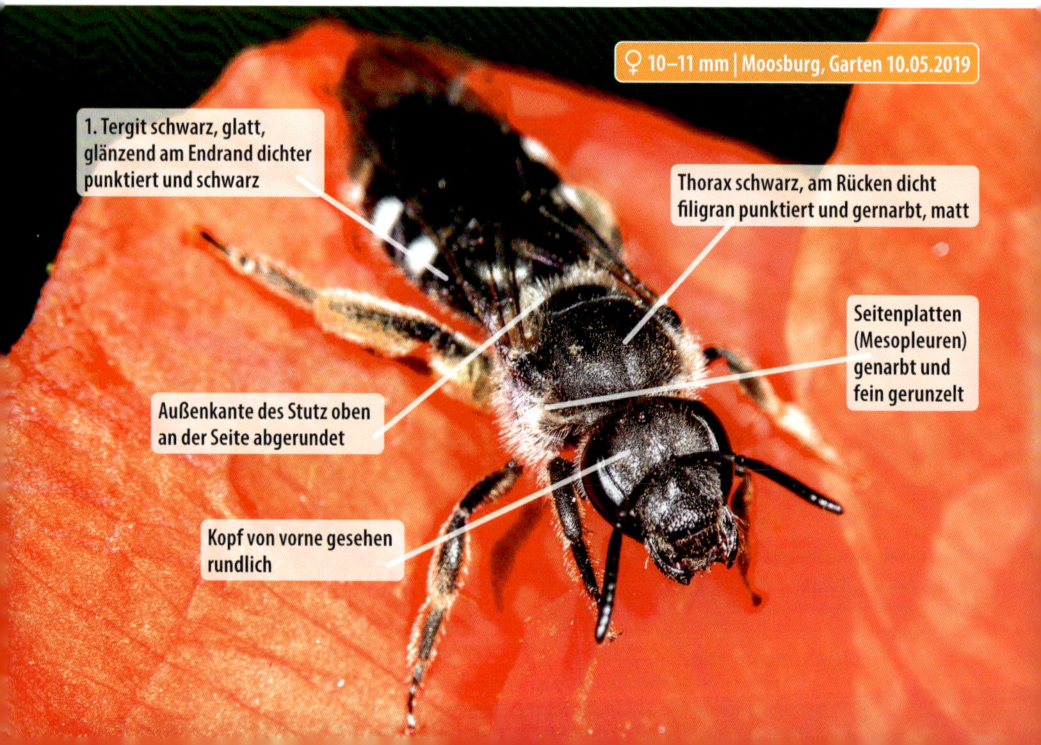

Lasiogl ossum sexstrigatum (Schenck, 1869)

Sechsstreifige Schmalbiene

Flugzeit	J	F	M	A	M	J	J	A	S	O	N	D

Weibchen: Kopf schwarz, von vorne gesehen breiter als hoch. Thorax oben vorne dicht punktiert und auch seitlich genarbt. Mittelfeld nach hinten feiner gerunzelt. Punktierung des matt erscheinenden Hypoepimeralfeld wenig deutlich. Abrundung des Stutz oben. An Tergit 1 ist die Punktierung zerstreut, der Endrand quer genarbt. Die restlichen Tergite verschieden genarbt, nach vorne zur Basis dichter, nach hinten zerstreuter punktiert. 2. und 3. Tergit an der Seite mit schmalen Endbinden und kleinen seitlichen Haarflecken. Innerer Tibiensporn 3 mit Seitenzähnchen, die kürzer als die Spornbreite sind. 6–7 mm.

Männchen: Fühler an der Unterseite gelblich mit etwas längeren als breiten Gliedern. Fühler unten gelb, die Glieder wenig länger als breit. Mesonotum nur im vorderderen Bereich genarbt. Nur Tergit 1 glatt, sehr kleinen, in größeren Abständen verteilten Punkten. Restliche Tergite sehr dicht und gut sichtbar punktiert, an den Endrändern genarbt. 5–7 mm.

Verwechslungsmöglichkeiten: Die mit einer schmalen, dichten weißgelblichen Wimpernbinde besetzten Endränder der Tergite 2–4 in Kombination mit abgerundeter Seitenkante des Propodeums und unten hinten stark glänzenden, glatten Mesopleuren sind die Kenn-

zeichen von *L. sexstrigatum*, *L. monstrificum* und *L. pleurospeculum*, einer Gruppe sehr nah verwandter Arten, die erst in jüngerer Zeit als eigenständige Spezies erkannt wurden. Eine Unterscheidung im Gelände ist kaum möglich.

Systematik: Untergattung *Evylaeus* ROBERTSON, 1902; [*Dialictus* ROBERTSON, 1902]; {*Hemihalictus* COCKERELL, 1897}.

Nomenklatur: *Lasioglossum monstrificum* wurde erst 1986 (unter dem Synonym *L. sabulosum*) von dieser Art abgetrennt. Synonyme: *Evylaeus sexstrigatus* (SCHENCK, 1869); *Halictus monstrificus* auct. nec MORAWITZ, 1891.

Etymologie: Von lat. „*sex*" = „sechs" und „*strigatum*" = „mit einem Strich versehen"; bezieht sich auf die im Vergleich zu den verwandten Arten gut ausgebildeten Haarfransen am Endrand der Tergite 2–4 bei den Weibchen.

Pollenquellen: Polylektisch.

Nestbau: Nistet auf schütter bewachsenen ebenen Flächen, im Siedlungsbereich in den sandgefüllten Fugen zwischen Pflastersteinen, meist in kleineren bis größeren Aggregationen und bevorzugt in Sand- und Lehmböden.

Lebensraum: Sandaffin, zeigt aber ansonsten keine strenge Habitatbindung; Binnendünen, Sandtrockenrasen, Flugsandfelder, Binnendünen, Sandgruben, Brach- und Ruderalflächen, lichte Wälder, Sandheiden, Siedlungsbereich. Vom Flachland bis in die kolline Höhenstufe.

Parasiten: Als Kuckucksbiene wurden *Nomada sheppardana* und *Sphecodes miniatus* beobachtet, vermutet wird auch *Sphecodes longulus*.

Flugzeit: Weibchen von April bis September/Oktober, Männchen ab Juni.

Gesamtverbreitung: Transpaläarktisch. Von Portugal über Europa, Kleinasien, Kaukasus und Sibirien bis Japan (Hokkaido), in Asien ist die Verbreitung allerdings nur sehr lückenhaft bekannt; nordwärts bis Südengland (erst 2011 erstmals gemeldet, HAWKINS 2011), in Norwegen bis 59°N (Prov. Ostfold), in Schweden bis 59°N, vereinzelt bis 62°N, Baltikum, Kirov und Perm; südwärts bis Tessin, Südtirol (in Italien möglicherweise bis Campania) und Serbien.

Lokalverbreitung: Im Gebiet aus allen Regionen gemeldet, fehlt lediglich in den höheren Lagen; aus den Kantonen Genf, Waadt und Wallis nur historische Nachweise, sonst überall aktuell.

Lasioglossum xanthopus (Kirov, 1802)

Große Salbei-Schmalbiene

Flugzeit	J	F	M	A	M	J	J	A	S	O	N	D

Weibchen: Thorax und der runde Kopf sind rötlichbraun behaart. Clypeus hervorspringend. Der Thorax ist oben etwas glänzend, an den Seiten stärker, in der Mitte weniger punktiert. Die Thoraxseiten gerunzelt. Mittelfeld genarbt mit Runzelung auf der vorderen Hälfte. Stutz seitlich oben abgerundet. Die schwarzenTergite sind an den dunklen Endrändern sehr dicht punktiert. Tergit 1 glänzt auffallend und ist nur wenig und weiter verteilt punktiert. Auf den Tergiten 2–4 befinden sich basal breite Haarbinden. Rote Färbung der Hintertibien und Tarsen. 12 mm.

Männchen: Gesicht länglichoval mit schwarzem Labrum. And Basis der Fühler gelblichbraun gefärbt zum Ende hin dunkel. An den Endrändern der Tergite dunkel. Dichte Punktierung an 2–4 mit basalen Haarbinden an der Basis. Rötlich braune Hintertibien und Tarsen. 11–12 mm.

Verwechslungsmöglichkeiten: Aufgrund der Größe (10–12 mm), der auffallenden rostroten Behaarung sowie den überwiegend rot gefärbten Hintertibien und Tarsen in beiden Geschlechtern nicht mit anderen heimischen *Lasioglossum*-Arten zu verwechseln.

Systematik: Untergattung *Lasioglossum* Curtis, 1833 s. str.; {[*Lasioglossum* Curtis, 1833 s. str.]}.

Etymologie: Von griech. „*xanthos*" = „gelb" und „*pus*" = „Fuß"; wegen der rotgelben bzw. gelben Hintertibien und -tarsen bei beiden Geschlechtern. Deutscher Name: Wiesensalbei gehört zu den bevorzugten Pollenquellen der Art.

Pollenquellen: Polylektisch mit einer Präferenz für Wiesensalbei (*Salvia pratensis*); nachgewiesen ist bislang die Nutzung des Pollens der fünf Pflanzenfamilien Asteraceae, Boraginaceae, Brassicaceae, Campanulaceae und Lamiaceae.

Nestbau: Nistet auf schütter oder dichter bewachsenen ebenen Flächen oder in Böschungen und Abbruchkanten, meist einzeln oder In kleineren Aggregationen, ohne erkennbare Bevorzugung bestimmter Substrate. Das Nest besteht aus einem mehr oder weniger senkrechten Gang, der 40–50 cm in die Tiefe reichen kann. Im unteren Drittel des Ganges wird eine Gruppe von 7–8 direkt in den Gang mündenden Brutzellen angelegt. Die Zellen liegen separat, aber sehr nahe beieinander. Nach Verproviantierung und Eiablage wird die Zelle mit einer dünnen Lage konzentrisch aufgebrachter Erdpartikel verschlossen. Nach Fertigstellung der letzten Zelle verschließt das Weibchen den Nesteingang von innen und verfüllt Teile des Ganges mit Erde. Die geschlüpften Larven brauchen ihren Pollenvorrat innerhalb von zwei Wochen auf und verpuppen sich.

Lebensweise: Solitär. In wärmeren Klimaten (Mittelmeergebiet, Ungarn) fliegen beide Geschlechter zusammen im Frühjahr, in Mitteleuropa dagegen sind die Männchen in der Regel nur im Herbst zu finden, allerdings treten auch hier immer wieder einmal Frühjahrsmännchen auf.

Lebensraum: Trockenwarme Standorte; extensiv genutztes Grünland, Magerrasen, Weinberge, Hochwasserdämme, Waldsäume, Hecken. Vom Flachland bis in die obere montane Höhenstufe.

Parasiten: Kuckucksbiene ist *Sphecodes spinulosus*. Erwachsene Tiere sind zuweilen vom Fächerflügler *Halictoxenus arnoldi* befallen.

Flugzeit: Weibchen von März bis Oktober, Männchen im September und Oktober, gelegentlich auch im Frühjahr.

Gesamtverbreitung: Wärmere bis gemäßigte Westpaläarktis. In Nordafrika von Marokko bis Libyen. In Eurasien von Zentraliberien über Europa, Kleinasien, Levante, Kaukasus und Zentralasien bis in die westliche Mongolei und China; nordwärts bis Südengland, in Norwegen von Berg (2000) erstmals nachgewiesen (Fredrikstad, 59°N), in Schweden aktuell bis Skane (56°N), historisch bis Småland (57°N) und bis ins Baltikum; südwärts bis Sizilien, Kreta, Israel und Nordiran.

Lokalverbreitung: In Deutschland in allen Bundesländern aktuell nachgewiesen, lediglich aus Mecklenburg-Vorpommern nur historisch. In Österreich aus Ober- und Niederösterreich, der Steiermark und dem Burgenland gemeldet. In der Schweiz aktuell im Wallis und entlang des Jura-Südfußes vom Neuenburgersee bis zum Bodensee, historisch auch von Genf, Waadt, Tessin und bei Chur.

Sphecodes (LATREILLE, 1804)

Blutbienen

Systematik: Familie: Halictidae – Unterfamilie: Halictinae – Tribus: Halictini.

Nomenklatur: Im 19. Jahrhundert wurden für einige *Sphecodes*-Arten die Gattungen *Sabulicola* VERHOEFF, 1890 und Dichroa ILLIGER, 1806 aufgestellt.

Literatur: ŠUSTERA (1959); WARNCKE (1992b); AMIET et al. (1999); BOGUSCH & STRAKA (2012). Weitere hilfreiche Arbeiten: ASTAFUROVA & PROSHCHALYKIN 2014.

Etymologie: Von griech. „*sphex*“ (Gen. „*sphecos*“) = „Wespe“. Der deutsche Name leitet sich von der bei fast allen Arten roten Färbung des Hinterleibs ab.

Körperliche Merkmale: Blutbienen sind in Habitus und Aussehen äußerst einheitlich, sie besitzen alle einen glänzenden schwarzen Körper, lediglich der Hinterleib ist mit Ausnahme der vollständig schwarzen Männchen einiger Arten intensiv rot gefärbt. Die einzelnen Arten können in erster Linie anhand der Skulptur bestimmter Körperteile unterschieden werden. Die Körpergröße ist, wie bei allen Kuckucksbienen, auch innerhalb einer Art sehr unterschiedlich; innerhalb der Gattung reicht sie von 4 bis 15 mm. Die Vorderflügel besitzen in der Regel drei Cubitalzellen, von denen die mittlere deutlich kleiner ist als die beiden anderen; lediglich in der Nearktis existieren einige wenige Arten mit nur zwei Cubitalzellen. Radialzelle mit ihrer Spitze vom Flügelrand entfernt. Beim Weibchen das Tergit 5 ohne kahle Längsfurche; Hinterbeine ohne deutlichen Sammelapparat. Männchen mit schwarzem, weißbehaarten, nicht vorragendem Clypeus und meist knotigen Geißelgliedern. Abdomen ausgedehnt rot, nur bei einigen kleineren Männchen ausgedehnt schwarz; diese unterscheiden sich von den wenigen kleinen *Lasioglossum*-Männchen mit schwarzem Clypeusrand durch ihr im Verhältnis zur geringen Körpergröße, außergewöhnlich grob gerunzeltes Propodeum.

Lebensweise: *Sphecodes*-Arten leben als Brutparasitoide bei anderen Bienen. Unter den heimischen Arten parasitieren die meisten die Nester von Furchenbienen und Schmalbienenarten (*Halictus* und *Lasioglossum*), einige die von Sandbienen (*Andrena*) und eine befällt eine Seidenbiene (*Colletes cunicularius*). Manche Arten sind auf einen einzigen Wirt oder einige wenige Wirtsarten spezialisiert. Im Gegensatz zu den anderen Kuckucksbienen-Gattungen warten Blutbienen nicht, bis ihr Wirt das Nest verlässt, sondern dringen gewaltsam in die Wirtsnester ein. Dabei werden gelegentlich Wirtstiere getötet, insbesondere werden bei eusozialen Arten die Nestwächterinnen Opfer eindringender Blutsbienen. Sind diese ins Wirtsnest gelangt, brechen sie bereits verschlossene Brutzellen auf, töten Ei oder Larve, legen ihr eigenes Ei ab und verschließen die Zelle wieder. Blutbienen fliegen vom Frühjahr bis zum Herbst, wobei sich Flugzeit und Generationenfolge meist mit denen der jeweiligen Wirte decken. Beim größten Teil der Arten überwintern die begatteten Weibchen und legen im Frühjahr und Sommer ihre Eier in die Nester der jeweiligen Wirtsbienen. Im Sommer erscheinen dann die jungen Weibchen und Männchen; letztere sterben noch im selben Jahr. Bei einigen Arten verlassen beide Geschlechter die Wirtsnester erst im Frühjahr und verpaaren sich erst jetzt. Als Kuckucksbienen besuchen sie Blüten nur zur Eigenversorgung mit Nektar.

Verbreitung/Artenzahl: Auf allen Kontinenten weit verbreitet, lediglich in Australien auf den Nordosten (Queensland) beschränkt. In der östlichen Hemisphäre geht sie von den Kanaren bis Japan, nordwärts in Skandinavien bis 64°N, südwärts bis Südafrika und Madagaskar, in der tropischen Zone über die Arabische Halbinsel bis Südostasien, Indonesien, Philippinen und Neuguinea. In der westlichen Hemisphäre ist sie von der Ost- bis zur Westküste verbreitet und vom subarktischen Alaska südwärts bis Argentinien. Weltweit sind knapp 300 Arten bekannt, von denen im Gebiet 31 vorkommen.

Sphecodes albilabris (Fabricius, 1793)

Riesen-Blutbiene

Flugzeit	J	F	M	A	M	J	J	A	S	O	N	D

Weibchen: Thorax schwarz, überall dicht punktiert. Hinterleib, Tergite rot, dicht vollständig punktiert, am Ende des 5. Tergits und Endtergit schwarz. Länge und Breite der Fühlerglieder etwa gleich. Kopf von vorne elliptisch, schwarz behaart mit grauweißer, kurzer, auf die Mitte konzentrierter Gesichtsbehaarung und hervorgewölbtem Clypeus. Flügel bräunlichschwarz. Für Blutbienen ungewöhnlich große Art, daher große Exemplare im Feld gut zu erkennen. 11–15 mm.

Männchen: Mesonotum und Tergite grob und dicht punktiert. Größte Art, 11–15 mm. Mesonotum wabig dicht punktiert, nur an wenigen Stellen sind flächige Punktzwischenräume sichtbar. Kopfform etwa wie bei S. gibbus; Gesicht matt, dicht kräftig runzlig punktiert. Mesonotum sehr dicht punktiert, die Zwischenräume überall kleiner als die Punkte, stellenweise ganz fehlend, sodass die Punktgruben unmittelbar aneinander liegen, die Fläche deshalb im Ganzen glanzlos erscheinend. Scutellum mit ± ausgedehnten, glänzenden Punktzwischenräumen. Brustseiten mit fingerhutartig dichten, glänzenden, groben Punktgruben. Hinterleib lang eiförmig, mit Ausnahme der polierten glänzenden Depressionen von Tergit 2–4 ziemlich matt. Tergit 1 auf dem Endteil sehr fein, im Übrigen ziemlich fein dicht punktiert; die übrigen Tergite ebenso. Depressionen 2–4 punktlos, nur 2 manchmal am Grunde punktiert. Pygidialfeld schmal, braunschwarz,

matt, fast ganz durch die Behaarung verdeckt. Tergit 1–5 rot. Hinterleibsspitze gelbbräunlich behaart. Tibiendörnchen schwarz. Flügel besonders stark gebräunt. 11–14 mm.

Verwechslungsmöglichkeiten: Aufgrund der Körpergröße und dem grob und dicht punktierten Mesonotum in beiden Geschlechtern von allen übrigen heimischen Blutbienen-Weibchen gut zu unterscheiden.

Nomenklatur: Synonyme: *Sphecodes fuscipennis* (GERMAR, 1819).

Etymologie: Von lat. „*albus*" = „weiß" und „*labrum*" = „Lippe"; wegen der beim Männchen dicht schneeweiß behaarten unteren Gesichtshälfte.

Deutscher Name: Die Art ist mit 11–14 mm Körperlänge die größte heimische Blutbiene.

Lebensraum: Binnendünen, Flugsandfelder, Sandgruben, Magerrasen. Hochwasserdämme, hauptsächlich in Sand-, aber auch Lössgebieten. Vom Flachland bis in die montane Höhenstufe.

Wirte: Sicherer Wirt ist *Colletes cunicularius*; wurde auch an den Nestern von *Halictus sexcinctus*, *Halictus quadricinctus* und *Melitturga clavicornis* beobachtet.

Flugzeit: Weibchen von März bis August, Männchen von Juli bis Oktober.

Gesamtverbreitung: Transpaläarktisch. In Nordafrika von Marokko bis Ägypten. In Eurasien von Portugal über Europa, Kleinasien, Levante, Kaukasus, Zentralasien und Sibirien bis zur Pazifikküste des Fernen Ostens, erreicht in Nordwestindien (Uttar Pradesh) die orientalische Faunenregion; nordwärts bis 60°N in Norwegen (Hanefoss), 62,5°N in Schweden (Västernorrland), 63,5°N in Finnland (Nordkarelien), in Russland bis Karelien und Kirov; südwärts bis Sizilien, Kreta, Zypern und Israel. In der ssp. *rubripes* Spinola, 1838 in Nordafrika, Levante, Iberien inkl. Balearen, Sardinien und Zypern.

Lokalverbreitung: Im Gebiet mit Ausnahme von Salzburg aus allen Regionen gemeldet.

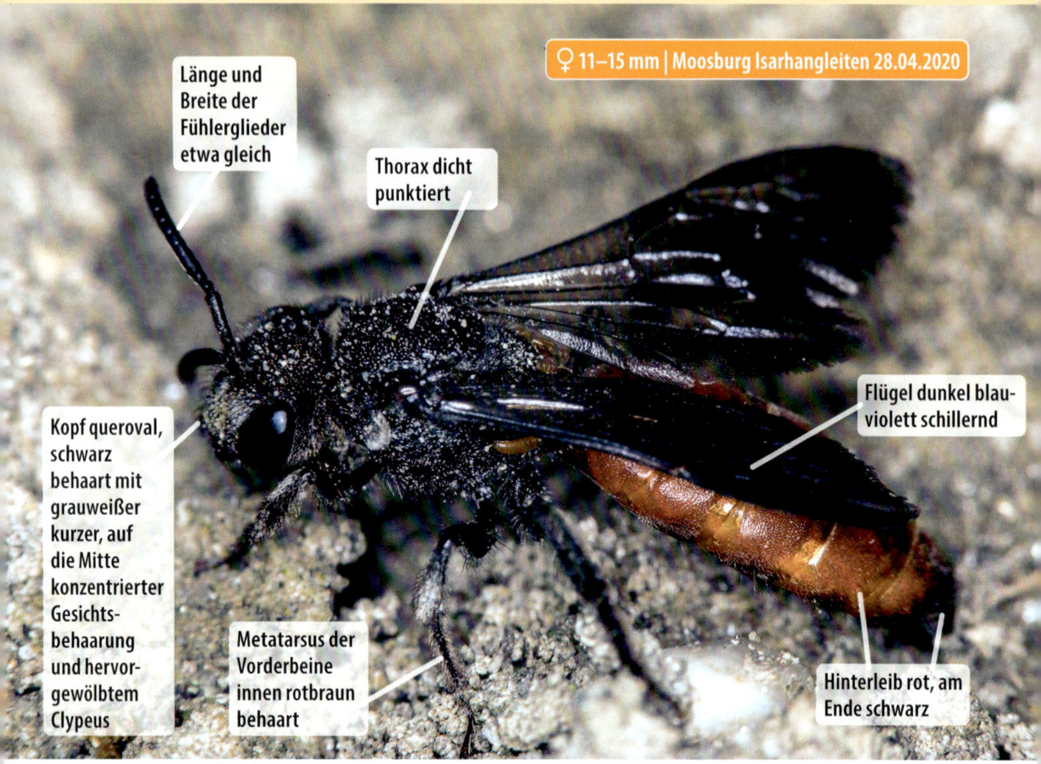
♀ 11–15 mm | Moosburg Isarhangleiten 28.04.2020
Länge und Breite der Fühlerglieder etwa gleich
Thorax dicht punktiert
Flügel dunkel blau-violett schillernd
Kopf queroval, schwarz behaart mit grauweißer kurzer, auf die Mitte konzentrierter Gesichts-behaarung und hervor-gewölbtem Clypeus
Metatarsus der Vorderbeine innen rotbraun behaart
Hinterleib rot, am Ende schwarz

♀ 11–15 mm
Thorax dicht punktiert
Kopf queroval, schwarz behaart mit grau-weißer kurzer, auf die Mitte konzentrierter Gesichts-behaarung und hervor-gewölbtem Clypeus
Metatarsus der Vorderbeine innen rotbraun behaart
Länge und Breite der Fühlerglieder etwa gleich

♀ 11–15 mm | Freising, ehem. Standortübungsplatz 26.04.2021
Länge und Breite der Fühlerglieder etwa gleich
Kopf queroval, schwarz behaart mit grauweißer kurzer, auf die Mitte konzentrierter Gesichtsbehaarung und hervorgewölbtem Clypeus

♀ 11–15 mm | NSG Mittlere Isarstauseen 08.06.2021
Thorax dicht punktiert
Hinterleib rot, am Ende schwarz
Länge und Breite der Fühlerglieder etwa gleich
Metatarsus der Vorderbeine innen rotbraun behaart

Sphecodes gibbus (LINNAEUS, 1758)

Buckel-Blutbiene

Flugzeit	J	F	M	A	M	J	J	A	S	O	N	D

Weibchen: Zwischenräume zwischen der Punktierung am Scheitel glänzend wie poliert. Lockere Punktierung am Mesonotum mit größeren glänzenden Zwischenräumen. Zwischenräume zwischen der Punktierung am Scheitel glänzend wie poliert. Tergit 1 dichter punktiert und an der Basis selten auch ganz geschwärzt. Glänzender Endrand an Tergit 3 und 4, nur bei 3 gelblich erscheinend. Flügel bräunlich verdunkelt. Rote Färbung von Tergit 1–3, auch bei 4 vereinzelt an den Seiten. 7–13 mm.

Männchen: Kopf rundlich. Geißelglieder ab 5 etwa 1,5-mal länger als breit. Scheitel mit breiten glänzenden Punktzwischenräumen. Mesonotum zerstreut punktiert, Abstand meist über 1 Punktdurchmesser. Fühlerglieder vorn mit schmalen Filzstreifen, die sich nach hinten stark verbreitern und bis zum Ende ausdehnen. Fühlerglied 4 doppelt so lang wie breit, 5–13 anderthalbmal so lang wie breit, Schaft nur so lang behaart wie dieser breit ist. Tergite 1–3 mit den Endrändern ziemlich dicht punktiert. 7–12 mm.

Verwechslungsmöglichkeiten: *S. gibbus* kann aufgrund der sehr zerstreuten Punktur des Mesonotums, insbesondere das in großen Teilen punktfreie Scutellum, fast mit keinem größeren *Sphecodes*-Weibchen verwechselt werden. *Sphecodes ruficrus* hat ein sehr dicht punktiertes Scutellum. *Sphecodes schencki* ist ebenfalls auf Mesonotum und Scutellum zer-

streuter punktiert, jedoch im Gegensatz zu *S. gibbus* sind die Tergite gröber punktiert.

Etymologie: Von lat. „*gibbus*“ = „Buckel, Höcker“; der Beschreibung LINNÉS ist kein Hinweis auf die Namensgebung zu entnehmen; möglicherweise bezieht sie sich auf den hochgewölbten Scheitel. Der deutsche Name folgt der wissenschaftlichen Bezeichnung.

Lebensraum: Zeigt keine strenge Habitatbindung, kommt auch häufig im Siedlungsbereich vor. Vom Flachland bis in die alpine Höhenstufe.

Wirte: *Halictus quadricinctus, H. rubicundus, H. sexcinctus, H. simplex*; vermutet werden auch *Halictus maculatus* und *Lasioglossum malachurum*. Meldungen von *Andrena vaga* und *Colletes cunicularius* als Wirt dürften nicht zutreffen.

Flugzeit: Weibchen April bis Oktober, Männchen von Juni bis Oktober.

Gesamtverbreitung: In Nordafrika von Marokko bis Tunesien und in Ägypten. In Eurasien von Portugal über Europa, Kleinasien, Levante, Kaukasus und Zentralasien bis zum Mittelsibirischen Bergland (Minussinsk, Kememwo) und die Mongolei, erreicht in Kashmir und Bihar die orientalische Faunenregion; nordwärts bis Irland und Südschottland, in Norwegen bis 63°N (Mare og Romsdal), in Schweden bis 66°N (Norrbotten), in Finnland bis 63,5°N (Nordsavo), in Russland bis Karelien, Kirov und Perm; südwärts bis Sizilien, Peloponnes, Kreta, Zypern, Israel, Jordanien, Nordiran und Afghanistan.

Lokalverbreitung: Im Gebiet aus allen Regionen gemeldet.

♀ 7–13 mm | Landshut, ehem. Standortübungsplatz 25.04.2013

Dasypoda (Latreille, 1802)

Hosenbienen

Systematik: Familie: Melittidae – Unterfamilie: Dasypodainae – Tribus: Dasypodaini. Michez et al. (2004) teilen die Gattung in vier Untergattungen auf, die jedoch alle von Michener (2007) verworfen werden. Aus diesem Grund werden nachfolgend beim Abschnitt „Systematik" die von Michez et al. verwendeten Untergattungen in eckige Klammern gestellt.

Literatur: Schmiedeknecht (1930); Warncke (1973); Amiet et al. (2007); Michez et al. (2004); Scheuchl (2006).

Etymologie: Von griech. *„dasys"* = „zottig, rauh, dicht behaart" und *"pous"*, Gen. *„podos"* „Fuß". Auch der deutsche Name spielt auf die ungewöhnlich stark ausgebildete Sammelbürste der Hinterbeine an.

Körperliche Merkmale: Hosenbienen besitzen einen großen (11–17 mm), stark behaarten Körper; die Behaarung ist auf dem Hinterleib in der Regel bindenartig ausgeprägt, die Färbung ist auch innerhalb der einzelnen Arten sehr variabel. Der Pollentransport erfolgt mittels der enorm großen Sammelbürste auf den Hinterbeinen, die nicht nur auf den Hintertibien, sondern auch auf den Metatarsen ausgebildet ist. Anhand dieses Merkmals und der Körpergröße können die Weibchen bereits im Feld sofort der Gattung zugeordnet werden.

Lebensweise: *Dasypoda*-Arten sind solitär lebende, pollensammelnde und nestbauende Bienen. Sie überdauern den Winter als Ruhelarve (Präpuppe). Pollenquellen: Alle einheimischen Arten sind Nahrungsspezialisten.

Nestbau: Hosenbienen nisten fast ausschließlich in Sandgegenden, wo die Nestgänge in den Boden gegraben werden, wobei der Aushub den Eingang kegelförmig umgibt. Im Gegensatz zu den meisten anderen Bienen kleiden *Dasypoda*-Arten die Brutzellen nicht aus. Um den Pollenvorrat trotzdem einigermaßen vor der Bodenfeuchtigkeit zu schützen und die Möglichkeit eines Befalls mit Schimmelpilzen zu reduzieren, wird die Pollenmasse so geformt, dass sie durch beinähnliche Fortsätze nicht direkt auf dem Boden der Zelle aufliegt.

Parasiten: Kuckucksbienen sind nicht bekannt, lediglich einige Zweiflüglerarten wie die Satellitenfliege Miltogramma oestraceum wurden als Brutschmarotzer nachgewiesen.

Verbreitung/Artenzahl: Die Gattung ist auf die Paläarktis beschränkt und geht von den Kanaren und Portugal bis Japan. Insgesamt sind knapp 40 Arten bekannt, von denen vier im Gebiet vorkommen.

Dasypoda hirtipes (Fabricius, 1793)

Dunkelfransige Hosenbiene

Flugzeit	J	F	M	A	M	J	J	A	S	O	N	D

Weibchen: Genae schmal, etwa so lang wie die halbe Breite des Geißelglieds 3. Die punktlosen Depressionen der Tergite schmal, kaum ein Drittel der Tergitlänge einnehmend, mitten kaum breiter als seitlich. Tergit 5 dunkel behaart. Thorax und Tergit 1 braungelb behaart, die übrigen Tergite dunkel. Tergit 2–4 mit weißen Haarbinden. Sternite dunkel befranst. Sammelbürste lang, rotgelb. 13–15 mm.

Männchen: Genae schmal. Kopf, Thorax und Beine rötlichgelb behaart, Tergit 2–6 mit weißlich gelben Endbinden, die hinteren Tergite basal mit schwarzen Haarborsten. 12–15 mm.

Verwechslungsmöglichkeiten: Sehr ähnlich der erst 2016 beschriebenen *D. morawitzi*, mit der sie bis dahin vermengt wurde. *D. morawitzi* ist etwas kleiner (9–14 mm) und unterscheidet sich am deutlichsten durch die wellenartig geriffelte Struktur der Galea (netzartig chagriniert bei *D. hirtipes*), die Männchen außerdem am Bau der Endsternite und des Genitals. Keines der Merkmale ist mit bloßem Auge zu erkennen. Die beiden anderen deutschen *Dasypoda*-Arten *D. argentata* und *D. suripes* unterscheiden sich auf den ersten Blick im weiblichen Geschlecht durch die helle, rotgelbe bis weißliche Endfranse, beide Geschlechter auch durch den großen Abstand zwischen Mandibelbasis und Auge

(so breit wie die Fühlergeißel bei *D. argentata* und *D. suripes*, kaum so breit wie eine halbe Fühlergeißel bei *D. hirtipes* und *D. morawitzi*). Bei den Männchen beider Arten sind die Tergitbinden nur undeutlich ausgebildet; bei *D. suripes* sind die Hintertibien etwas gebogen und tragen auf der Innenseite vor der Spitze eine glänzende, unbehaarte Beule.

Systematik: [Untergattung *Dasypoda* LATREILLE, 1802 s. str.].

Nomenklatur: Synonym: *Dasypoda plumipes* PANZER, 1797; *Dasypoda altercator* HARRIS, 1776.

Etymologie: Von lat. „*hirtus*“ = „struppig, ruppig, rauh, borstig, behaart“ und „*pes*“ = „Fuß“; bezieht sich auf die Sammelbürste. Der deutsche Name bezieht sich auf die im Gegensatz zu den übrigen einheimischen Arten schwarze Endfranse des Hinterleibs.

Pollenquellen: Oligolektisch auf Korbblütler (*Asteraceae*), Arten der Unterfamilie Cichorioideae werden deutlich bevorzugt, bisweilen werden auch Carduoideae besammelt.

Nestbau: Nistplätze sind kahle oder schütter bewachsene Flächen, bevorzugt in ebenem, sandigem oder lössigem Boden. Die Art nistet in der Regel in kleinen bis größeren Aggregationen.

Lebensraum: Trockene, sandige Standorte wie Sand- und Lehmgruben, Wegränder, Magerrasen, Ruderalflächen und Hochwasserdämme. Vom Flachland bis in die montane Höhenstufe.

Flugzeit: In einer Generation von Juni/Juli bis September.

Gesamtverbreitung: Transpaläarktisch. Die Meldungen von den Kanaren beziehen sich auf *D. sinuata*, die meisten der nordafrikanischen Angaben (vermutlich auch die arabische) wahrscheinlich auf dieselbe oder eine verwandte Art. Von Portugal über Süd-, Mittel- und das südliche Nordeuropa, Südrussland, Kleinasien, Kaukasus, Zentralasien, Sibirien bis Primorje; nordwärts bis Wales und Südengland, in Norwegen bis 60°N, 61°N in Schweden und 63°N in Finnland, in Russland bis Karelien und Perm; südwärts bis Sizilien und Lampedusa, Peloponnes, Syrien und Irak. Bildet nach WARNCKE mehrere Unterarten aus, die aber alle durch MICHEZ et al. (2004) mit *D. hirtipes* synonymisiert oder in Artrang erhoben wurden.

Lokalverbreitung: In Deutschland aus allen Bundesländern nachgewiesen (aktuell). In Österreich mit Ausnahme von Vorarlberg aus allen Bundesländern nachgewiesen, die Meldungen aus Salzburg und Tirol sind überprüfungsbedürftig. In der Schweiz im Wallis und Tessin zahlreiche historische und aktuelle Funde, aktuell sonst nur im Bündner Rheintal, im Kanton Schaffhausen und in der Umgebung des Neuenburgersees, historisch vereinzelt aus den Kantonen Zürich, Bern, Freiburg, Waadt und Genf.

Macropis (Panzer, 1809)

Schenkelbienen

Systematik: Familie: Melittidae – Unterfamilie: Melittinae.

Literatur: Schmiedeknecht (1930); Warncke (1973); Amiet et al. (2007); Michechez & Patiny (2005); Scheuchl (2006).

Etymologie: Von griech. „*makros*" = „groß, weit" und „*ops*" = „Auge". Ihren deutschen Namen besitzt die Gattung wegen der verdickten Hinterschenkel der Männchen.

Körperliche Merkmale: Schenkelbienen besitzen einen fast halbkugeligen, glänzend schwarzen Körper von 7–12 mm Länge. Die Vorderflügel besitzen im Gegensatz zu den anderen Gattungen der Familie Melittidae nur zwei Cubitalzellen. Der Hinterleib ist mit weißen Haarbinden versehen. Die Männchen haben einen gelben Kopfschild und verdickte Hinterschenkel. Die Weibchen besitzen an den Metatarsen der Hinterbeine ein samtartiges Polster aus sehr kurzen und dichten Haaren, mit der das von ihrer Futterpflanze abgesonderte Öl aufgenommen und dann in die Sammelbürste der Hintertibien, die aus dicht stehenden, fein und dicht gefiederten Haaren besteht, umgelagert wird.

Lebensweise: *Macropis*-Arten sind solitär lebende, pollensammelnde und nestbauende Bienen.

Pollenquellen: Soweit bisher bekannt, sind alle Schenkelbienen auf ölabsondernde Gilbweidericharten (*Lysimachia*) spezialisiert. Diese Gilbweidericharten produzieren in ihren Blüten keinen Nektar, sondern ein Öl. Während alle übrigen einheimischen Bienen ihre Nachkommen mit Pollen und Nektar versorgen, sammeln die Schenkelbienen als einzige Bienengattung statt Nektar dieses Öl zur Verproviantierung ihrer Brutzellen. Aus diesem Grund müssen die erwachsenen Bienen andere Blumen zur Eigenversorgung mit Nektar aufsuchen.

Nestbau: Ähnlich wie die Sandbienen nisten auch die Schenkelbienen in selbst gegrabenen Gängen in der Erde, wobei bislang keine Bevorzugung eines bestimmten Substrats festgestellt wurde. Die Nester werden an Böschungen und Erdabbrüchen errichtet und liegen meist versteckt unter Grasbüscheln oder Ähnlichem. Von einem Hauptgang zweigen zwei oder drei kurze Nebengänge ab, an deren Ende eine oder mehrere Brutzellen angelegt werden. Bei der Anlage einer Brutzelle wird bei den ersten 4–5 Sammelflügen ausschließlich Öl eingetragen, das dazu benutzt wird, die Wände der Brutzelle ausgiebig mit *Lysimachia*-Öl zu tränken. Die nächsten (durchschnittlich sieben) Sammelflüge dienen dem Einbringen von Öl und Pollen für die Verproviantierung der Zelle.

Die Konsistenz des Nahrungsvorrates ist kompakt. Pro Nest werden eine bis acht Brutzellen angelegt.

Parasiten: Als einzige Kuckucksbiene tritt die Schmuckbiene *Epeolus coecutiens* auf.

Besonderes Verhalten: Die Männchen der beiden heimischen Arten finden sich zum Schlafen oft in Anzahl in Gilbweiderich-Blüten zusammen.

Verbreitung/Artenzahl: Die Gattung ist holarktisch verbreitet. Weltweit sind 16 Arten bekannt, von denen im Gebiet zwei vorkommen.

Macropis europaea (Warncke, 1973)

Auen-Schenkelbiene

Flugzeit	J	F	M	A	M	J	J	A	S	O	N	D

Weibchen: Im Gegensatz zu *M. fulvipes* sind die Sammelbürsten vor der Sammeltätigkeit dicht hellweiß, während die Metatarsen schwarz behaart sind. Tergit 1 und 2 einzeln, aber deutlich punktiert, glänzend, praktisch ohne weiße Behaarung der Tergitenden. 3. und 4. Tergit mit weiß behaarten Tergitbinden, wobei die 3. mittig unterbrochen ist. Endrand von Tergit 5 mitten schwarz, seitlich weißlich 6 schwarz behaart mit kahlem Pygidium. Endfranse seitlich weiß, mittig schwarz behaart. Clypeus grob punktiert, teilweise ineinanderfließend, zum Teil mit glänzenden, oft bis über punktbreiten Zwischenräumen, häufig am Vorderrand mitten mit punktloser Fläche. Labrum sehr schmal, stark gewölbt und glatt. Behaarung an Kopf & am Thorax oben schütter schwarz, der Rest bräunlichgelb behaart. Körper und Hinterleib schwarz. Mesopleuren grob und dicht punktiert. 8–9 mm.

Männchen: Hintertibien an der Spitze ohne Zahn. Behaarung an Kopf & Thorax gelblichbraun. Metatarsen der Hinterbeine am Ende innenseits mit kleinem, rötlich durchscheinendem Seitenzahn. Schienen und Schenkel der Hinterbeine auffällig verdickt. Hinterschiene am Ende mit äußerem, stumpfen Sporn der bei *M. fulvipes* spitz ist. Der untere Fortsatz des Clypeus, Nebengesicht, Stirnschildchen und oft ein Fleck auf dem Labrum und der Mandibelbasis gelb. 3. Tergit nur mit kurzen, weißen Bindenabschnitten seitlich, die am 4. und 5. Tergit vollständig

vorhanden sind. Tergit 7 mit zapfenartig vorragendem Pygidium. Sternit 3 und 4 am Endrand mit Kämmen aus gewellten Haaren, Sternit 5 flach ausgerandet mit seitlich vorragenden gerundeten Ecken, 6 dreieckig mit Haarbüscheln an der Spitze. Sonst wie *M. fulvipes*. 8–9 mm.

Verwechslungsmöglichkeiten: Leicht zu verwechseln mit der anderen deutschen Schenkelbienenart *Macropis fulvipes*, die ebenfalls an Gilbweiderich fliegt. Die Weibchen von *M. europaea* besitzen aber eine rein weiße Hintertibienbehaarung, während die hinteren Metatarsen schwarz behaart sind. Das Männchen von *Macropis fulvipes* besitzt ein vollständig gelb gefärbtes Labrum; die Basalhälfte der Mandibeln ist ebenfalls gelb. Beim Männchen von *Macropis europaea* ist die Gelbfärbung dieser Körperteile auf einen kleinen gelben Fleck reduziert oder fehlt.

Nomenklatur: Synonym: *Macropis labiata* auct. nec (Fabricius, 1804).

Etymologie: Warum Warncke diesen Namen gewählt hat, bleibt sein Geheimnis; die Verbreitung der Art ist jedenfalls bei Weitem nicht auf Europa beschränkt. Deutscher Name: Auengebiete sind der Hauptlebensraum der Art.

Pollenquellen: Streng oligolektisch auf ölabsondernde Gilbweidericharten (*Lysimachia*, Fam. Primulaceae). Hauptpollenquelle ist der Gewöhnliche Gilbweiderich (*Lysimachia vulgaris*), in Gartenanlagen wird gelegentlich auch der Punkt-Gilbweiderich (*Lysimachia punctata*) besammelt.

Nestbau: Siehe Gattungssteckbrief.

Lebensraum: Eher feuchte Standorte; Hochwasserdämme, Auwälder, Gewässersäume, Moore.

Parasiten: Kuckucksbiene ist *Epeolus coecutiens*.

Flugzeit: In einer Generation von Juli bis September; etwa 2–3 Wochen später als *Macropis fulvipes*.

Gesamtverbreitung: Von Portugal über Europa, Kleinasien, Kaukasus und nördliches Zentralasien bis Westsibirien (Region Altai); nordwärts bis Südengland (keine Nachweise von Irland), in Norwegen bis 60°N, in Schweden bis 61°N, in Finnland bis 65°N, in Russland bis Karelien, Kirov und Perm; südwärts bis Norditalien, Epirus und Georgien.

Lokalverbreitung: Im Gebiet aus allen Regionen gemeldet.

♂ 8–9 mm | Isardamm bei Moosburg 08.08.2019
3. Tergit nur mit kurzen, weißen Bindenabschnitten seitlich, die am 4. & 5. Tergit vollständig vorhanden sind
Hintertibien am Ende mit stumpfem Sporn
Metatarsen der Hinterbeine am Ende innerseits mit kleinem, rötlich durchscheinenden Seitenzahn

♂ 8–9 mm | Isardamm bei Moosburg 08.08.2019
Behaarung an Kopf und Thorax gelblichbraun
Der untere Fortsatz des Clypeus, Nebengesicht, Stirmschildchen und oft ein Fleck auf dem Labrum und der Mandibelbasis gelb
Leicht zu verwechseln mit *Macropis fulvipes*

Macropis fulvipes (Fabricius, 1804)

Wald-Schenkelbiene

Flugzeit	J	F	M	A	M	J	J	A	S	O	N	D

Weibchen: Im Gegensatz zu *M. europaea* sind die Hintertibien mit den Sammelbürsten vor der Sammeltätigkeit dicht hellgelb, während die Metatarsen rötlich braun bis braungelb behaart sind. Tergit 1 und 2 kaum und undeutlich punktiert. Clypeus fein und dicht bis zum Vorderrand punktiert. Mesopleuren feiner und zerstreuter punktiert. Sonst wie *M. europaea*. 8,5–9,5 mm.

Männchen: Hintertibien an der Spitze mit flacher zahnartiger Verlängerung. Labrum und Mandibelbasis ausgedehnt gelb. Metatarsen der Hinterbeine ohne Seitenzahn. Der untere Fortsatz nicht verbreitert. Clypeus, Nebengesicht, Stirnschildchen, Labrum und Basalhälfte der Mandibeln gelb. Sonst wie *M. europaea*. 8,5–9,5 mm.

Verwechslungsmöglichkeiten: Leicht zu verwechseln mit der anderen deutschen Schenkelbienenart *Macropis europaea*, die ebenfalls an Gilbweiderich fliegt. Deren Weibchen besitzen aber eine rein weiße Hintertibienbehaarung, während die hinteren Metatarsen schwarz behaart sind. Das Männchen von *Macropis fulvipes* besitzt ein vollständig gelb gefärbtes Labrum; die Basalhälfte der Mandibeln ist ebenfalls gelb. Beim Männchen von *Macropis europaea* ist die Gelbfärbung dieser Körperteile auf einen kleinen gelben Fleck reduziert oder fehlt.

Etymologie: Von lat. „*fulvus*" = „braungelb, bräunlich, rotgelb" und „*pes*" = „Fuß"; wegen der rotbraunen Behaarung der Mittel- und Hintermetatarsen beim Weibchen. Deutscher Name: Walddominierte Standorte sind der Hauptlebensraum der Art.

Pollenquellen: Streng oligolektisch auf ölabsondernde Gilbweidericharten (*Lysimachia*, Fam. Primulaceae). Hauptpollenquelle ist das Pfennigkraut (*Lysimachia nummularia*), in Gartenanlagen wird gelegentlich auch der Punkt-Gilbweiderich (*Lysimachia punctata*) besammelt.

Nestbau: Siehe Gattungssteckbrief. Lebensraum: Waldaffin; Waldsäume, Lichtungen, Bachauen.

Parasiten: Kuckucksbiene ist *Epeoloides coecutiens*.

Flugzeit: In einer Generation von Juni bis August; etwa 2–3 Wochen früher als *Macropis europaea*.

Gesamtverbreitung: Transpaläarktisch. In Nordafrika von Algerien gemeldet. In Eurasien von Zentralspanien über Europa, Kleinasien, Kaukasus, nördliches Zentralasien und Sibirien bis zur Pazifikküste des Fernen Ostens; nordwärts bis Dänemark, in Finnland bis 64°N, in Russland bis Leningrad, Kirov und Perm; südwärts bis in die Toskana, Mittelbulgarien, Nordtürkei (Pontisches Gebirge) und Aserbaidschan.

Lokalverbreitung: In Deutschland und Österreich aus allen Regionen gemeldet. In der Schweiz ohne Nachweise aus dem Jura, dem Kanton Genf und großen Teilen des Alpenhauptkamms; nur historisch belegt aus dem Kanton Waadt und dem Bergell.

Melitta (Kirby, 1802)

Sägehornbienen

Systematik: Familie: Melittidae – Unterfamilie: Melittinae.

Nomenklatur: Die Gattung führte früher den Namen *Cilissa*. Warncke teilt die Gattung in die drei Untergattungen *Melitta* s. str., *Cilissa* und *Pseudocilissa*, Michez & Eardley (2007) vereinigen *Pseudocilissa* und *Cilissa*, während Michener für die Westpaläarktis sämtliche Untergattungen verwirft. Hier wird der Untergattungseinteilung von Michez & Eardley gefolgt, in eckigen Klammern wird die von Warncke angegeben, sofern sie von Michez & Eardley abweicht.

Literatur: Blüthgen (1930C); Warncke (1973); Amiet et al. (2007); Michez & Eardley (2007), Scheuchl (2006) Weitere hilfreiche Arbeiten: Smit (2011)

Etymologie: Von griech. „*melitta*" = „(Honig-) Biene". Der deutsche Name leitet sich von den Verdickungen der Fühlerglieder der Männchen her, die den Fühlern ein sägeartiges Aussehen verleihen.

Körperliche Merkmale: Sägehornbienen sehen den Sandbienen täuschend ähnlich, die Weibchen können aber am Fehlen der Haarlocke der Hinterbeine und der Foveae facialis, die Männchen an den längeren Fühlern unterschieden werden, deren Glieder an der Unterseite oft apikal verdickt oder insgesamt gekrümmt sind; bei den einheimischen Arten sind auch die verdickten Klauenglieder der Beine ein Trennungsmerkmal.

Lebensweise: *Melitta*-Arten sind solitär lebende, pollensammelnde und nestbauende Bienen. Sie überdauern den Winter als Ruhelarve (Präpuppe) in ihrer Brutzelle.

Pollenquellen: Vermutlich alle, zumindest aber alle einheimischen *Melitta*-Arten sind auf bestimmte Blumengattungen oder -arten spezialisiert. Im Gegensatz zu den meisten anderen Bienenarten vermischen die Weibchen den Pollen vor dem Heimtransport mit Nektar.

Nestbau: Sie nisten in sandigem oder lehmigem Boden. Die Nester bestehen, ähnlich wie bei den Sandbienen, aus einem Hauptgang, von dem mehrere Seitengänge abzweigen, die in je einer Brutzelle enden. Die Brutzellen sind mit einer dünnen wachsartigen Substanz beschichtet.

Parasiten: Als Kuckucksbienen sind Wespenbienen (*Nomada*) bekannt.

Besonderes Verhalten: Auf der Suche nach unverpaarten Weibchen patrouillieren die Männchen mit hoher Geschwindigkeit zwischen den Futterpflanzen der jeweiligen Art. Sie schlafen allein oder in Gemeinschaft in Blüten oder auf anderen Pflanzenteilen.

Verbreitung/Artenzahl: Die Gattung ist holarktisch, ihr Verbreitungsgebiet erstreckt sich in der Paläarktis von den Kanaren bis Japan, in der Nearktis ist es disjunkt; hier bewohnt die Gattung im Westen die Sonora-Wüste in Kalifornien und Arizona, im Osten geht sie von den Staaten Mississippi und Florida nordwärts bis New Hampshire. Insgesamt sind knapp 30 Arten bekannt, von denen im Gebiet sechs vorkommen.

Melitta haemorrhoidalis (Fabricius, 1775)

Glockenblumen-Sägehornbiene

Flugzeit	J	F	M	A	M	J	J	A	S	O	N	D

Weibchen: Hinterbeine rotbraun behaart, Endfranse ebenso, nur selten mitten schwarz. Die weißen Endbinden der Tergite fast linienschmal. Clypeus mit unpunktierter Mittellinie, daneben relativ dicht und grob punktiert, nach den Seiten hin zerstreuter, fast bis zum Vorderrand mikroskulptiert. Fühler schwarz, unten rotbraun. Behaarung gelbbraun, auf dem Thoraxrücken ausgedehnt schwarz. Alpine Tiere oft auf Thorax und Vorderbeinen vollständig schwarz behaart. Pygidium schwarzbraun, dreieckig mit aufgebogenem Seitenrand, dicht körnig punktiert. 12–13 mm.

Männchen: Scutellum gewölbt. Tibien nicht verdickt. Tergit 1–3 gelbbraun behaart, Endränder von Tergit 2–4 höchstens mit undeutlichen unterbrochenen gelblichen Binden. Fühler ganz schwarzbraun. Scutellum matt. Endfranse und Behaarung von Sternit 6 rotbraun. Sternit 7 schmal, an der Spitze verbreitert und kahl; Endplatte von Sternit 8 fast kreisförmig. Sternit 6 an der Basis ohne Kiel. 11–12 mm.

Verwechslungsmöglichkeiten: Alle Sägehornbienen sehen sich sehr ähnlich, lediglich *M. leporina* ist durch ihre breiten Haarbinden relativ gut ansprechbar. Durch den arttypischen Blütenbesuch lassen sich aber alle Arten gut zuordnen: *M. tricincta* besucht nur Zahntrost, *M. nigricans* nur Blutweiderich, *M. leporina* nur Hülsenfrüchtler, eben-

so die nur aus Bayern bekannte *M. dimidiata*, und die verschollene, nur aus Ostdeutschland gemeldete *M. melanura* besammelt ausschließlich Glockenblumen. *M. melanura* unterscheidet sich von *M. haemorrhoidalis* im Weibchen in erster Linie durch die schwarze Endfranse, die bedeutendere Körperlänge von 13–14 mm, das stark gewölbte Postscutellum und die an der Basis jäh verbreiterten Mittelschenkel (*M. haemorrhoidalis*: Endfranse rostrot, Körperlänge 12–13 mm, Postscutellum und Mittelschenkel normal gebildet), im Männchen ebenfalls durch die Größe, die verdickten Tibien und die deutlichen weißen Haarbinden. Bei *M. haemorrhoidalis* und *M. melanura* sind die Geißelglieder jeweils am Ende etwas verdickt, was den Fühlern einen schwach sägeartigen Eindruck gibt. Bei *M. dimidiata* sind die Fühler ohne besondere Bildungen, bei den übrigen sind die Geißelglieder jeweils in der Mitte schwach gebogen.

Systematik: Untergattung *Cilissa* LEACH, 1812.

Etymologie: Von griech. „*haima*" = „Blut" und „*rhoe*" = „das Fließen", sinngemäß „als ob Blut geflossen sei", bezieht sich auf die rötliche Haarfranse an der Hinterleibsspitze des Weibchens. Deutscher Name: Glockenblumen sind die ausschließlichen Pollenquellen der Art.

Pollenquellen: Streng oligolektisch auf Glockenblumen (*Campanula*, Fam. Campanulaceae).

Nestbau: Nistet auf schütter bis dichter bewachsenen, ebenen bis schwach abschüssigen Flächen ohne erkennbare Bevorzugung bestimmter Bodenarten.

Lebensraum: Sonnenexponierte Waldsäume, extensiv genutztes Grünland, Halbtrockenrasen, Gartenanlagen mit ausreichenden Glockenblumen-Beständen. Vom Flachland bis in die subalpine Höhenstufe.

Parasiten: Kuckucksbienen sind *Nomada emarginata* und *Nomada flavopicta*.

Flugzeit: In einer Generation von Juni bis September.

Gesamtverbreitung: Von Nordostspanien über Europa und Kleinasien bis in den Kaukasus; nordwärts bis Südschottland, in Norwegen bis 60°N, in Schweden bis 60,5°N, in Finnland bis 65°N, in Russland bis Kirov und Perm; südwärts bis Lazio, Thessalien und Nordtürkei. Als Unterarten wurden ssp. *frisica* (ZIMMERMANN, 1935) und ssp. *nigra* (FRIESE, 1885) beschrieben; sie stellen lediglich Färbungsformen dar.

Lokalverbreitung: Im Gebiet aus allen Regionen gemeldet.

Melitta leporina (PANZER, 1799)

Luzerne-Sägehornbiene

Flugzeit	J	F	M	A	M	J	J	A	S	O	N	D

Weibchen: Die Haarbinden von Tergit 2–4 braungelb, fast die Endhälfte des Tergits einnehmend. Clypeus auf der unteren Hälfte ganz glatt, an der Basis mikroskulptiert, beiderseits der unpunktierten Mittellinie relativ dicht und grob punktiert, nach den Seiten hin zerstreuter. Fühler schwarz, ab Glied 3 unten rotgelb, diese Färbung zur Spitze hin immer mehr auf die Oberseite übergreifend, Endglied in der Regel fast vollständig rotgelb. Sternit 5 mit gelblichen Fransen. 11–12 mm.

Männchen: Tergit 2–4 mit breiter, 5 mit etwas schmalerer, frisch braungelber Binde; die Binden sind locker, die Haare nicht dicht geschlossen und teilweise etwas aufgerichtet. Fühlergeißel unten braungelb bis dunkelbraun, Glieder nur schwach gebogen. Behaarung der Unterkante der Hinterschenkel so lang und wenig dichter als die der Vorderkante. Thorax lebhaft braungelb behaart, auf dem Mesonotum nicht oder nur mitten mit schwarzen Haaren durchsetzt. Metatarsus der Hinterbeine lang und schmal, mit schwach gebogener Hinterkante. Tergit 7 kahl, rundlich und rot gefärbt. Sternite überall am Rand gelb gefranst, Sternit 6 an der Basis mit Kiel, gelb bis rotgelb behaart. 11–13 mm.

Verwechslungsmöglichkeiten: *M. leporina* ist im Gelände in der Regel durch die in beiden Geschlechtern ausgeprägten breiten Haarbinden auf den Endrändern der Tergite und den arttypischen Blütenbesuch auf Hülsen-

♀ 11–12 mm | NSG Mittlere Isarstausseen 22.07.2020

früchtlern gut von den anderen Sägehornbienen zu unterscheiden.

Verbreitung: Süd- und Mitteleuropa, von England bis zum Kaukasus, nordwärts bis Süd-Finnland. Flugzeit: m Juli – e August.

Verbreitung: Süd- und Mitteleuropa, von England bis zum Kaukasus, nordwärts bis Süd-Finnland. M. leporina (PANZER 1799)

Systematik: Untergattung *Melitta* Kirby, 1802 s. str.

Etymologie: Von lat. „*leporina*" = „Hasen-"; PANZER äußert sich nicht zur Namensgebung, nennt die Biene aber auch auf Deutsch „Haasen-Biene", vermutlich wegen der auch dem Hasen nachgesagten Vorliebe für Kleearten oder wegen der ähnlichen Färbung des Haarkleids. Deutscher Name: Luzerne ist die bevorzugte Pollenquelle der Art. Pollenquellen: Oligolektisch auf Fabaceae mit Präferenz für Luzerne (*Medicago sativa*).

Nestbau: Nistet einzeln oder in Aggregationen in selbst gegrabenen Gängen im Boden ohne erkennbare Bevorzugung bestimmter Bodenarten, auch in humosem oder hartem, lehmigem Substrat. Die Nesteingänge liegen oft am Fuße von Grasbüscheln und sind von einem kraterähnlichen Tumulus umgeben. Das Nest besteht aus einem geraden Hauptkorridor, von dem rechtwinklig Seitengänge abgehen, an deren Ende sich je eine Brutzelle befindet. Die Zellen sind innen mit einem wachsartigen Sekret ausgekleidet. Ein Nest kann bis zu 15 Brutzellen enthalten.

Lebensraum: Blütenreiche Straßenränder und Wiesen, extensiv genutztes Grünland, Brach- und Ruderalflächen, Gartenanlagen. Vom Flachland bis in die kolline, zuweilen bis in die montane Höhenstufe.

Parasiten: Kuckucksbiene ist *Nomada flavopicta*.

Flugzeit: In einer Generation von Juni bis September.

Gesamtverbreitung: Transpaläarktisch. Von Portugal über Europa, Kleinasien, Kaukasus, Zentralasien und Sibirien bis zur Pazifikküste des Fernen Ostens; nordwärts bis Wales und Mittelengland (keine Nachweise von Irland), in Norwegen und Schweden bis 60°N, in Finnland bis 63°N, in Russland bis Kirov und Perm; südwärts bis Lazio, Südbulgarien, Nordtürkei und Zentraliran.

Verbreitung: Im Gebiet aus allen Regionen gemeldet.

Melitta nigricans (Alfken, 1905)

Blutweiderich-Sägehornbiene

Flugzeit	J	F	M	A	M	J	J	A	S	O	N	D

Weibchen: Thoraxrücken ausgedehnt schwarz behaart. Mikroskulptur von Mesonotum und Scutellum dichter und gröber. Hinterkante der hinteren Metatarsen gewölbt. Clypeus abgeflacht, zerstreut punktiert. Fühler „gesägt", unten rötlichbraun aufgehellt. Scutellum weitgehend schwarzbraun, weniger und dann besonders an den Seiten rotgelb behaart. Tergit 1 dünn und lang gelblich. 2–4 sehr kurz schwarz behaart, die Binden fast doppelt so breit wie bei *M. haemorrhoidalis*. Endfranse seitlich breit gelblich, mitten schmal schwarz behaart, auf Tergit 5 reicht die schwarze Behaarung in der Mitte weniger weit nach den Seiten hin als bei *tricincta*; seitlich mit bräunlichgelber Behaarung. Mittelschenkel an der Basis stärker als bei *tricincta*, jedoch schwächer als bei *M. melanura* verdickt, Haarfransen fast von Schenkelbreite. 10–12 mm.

Männchen: Metatarsen der Hinterbeine nach dem Ende zu deutlich verbreitert. Tergit 6 gelblich, seitlich schmal weiß behaart. Gonocoxen auf der Innenseite stark bogenförmig ausgerandet, so dass die darunterliegenden Partien sichtbar sind. Geißelglieder vorn schwach und regelmäßig konvex. Tergit 5 stets ohne Binde, die Binden bei frischen Tieren braungelb. Sternit 6 an der Basis mit Kiel, schwarzbraun behaart, Behaarung mitten vor dem Endrand länger und in der Regel abstehend, daher etwas von der übrigen Be-

haarung abgesetzt. Klauenglied der Mittel- und Hinterbeine rostgelb. 10–11 mm.

Verwechslungsmöglichkeiten: Durch den arttypischen Blütenbesuch auf Blutweiderich im Gelände gut von den anderen Sägehornbienen zu unterscheiden.

Systematik: Untergattung *Melitta* Kirby, 1802 s. str.

Nomenklatur: Synonym: *Melitta melanura* auct. nec NYLANDER, 1852.

Etymologie: Von lat. „*nigricans*" = „geschwärzt"; wegen der ausgedehnt schwarz behaarten Thoraxoberseite. Deutscher Name: Blutweiderich ist die ausschließliche Pollenquelle der Art.

Pollenquellen: Streng oligolektisch auf Blutweiderich (*Lythrum*, Fam. Lythraceae); Hauptpollenquelle in Mitteleuropa ist der Blut-Weiderich (*Lythrum salicaria*).

Nestbau: Nistet auf schütter bis dichter bewachsenen, ebenen bis schwach abschüssigen Flächen ohne erkennbare Bevorzugung bestimmter Bodenarten.

Lebensraum: Gewässersäume mit ausreichenden Beständen der Futterpflanze. Vom Flachland bis in die kolline Höhenstufe.

Parasiten: Kuckucksbiene ist *Nomada flavopicta*.

Flugzeit: In einer Generation von Juli bis August.

Gesamtverbreitung: In Nordafrika nur aus Marokko bekannt. In Eurasien von Portugal über Mittel- und nördliches Südeuropa bis in die Nordwesttürkei und Orenburg; nordwärts bis zum Baltikum und Moskau; südwärts bis Ligurien und Nordwesttürkei (Marmara-Region).

Lokalverbreitung: In Deutschland mit Ausnahme von Schleswig-Holstein und Mecklenburg-Vorpommern, wo nur historische Meldungen vorliegen, überall aktuell. In Österreich keine Nachweise aus Salzburg und Vorarlberg, eine überprüfungsbedürftige Meldung aus Tirol, sonst überall aktuell. In der Schweiz aktuell in der Nordschweiz, dem Mittelland, dem Jura und dem Genfersee-Gebiet, historisch aus dem Wallis, fehlt im Tessin und im Engadin.

♀ 10–12 mm | NSG Mittlere Isarstausseen 22.07.2020
Thoraxrücken ausgedehnt schwarz behaart
Mikroskulptur von Mesonotum und Scutellum dichter und gröber
Clypeus abgeflacht, zerstreut und punktiert

♂ 10–11 mm | NSG Mittlere Isarstausseen 22.07.2020
Tergit 5 stets ohne Binde, die Binden bei frischen Tieren braungelb
Geißelglieder vorn schwach und regelmäßig konvex
Klauenglied der Mittel- und Hinterbeine rostgelb
Metatarsen der Hinterbeine nach dem Ende zu deutlich verbreitert
Tergit 6 gelblich, seitlich schmal weiß behaart

Melitta tricincta (Kirby, 1802)

Zahntrost-Sägehornbiene

Flugzeit	J	F	M	A	M	J	J	A	S	O	N	D

Weibchen: Fühlergeißel unten gelbbraun aufgehellt. Scutellum rotgelb behaart, mit einzelnen schwarzen Haaren untermischt. Tergit 1 dünn und lang gelblich, 2–4 sehr kurz schwarz behaart, die Endfranse schwarz, seitlich schmal gelblich behaart, auf Tergit 5 reicht die schwarze Behaarung in der Mitte weit nach den Seiten hin; seitlich weißlich behaart, Haarfransen mindestens von Schenkelbreite. 10–12 mm.

Männchen: Metatarsen der Hinterbeine schmal, fast parallelseitig. Tergit 6 seitlich ausgedehnt weiß behaart. Gonocoxen auf der Innenseite schwach bogenförmig ausgerandet, die darunterliegenden Partien nicht sichtbar. Geißelglieder vorn stärker konvex, mehr eckig. Häufig auch Tergit 5 mit schmaler Binde, die Binden bei frischen Tieren nur schwach gelblich getönt. Sternit 6 an der Basis mit Kiel, mehr oder weniger gleichmäßig schwarzbraun bis weißlich behaart. Klauenglied der Mittel- und Hinterbeine rotbraun. 10–11 mm.

Verwechslungsmöglichkeiten: Weibchen: Die schwarzen Haare auf dem Mesonotum in der Regel viel spärlicher, Mikroskulptur von Mesonotum und Scutellum deutlich feiner und die oberflächlichen Metatarsen der Hinterbeine fast parallelseitig als bei *M. nigricans*. Clypeus schwach gewölbt, mit un-

punktierter, gewölbter Mittellinie, etwas dichter punktiert als *M. nigricans*. Tergitbinden fast doppelt so breit wie bei *M. haemorrhoidalis*. Mittelschenkel an der Basis schwächer als bei *M. nigricans*, viel schwächer als bei *M. melanura* verdickt. Durch den arttypischen Blütenbesuch auf Zahntrost im Gelände gut von den anderen Sägehornbienen zu unterscheiden.

Systematik: Untergattung *Melitta* Kirby, 1802 s. str.

Nomenklatur: Synonym: *Melitta melanura* auct. nec Nylander, 1852.

Etymologie: Von lat. „*tri-*" = „drei-" und „*cincta*" = „umgürtet"; wegen der hellen Haarbinden auf dem Hinterleib. Deutscher Name: Zahntrost ist die ausschließliche Pollenquelle der Art.

Pollenquellen: Streng oligolektisch auf Zahntrost (*Odontites*, Fam. Orobanchaceae). Hauptpollenquelle ist der Rote Zahntrost (*Odontites vulgaris*), in Gebieten, in denen der Gelbe Zahntrost (*Odontites lutea*) vorkommt, wird auch der Pollen dieser Pflanze gesammelt.

Nestbau: Nistet auf schütter bis dichter bewachsenen, ebenen bis abschüssigen Flächen ohne erkennbare Bevorzugung bestimmter Bodenarten.

Lebensraum: Brach- und Ruderalflächen, Sand-, Kies- und Lehmgruben, Magerrasen, Feuchtwiesen, extensiv genutztes Grünland, Binnendünen, Flugsandfelder, Hochwasserdämme. Vom Flachland bis in die montane, in der Südschweiz bis in die subalpine Höhenstufe.

Parasiten: Kuckucksbiene ist *Nomada flavopicta*.

Flugzeit: In einer Generation von August bis September.

Gesamtverbreitung: Von Portugal bis Bashkortostan; alle Meldungen von weiter östlich beziehen sich höchstwahrscheinlich auf *M. melanura*, da in Proshchalykin (2010a) nur Campanulaceae als Futterpflanze genannt werden; nordwärts bis Südengland (keine Nachweise von Irland), in Schweden bis 59°N, in Russland bis Leningrad, Kirov und Perm; südwärts bis Sizilien und Südbulgarien.

Lokalverbreitung: In Deutschland aus allen Bundesländern nachgewiesen. In Österreich mit Ausnahme von Salzburg aus allen Bundesländern gemeldet. In der Schweiz aktuell aus dem Wallis und dem Bündner und St. Gallener Rheintal sowie vom Zürichsee, historisch aus den Kantonen Waadt, Neuenburg, Freiburg und Bern.

Chelostoma (LATREILLE, 1809)

Scherenbienen

Systematik: Familie: Megachilidae – Unterfamilie: Megachilinae – Tribus: Osmiini.

Nomenklatur: *Chelostoma* wird von einigen Autoren nicht als eigene Gattung aufgefasst, sondern als Untergattung der Gattung *Osmia*. Früher wurden die *Chelostoma*-Arten zur Gattung *Heriades* (zeitweise auch in der Schreibung *Eriades*) gezählt.

Etymologie: Der wissenschaftliche wie der deutsche Name nehmen Bezug auf die großen, scherenartigen Mandibeln der Weibchen (griech. „*chelé*" = „Schere" (von Tieren wie Krebs oder Skorpion) und „*stóma*" = „Mund").

Körperliche Merkmale: Scherenbienen sind 3,5–14 mm große, schwarz gefärbte Bienen mit lang gestrecktem, sehr spärlich behaartem Körper, lediglich auf dem Hinterleib befinden sich bei manchen Arten mehr oder weniger dichte weiße Haarbinden. Der Bauch und das Hinterleibsende der Männchen besitzen arttypische Fortsätze, die Weibchen tragen auf dem Bauch eine helle Sammelbürste. Im Unterschied zur nahe verwandten Gattung *Osmia* bestehen die Maxillarpalpen aus drei Gliedern (bei *Osmia* vier) und das Labrum ist mehr oder weniger unbehaart.

Lebensweise: *Chelostoma*-Arten sind solitär lebende, pollensammelnde und nestbauende Bienen. Den Winter überdauern sie als Ruhelarve (Präpuppe) oder als Imago. Pollenquellen: Viele, wenn nicht die meisten Arten, sind oligolektisch. Die einheimischen Spezies sind je nach Art auf Glockenblumen (*Campanula*), auf Hahnenfuß (*Ranunculus*), Kardengewächse oder Korbblütler spezialisiert.

Nestbau: Alle Arten nisten in den unterschiedlichsten vorhandenen Hohlräumen, besonders gern in totem Holz.

Parasiten: Als Kuckucksbienen wurden Düsterbienen (*Stelis*) festgestellt. Als weitere Brutschmarotzer Keulhornwespen (*Sapyga*), Goldwespen (*Chrysis*, *Hedychridium*, *Hedychrum* und *Pseudochrysis*). Trauerschweber (*Anthrax*). Schmalbauchwespen (*Gasteruption*) und Schlupfwespen (*Ephialtes*).

Besonderes Verhalten: Zuweilen finden sich Männchen zum Übernachten einzeln, oft aber auch in größerer Anzahl, an bestimmten Plätzen, meist Pflanzenstängeln zusammen.

Verbreitung/Artenzahl: Die Gattung ist holarktisch verbreitet, fehlt jedoch in Japan und China. Südwärts geht sie bis Nordafrika und Nordmexiko, in der indomalayischen Region dringt sie in die Gebirge der Tropen vor. Weltweit sind etwa 60 Arten bekannt, von denen neun im Gebiet nachgewiesen wurden; die Meldung einer zehnten Art, *Chelostama handlirschi*, aus Österreich ist zweifelhaft.

Chelostoma campanularum (Kirby, 1802)

Kurzfransige Scherenbiene

Flugzeit	J	F	M	A	M	J	J	A	S	O	N	D

Weibchen: Horizontale Zone des Propodeums etwas länger als das Postscutellum. Bauchbürste mehr gelblichweiß. Ansonsten wie *distinctum*. Clypeus gewölbt. Fühler deutlich keulenförmig. Mesonotum vorne mit feiner, erhabener Mittellinie. Basalzone des Propodeums tief und grob längsrunzlig, wulstig abgegrenzt. Mittelfeld glatt und glänzend, darunter tiefe Mittelfurche, seitlich davon grob und zerstreut punktiert. 5–7 mm.

Männchen: Die Haarfranse am Endrand von Sternit 5 ungefähr bis zur Mitte von Tergit 6 reichend. Zähne des Endtergits etwas schlanker als bei *distinctum*, der Spalt zwischen diesen fast doppelt so breit wie die Zähne selbst. Sternit 2 mit querwulstigem Höcker, 3 mit schwachem Querwulst, 4 am Endrand mit zweihäutigen Lappen, 5 meist verdeckt, nur die kurze Haarfranse sichtbar, 6 mit schmaler Mittelrinne. Ansonsten wie *distinctum*. 4,5–6 mm.

Verwechslungsmöglichkeiten: Von der gleich großen und ebenfalls auf Glockenblumen spezialisierten *Ch. distinctum* ist *Ch. campanularum* ohne optische Hilfsmittel nicht zu trennen. Beim Weibchen von *Ch. campanularum* ist die horizontale Zone des Propodeums länger als das Postscutellum, die Punktierung der Tergite ist unregelmäßig, der Basalzahn der Mandibeln ist kräftig entwickelt und das Labrum ist mehr oder weniger rechteckig mit geradem Vorderrand (*Ch.*

distinctum: horizontale Zone des Propodeums etwa so lang wie das Postscutellum, die Punktierung der Tergite ist gleichmäßig, der Basalzahn der Mandibeln ist deutlich schwächer entwickelt, und der Vorderrand des Labrums ist fast halbkreisförmig. Die Männchen sind eindeutig durch die Länge der Haarfranse auf Sternit 5 zu trennen, die bei *Ch. distinctum* fast so lang ist wie der sichtbare Teil des Sternits, während diese bei *Ch. campanularum* nur etwa halb so lang ist. Sowohl *Ch. distinctum* als auch *Ch. campanularum* unterscheiden sich von der dritten einheimischen, auf Glockenblumen spezialisierte *Ch. rapunculi* durch die Körpergröße (*Ch. distinctum/campanularum* 5–7mm, *Ch. rapunculi* 8–10 mm) und das Fehlen von hellen Haarbinden auf dem Hinterleib, die beim Weibchen von *Ch. rapunculi* sehr deutlich ausgebildet sind; beim Männchen sind sie meist eher schwach entwickelt, dafür ist dieses durch den in drei breite, stumpfe Lappen endenden Hinterleib leicht von *Ch. distinctum/campanularum* zu trennen, der bei diesen in zwei mehr oder weniger spitze Zapfen ausläuft.

Systematik: Untergattung *Foveosmia* Warncke, 1991,

Nomenklatur: Synonym: *Osmia campanularum* (Kirby, 1802).

Etymologie: Von *Campanula* (Glockenblume); diese Pflanzengattung ist in Mitteleuropa die einzige Pollenquelle der Art.

Deutscher Name: Die Männchen tragen auf dem Sternit eine im Vergleich zur nächstverwandten *Ch. distinctum* kurze Haarfranse.

Pollenquellen: Streng oligolektisch auf Glockenblumengewächse (Campanulaceae); im Gebiet ausschließlich auf *Campanula*, außerhalb Mitteleuropas wird auch der Pollen verwandter Pflanzengattungen genutzt (z. B. *Edraianthus*). Hauptpollenquelle im Gebiet ist

die Rundblättrige Glockenblume (*Campanula rotundifolia*), daneben werden gerne auch Nesselblättrige Glockenblume (*Campanula trachelium*) und Pfirsichblättrige Glockenblume (*Campanula persicifolia*) genutzt, aber auch als Gartenpflanzen angebaute fremdländische Glockenblumenarten wie z. B. *Campanula poscharskyana*.

Nestbau: Nistplätze sind vorhandene lineare Hohlräume von geringem Durchmesser (2–2,5 mm), meist Käferfraßgänge in Totholz oder Schilfhalme, etwa von Reetdächern. Als Material für die Zellwände und den Nestverschluss dient Sand oder Lehm.

Lebensraum: Waldränder und -lichtungen, Kahlschläge, Ruderalflächen, trockene Fettwiesen, Magerrasen, Hochwasserdämme, aber auch Gärten und Parks.

Parasiten: Kuckucksbiene ist *Stelis minima*.

Flugzeit: In einer Generation von Juni bis August.

Gesamtverbreitung: Aus Nordafrika eine Meldung aus Algerien von 1914, die vermutlich auf einer Fehlbestimmung beruht. Von Portugal über Süd-, Mittel- und Osteuropa, Ukraine und Südrussland sowie über Kleinasien bis in den Kaukasus; nordwärts bis Wales und Mittelengland, in Norwegen bis 62°N, in Schweden und Finnland bis 64°N, in Russland bis Karelien, Kirov und Baschkirien; südwärts bis Sizilien (nicht auf Korsika und Sardinien), Thessalien und Nordtürkei. Eingeschleppt in Nordamerika und Kanada hat sie sich von New York bis zu den Großen Seen verbreitet.

Lokalverbreitung: Im Gebiet aus allen Regionen gemeldet.

Chelostoma florisomne (LINNAEUS, 1758)

Hahnenfuß-Scherenbiene

Flugzeit	J	F	M	A	M	J	J	A	S	O	N	D

Weibchen: Clypeus am Vorderrand mit aufrechter Lamelle. Mittelfeld matt. Fühler leicht keulenartig verdickt, Geißelglied 7–12 deutlich breiter als die vorhergehenden; Geißelglied 2 kaum so lang wie 1, 3 deutlich kürzer als breit. Kopfunterseite hinter den Mandibeln mit beuliger Erhebung. Mandibeln auffallend lang und schmal, deutlich gebogen. Mittelfeld chagriniert, matt, Basalzone grob längsrunzlig, scharf abgegrenzt; übrige Teile des Propodeums dicht punktiert und stark chagriniert, matt. Tergite deutlich und von hinten eingestochen, auf den Scheiben grob und zerstreut, zu den Endrändern hin feiner und dichter punktiert. Tergit 1 auf dem abfallenden Teil chagriniert; 6 deutlich dichter und feiner als die vorhergehenden Tergite punktiert, dicht mit bräunlich schimmernden Härchen besetzt. Bauchbürste gelblichweiß. 7–11 mm.

Männchen: Mittlere Glieder der Fühlergeißel bräunlichgelb, unten scharf gesägt. Endtergit mitten ausgehöhlt, am Hinterrand rund ausgeschnitten, deshalb zweiteilig erscheinend, die Zapfen gleich breit und gerade abgeschnitten, auf der Unterseite mit zwei gekrümmten zapfenartigen Fortsätzen. Sternit 1 mitten mit dreieckiger Grube, 2 mit großem hufeisenförmigen Höcker, der nach hinten schräg abfällt, die bogenförmige Fläche unpunktiert, chagriniert, 3 tief ausgehöhlt, kahl, beiderseits der Mitte mit zapfenartigem Hö-

cker, 4 vollständig lang und dicht gelblichweiß befilzt, 5 verdeckt, nur die lange Franse aus gewellten Haaren sichtbar, 6 mehr oder weniger durchscheinend. 8–11 mm.

Verwechslungsmöglichkeiten: Durch die weißen Haarbinden auf dem Hinterleib in Deutschland nur mit *Ch. rapunculi* zu verwechseln, deren Weibchen auf dem Clypeus keine Lamelle trägt und deren Mandibeln nicht verlängert sind; das Männchen von *Ch. rapunculi* lässt sich durch das in drei breite, stumpfe Lappen endende Endtergit und die nicht gesägten Fühler von *Ch. florisomne* (und allen anderen heimischen *Chelostoma*-Arten) unterscheiden. Durch ihre Spezialisierung auf Hahnenfuß fliegt *Ch. florisomne* deutlich früher als die anderen heimischen Scherenbienen. Für die Eigenversorgung mit Nektar werden fast ausschließlich gelbe Blüten angeflogen.

Systematik: Untergattung *Chelostoma* LATREILLE, 1809 s. str.

Nomenklatur: Synonym: *Osmia florisomnis* (LINNAEUS, 1758).

Etymologie: Von lat. „*flos (floris)*“ = „Blüte, Blume“ und „*somnus*“ = „Schlaf“, die Art wird oft in Blüten ruhend angetroffen. Der deutsche Name bezieht sich auf die ausschließliche Pollenquelle.

Pollenquellen: Streng oligolektisch auf Hahnenfuß (*Ranunculus*).

Nestbau: Nistplätze sind lineare Hohlräume, insbesondere in Totholzstrukturen. Als Material für die Zellwände und den Nestverschluss dient Sand oder Lehm, wobei letzterer mit kleinen Steinchen verstärkt wird.

Lebensraum: Waldränder und -lichtungen, Kahlschläge, Ruderalflächen, trockene Fettwiesen, Magerrasen, Hochwasserdämme, Gärten und Parks.

Parasiten: Kuckucksbienen wurden bislang nicht bekannt. Recht häufig an den Nestern zu beobachten sind die Keulhornwespen *Monosapyga clavicornis* und *Sapyga quinquepunctata*, die Schmalbauchwespe *Gasteruption jaculator*, die Goldwespen *Chrysis cyanea* und *Chrysis ignita* sowie seltener die Schlupfwespe *Townesia tenuiventris* und der Buntkäfer *Trichodes alvearius*.

Flugzeit: In einer Generation von April bis Juni. Überwinterung im Puppenstadium.

Gesamtverbreitung: In Nordafrika von Marokko bis Tunesien. In Eurasien von Portugal über Süd-, Mittel- und Osteuropa. Ukraine und Südrussland bis zum Ural sowie über Kleinasien bis in den Kaukasus; nordwärts bis Nordengland, in die südlichen Teile Skandinaviens, in Finnland bis 63°N; südwärts bis Kalabrien (fehlt auf den großen Mittelmeerinseln), Griechenland und Südtürkei. Nach einer bisher nicht bestätigten Meldung von VAN DER ZANDEN (1983) auch in Nordamerika am Lake Huron gefunden.

Lokalverbreitung: Im Gebiet aus allen Regionen gemeldet.

8–11 mm | Freising, ehem. Standortübungsplatz 08.06.2021
sehr schmale, längliche Wildbiene
weiße, schmale Tergitbinden
Mandibeln auffallend lang und schmal, deutlich gebogen
Bauchbürste gelbweiß

♀ 8–11 mm | Freising, ehem. Standortübungsplatz 08.06.2021
Fühler leicht keulenartig verdickt, Geißelglied 7–12 deutlich breiter als die vorhergehenden
Clypeus am Vorderrand mit aufrechter Lamelle
Mandibeln auffallend lang und schmal, deutlich gebogen

Heriades (Spinola, 1808)

Löcherbienen

Systematik: Familie: Megachilidae – Unterfamilie: Megachilinae – Tribus: Osmiini.

Nomenklatur: Von einigen wenigen Autoren wird Heriades als Untergattung von *Osmia* betrachtet. Die Gattung wurde früher unter dem Synonym *Trypetes* oder unter der abweichenden Schreibweise *Eriades* geführt. Literatur: Benoist (1929); Banaszak & Romasenko (2001); Amiet et al. (2004); Scheuchl (2006). Weitere hilfreiche Arbeiten: (Müller 2015b).

Etymologie: Spinola gibt keine Information zur Namenswahl; Schletterer (1889) und Friese (1895) leiten den Namen von griech. „*erion*" = „Wolle" ab. Den deutschen Name trägt die Gattung wegen ihres rastlosen Inspizierens von Käferfraßgängen auf totem Holz.

Körperliche Merkmale: Wie bei den nah verwandten Scherenbienen ist der Körper schwarz gefärbt und nahezu unbehaart; sie sind diesen so ähnlich, dass sie früher zu einer Gattung zusammengefasst wurden; mit freiem Auge lassen sich Löcherbienen nur durch die gedrungenere Körperform von den ausgesprochen schlanken Scherenbienen unterscheiden, zudem besitzen die einheimischen Arten einen Quergrat an der Basis von Tergit 1. Die Weibchen tragen auf dem Bauch eine helle Sammelbürste.

Lebensweise: *Heriades*-Arten sind solitär lebende, pollensammelnde und nestbauende Bienen. Sie überdauern den Winter als Ruhelarve (Präpuppe) in ihrem Kokon.

Pollenquellen: Alle einheimischen Arten sind auf Korbblütler (Asteraceae) spezialisiert.

Heriades truncorum (Linnaeus, 1758)

Gewöhnliche Löcherbiene

Flugzeit	J	F	M	A	M	J	J	A	S	O	N	D

Weibchen: Clypeusrand mitten mit einem kleinen Doppelhöcker. Mandibeln vorne sehr breit, innen mit deutlicher Ausbuchtung. Basalzone des Propodeums grob längsrunzlig, durch einen Wulst vom abfallenden Teil abgegrenzt. Mittelfeld glänzend, mit einzelnen Punkten besetzt. Abdomen nur wenig länger als der Thorax, zerstreut punktiert; abfallender Teil von Tergit 1 glatt, glänzend, mit deutlicher Mittelrinne; Tergit 1–5 am Endrand mit schmalen weißen Haarbinden, Endtergit anliegend gelblich behaart. Bauchbürste rostgelb. Körperlänge 7–7,5 mm.

Männchen: Gruben des Endtergits nur durch einen schmalen Zwischenraum von etwa einem Fünftel der Tergitbreite getrennt. Gesicht lang und dicht weißlich behaart. Endglied der Fühler breitgedrückt. Die weißen Haarbinden auf Tergit 1 und 2 deutlich, auf 3 fehlend, auf 4 und 5 nur schwach ausgeprägt. Tergit 6 ganz nach unten gewendet, kappenartig die letzten Sternite umhüllend, jederseits vor dem Endrand mit einem grubenartigen Quereindruck, der behaart ist. Sternit 1 und 2 lang und weiß anliegend behaart. Körperlänge 7–8 mm.

Verwechslungsmöglichkeiten: Die erst 2017 erstmals in Deutschland nachgewiesene und bisher hier nur aus Sachsen-Anhalt bekannte *H. rubicola* lässt sich im Gelände allen-

falls durch ihre geringere Körpergröße von 5–7 mm unterscheiden, ansonsten kann wie bei der seltenen *H. crenulata* (mit derselben Körpergröße wie *H. truncorum*) im weiblichen Geschlecht nur die Bildung des Clypeusvorderrandes zur Trennung herangezogen werden. Beim Männchen von *H. rubicola* sind die Sternite 1 und 2 mehr oder weniger kahl, und das letzte Tergit besitzt seitlich keine Eindrücke, während diese bei den beiden anderen *Heriades*-Arten die Sternite 1 und 2 lang und dicht behaart sind und das letzte Tergit seitlich grubenartig eingedrückt ist. Diese beiden Gruben sind bei *H. truncorum* durch einen schmalen Zwischenraum von etwa einem Fünftel der Tergitbreite getrennt, bei *H. crenulata* ist dieser Abstand deutlich breiter und entspricht etwa einem Drittel der Tergitbreite.

Systematik: Untergattung *Heriades* SPINOLA, 1808 s. str.

Nomenklatur: Synonym: *Osmia truncorum* (LINNAEUS, 1758).

Etymologie: Genitiv Plural von lat. „*truncus*" = „Baumstamm"; die Art nistet häufig in Totholz.

Deutscher Name: Die Art ist im Gebiet die häufigste der Gattung.

Pollenquellen: Oligolektisch auf Korbblütler (*Asteraceae*).

Nestbau: Nistet in vorhandenen Hohlräumen, meist in Käferfraßgängen oder hohlen Stängeln. Die Zwischenwände der Brutzellen werden aus Harz gefertigt, ebenso der Nestverschluss, der mit Holzpartikeln und kleinen Steinchen verstärkt wird. Die Nestanlage ist in der Regel linear, pro Nest werden 2–8 Zellen angelegt.

Lebensraum: Waldsäume und Lichtungen, Hecken, extensiv genutztes Grünland. Vom Flachland bis in die montane Höhenstufe.

Parasiten: Kuckucksbiene sind *Stelis breviuscula* und *Stelis minuta*. Als weitere Nestparasiten wurden die Keulenwespe *Sapygina decemguttata* und *Monosapyga clavicornis*, Schmalbauchwespen der Gattung *Gasteruption*, die Erzwespe *Melittobia acasta* und der Trauerschweber *Anthrax anthrax* beobachtet. In der Literatur werden verschiedentlich Goldwespenarten (*Chrysididae*) als Nestparasiten angeführt.

Flugzeit: In einer Generation von Juni bis September.

Gesamtverbreitung: Transpaläarktisch. In Nordafrika von Marokko und Algerien (eine ältere Meldung aus Äthiopien gehört sicherlich zu einer anderen Art). In Eurasien von Portugal über Europa, Kleinasien, Kaukasus, Zentralasien und Sibirien bis Primorje; nordwärts bis Südengland und Wales (keine Nachweise aus Irland), in Norwegen bis 60,5°N, in Schweden bis 63°N, in Finnland bis 65°N, in Russland bis Karelien, Kirov und Perm; südwärts bis Sizilien, Thessalien, Rhodos und Zypern, in Asien bis Israel und Iran.

Lokalverbreitung: Im Gebiet aus allen Regionen gemeldet.

Hoplitis (KLUG, 1807)

Stängelbienen, Felsenbienen und Natternkopfbienen

Systematik: Familie: Megachilidae – Unterfamilie: Megachilinae – Tribus: Osmiini.

Nomenklatur: Die Gattung wird von einigen Autoren als Untergattung der Gattung *Osmia* betrachtet. Einige Arten wurden zeitweise unter dem Gattungsnamen *Anthocopa* geführt.

Literatur: BLÜTHGEN (1930e); BANASZAK & ROMASENKO (2001); AMIET et al. (2004); SCHEUCHL (2006). Weitere hilfreiche Arbeiten: WARNCKE (1991); WARNCKE (1992e); NIEUWENHUIJSEN (2014); MÜLLER (2015b).

Etymologie: Von griech. *„hoplites"* (dieser Begriff ist abgeleitet von *„hoplon"* = „Kriegsgerät, schwere Waffen, schwere Rüstung, Schwerbewaffnete") = Angehöriger der Haupttruppe der griechischen Heere, da der Hinterleib der Männchen oft mit zahnartigen Fortsätzen „bewaffnet" ist. Der deutsche Name „Stängelbiene" bezieht sich auf das Nistverhalten vieler *Hoplitis*-Arten, die ihre Brutzellen vorzugsweise in hohlen oder markhaltigen Stängeln anlegen; die „Felsenbienen" bauen Mörtelnester in Felsspalten oder Vertiefungen von Gesteinsoberflächen, und „Natternkopfbiene" wird für die relativ zahlreichen *Hoplitis*-Arten verwendet, die auf *Echium* als Pollenquelle spezialisiert sind.

Körperliche Merkmale: Die zwischen 6 und 16 mm großen Bienen besitzen meist einen länglicheren Körper als ihre Verwandten der Gattung Osmia. Der Hinterleib ist fast kahl und trägt lediglich oft helle Haarbinden. Die Weibchen besitzen eine gelblich, rötlich oder weißlich gefärbte Sammelbürste auf der Unterseite des Hinterleibs. Die Männchen tragen auf dem Bauch und am Hinterleibsende die unterschiedlichsten Fortsätze, die oft arttypisch sind, sowie ebenso arttypische membranöse Anhänge am 6. Sternit, die bei keiner anderen Bienengattung ausgebildet sind. Auch die Fühler der Männchen sind oft arttypisch modifiziert.

Lebensweise: *Hoplitis*-Arten sind solitär lebende, pollensammelnde und nestbauende Bienen. Sie überdauern den Winter als Ruhelarve (Präpuppe) in ihrem Kokon. Ein Teil der Brut „überliegt". d.h. sie schlüpft erst im übernächsten Jahr.

Flugzeit: Die Arten der Gattung *Hoplitis* erscheinen im Sommer und bilden eine einzige Generation pro Jahr aus.

Pollenquellen: Sie sind meist mehr oder weniger eng auf bestimmte Pflanzenfamilien oder -gattungen spezialisiert; die wenigen polylektischen Arten zeigen eine deutliche Bevorzugung von Hornklee.

Nestbau: Sie nisten in vorgefundenen oder selbst angefertigten Hohlräumen der unterschiedlichsten Art. Als Baustoff für die Brutzellen verwenden sie je nach Art zerkaute Blätter oder Lehm und Sand, die mit körpereigenen Sekreten vermischt werden, oder Blütenblätter zur Auskleidung der Brutzellen, wie etwa *H. papaveris*. Einige Arten mörteln ihre Nester aus Lehm und Steinchen in Vertiefungen und Spalten von Gesteinsoberflächen.

Parasiten: Als Kuckucksbienen treten Düsterbienenarten (*Stelis*) auf, vereinzelt auch Kegel- und Zweizahnbienen (*Coelioxys und Dioxys*), als weitere Brutschmarotzer Keulhornwespen der Gattung *Sapyga*, Goldwespen (Chrysididae) und Erzwespen der Familie Pteromalidae.

Verbreitung/Artenzahl: Mit Ausnahme der australisch-ozeanischen, neotropischen und der orientalischen Faunenregion (in letzterer kommt lediglich eine einzige, etwas abweichende Art vor) ist *Hoplitis* auf allen Kontinenten verbreitet. Weltweit sind knapp 350 Arten bekannt, von denen im Gebiet 20 vorkommen; die alte Meldung einer weiteren Art ist sehr zweifelhaft.

Hoplitis adunca (Panzer, 1798)

Gewöhnliche Natternkopfbiene

Flugzeit	J	F	M	A	M	J	J	A	S	O	N	D

Weibchen: Abstand der Seitenocellen vom Scheitelrand merklich weniger als vier Ocellendurchmesser. Flügelsaum stark getrübt. Clypeus verlängert, am ganzen Endrand lang gefranst und deutlich gesägt, der Endrand gerade, Mitten weder ausgeschnitten noch vorgezogen. Mittelfeld basal chagriniert, unterer Teil schwach glänzend. Propodeum neben und unter dem Mittelfeld relativ dicht punktiert. Tergite fast kahl, mit schmalen weißen, anliegenden Seitenbinden, Tergit 6 dünn weißlich anliegend behaart, beiderseits nur sanft ausgerandet. Sporen der Hinterbeine schwarz. 9–13 mm

Männchen: Sporen schwarz. Flügel stärker getrübt, mit dunklerem Saum. Geißelglied 3 halb so lang wie breit, 3–7 (von oben gesehen) auf der Hinterseite konkav, sodass die Stellen, wo die Glieder einander berühren, spitz vortreten; Glieder 5–11 auf der unteren Hälfte braungelb. Körperbehaarung bei frischen Tieren lebhaft gelbbraun, überall ziemlich lang und dicht, auf dem Endrand der Tergite bindenartig dichter. Sternite ohne Ausrandungen, 2–4 mit sehr schwach entwickelten Schwielen, auf 5 deutlicher, Endrand von 1–3 mit langer, von 4 mit kürzerer und dünnerer Haarfranse. 8–13 mm.

Verwechslungsmöglichkeiten: *Hoplitis adunca* unterscheidet sich in beiden Geschlechtern durch die schwarzen oder dunkelbraunen Sporne der Hintertibien von allen anderen Arten der Untergattung *Hoplitis s.str.*, von denen durch die Blütenbindung an Natternkopf hauptsächlich Verwechslungsgefahr mit den ebenfalls auf diese Pflanze spezialisierten *Hoplitis anthocopoides* und *H. lepeletieri* besteht. *H. lepeletieri* ist in Deutschland nur von historischen Nachweisen aus den süddeutschen Gebirgen bekannt.

Systematik: Untergattung *Hoplitis* Klug, 1807 s. str.

Nomenklatur: Synonym: *Osmia adunca* (Panzer, 1798).

Etymologie: Von lat. „*adunca*" = „gekrümmt, gebogen", bezieht sich auf die gekrümmten Seitenzähne von Tergit 6 beim Männchen („*segmento penultimo margine laterali utrinque spina adunca*").

Deutscher Name: Die Art ist im Gebiet die häufigste Natternkopfbiene.

Pollenquellen: Streng oligolektisch auf Natternkopf (*Echium*, Fam. Boraginaceae).

Nestbau: Nistet in den verschiedensten vorhandenen Hohlräumen, beispielsweise Käferfraßgänge in altem Holz, hohle Stängel, Löcher in Erdabbrüchen und Mauern oder verlassene Nester anderer Bienen (*Colletes*, *Megachile*, *Anthophora*). Die Zwischenwände der Brutzellen und der Nestverschluss werden aus einem Mörtel errichtet, der aus Lehm und Sand besteht, die mit körpereigenen Sekreten vermischt werden und der eine extreme Festigkeit erreicht. Der Nestverschluss wird oft mit Holzpartikeln oder Sandkörnchen verstärkt. Die Innenwände des Nestganges werden oft mehr oder weniger vollständig mit Lehm ausgekleidet. Die Zellzwischenwände bestehen aus zwei Lagen, was als Überrest eines Nestbauverhaltens gedeutet werden kann, bei dem ursprünglich vollständige Zellen errichtet wurden. Die Nestanlage ist in der Regel linear, pro Nest werden bis zu sieben Zellen angelegt.

Lebensraum: Standorte, an denen ausreichend große Bestände der Futterpflanze vorkommen, wie Hochwasserdämme, Brach- und Ruderalflächen, Kiesgruben, Steinbrüche, Eisenbahnanlagen. Vom Flachland bis in die montane Höhenstufe.

Parasiten: Als Kuckucksbiene wurden *Stelis punctulatissima* und *Dioxys tridentata* beobachtet. Weitere Nestparasiten sind verschiedene Goldwespen (*Chrysis sexdentata, Chrysura austriaca, Chrysura radians*), die Keulenwespe *Sapyga similis* sowie die Erzwespen *Eurytoma nodularis, Leucospis dorsigera, Melittobia acasta, Monodontomerus aeneus, Monodontomerus obscurus* und *Neochalcis osmicida*.

Hoplitis claviventris (THOMSON, 1872)

Gelbspornige Stängelbiene

Flugzeit	J	F	M	A	M	J	J	A	S	O	N	D

Weibchen: Körper robuster und breiter. Sporen gelblich. Geißelglied 2 so lang wie 3 und 4 zusammen. Mittelfeld in der Regel unten etwas glänzend. Clypeus in der Regel nur schwach gewölbt, Vorderecken kaum aufgebogen, deutlicher rundlich ausgerandet, in der Ausrandung mit relativ breitem, punktlosem Saum. Unterrand des Kopfes unter dem Auge plötzlich verbreitert, sodass eine mehr oder weniger deutliche winklige Ausrandung entsteht. Abstand der hinteren Ocellen voneinander etwa so groß wie ihr Abstand zum Auge. Tergite glänzend, basal dicht auf der Scheibe zerstreut fein punktiert; Tergit 1–4 mit breit unterbrochenen weißen Endbinden oder Seitenflecken. Körperlänge 7–9 mm.

Männchen: Fühlergeißel unten und Endränder der Tergite breit rötlich gefärbt. Sternit 3–5 ausgerandet, mit dichter gelbbrauner Haarfranse. Grube auf Tergit 7 rund und tief. Körper nicht auffallend lang gestreckt. Behaarung bräunlichgelb. Unterseite der Fühlergeißel rotbraun gefärbt. Höcker von Sternit 2 fast so breit wie das gesamte Sternit, Vorderseite dicht, Hinterseite sehr zerstreut punktiert, glänzend. Körperlänge 7–9 mm.

Verwechslungsmöglichkeiten: Durch die gemeinsame Bevorzugung von Hornklee ist *H. claviventris* am ehesten mit *H. leucomelana* zu verwechseln, da beide Arten mit der schwarzen Körperfarbe stark kontrastierende, zumindest auf den vorderen Tergiten meist breit

unterbrochene weiße Haarbinden besitzen. *H. leucomelana* ist etwas schlanker und besitzt schwarze Tibialsporne, die bei *H. claviventris* gelblich gefärbt sind. Das Männchen zeichnet sich durch die Kombination von grubig vertieftem Tergit 7 und einer großen, zapfenartig nach unten ragenden Schwiele auf Sternit 2 aus, die sich bei den einheimischen Bienenarten sonst nur bei *H. tuberculata* zeigt. Im Unterschied zu *H. tuberculata* weist *H. claviventris* rötlich durchscheinende Tergit-Endränder und bogenförmige, von Haarfransen besetzte Ausrandungen auf den Sterniten 3–5 auf (*H. tuberculata*: Tergite inklusive Endränder schwarz, Sternite 3–5 ohne Ausrandungen).

Systematik: Untergattung *Alcidamea* Cresson, 1864.

Nomenklatur: Synonym: *Osmia claviventris* Thomson, 1872; *Osmia leucomelana auct. nec* Kirby, 1802. Etymologie: Von lat. „*clavus*": = „Keil, Geschwür, Warze" und „venter", Gen. „*ventris*" = „Bauch" (im Sinne von Hinterleib); wegen des höckerartigen Fortsatzes auf der Unterseite des Hinterleibs beim Männchen. Deutscher Name: Im Gegensatz zur ähnlichen *H. leucomelana* sind die Sporne der Hintertibien gelbbraun.

Pollenquellen: Polylektisch mit deutlicher Präferenz für *Lotus corniculatus;* nachgewiesen ist bislang die Nutzung des Pollens der acht Pflanzenfamilien Asteraceae, Boraginaceae, Cistaceae, Crassulaceae, Fabaceae, Lamiaceae, Hypericaceae und Rosaceae.

Nestbau: Nistet in selbst genagten Gängen in markhaltigen Stängeln, etwa von Himbeer- oder Brombeerbüschen, Königskerzen, Kletten oder Disteln sowie in morschem Holz, seltener auch in vorgefundenen Hohlräumen in Totholz. Die Zwischenwände der Brutzellen und der Nestverschluss werden aus zerkauten Pflanzenteilen (Pflanzenmörtel) errichtet. Die

Nestanlage ist linear, pro Nest werden 4–8 Zellen angelegt. Die Leerzelle am Nesteingang wird zuweilen mit Steinchen und Halmstücken verfüllt.

Lebensraum: Waldsäume und Lichtungen, Hecken, Ruderalflächen, Kies- und Lehmgruben, Eisenbahnanlagen. Vom Flachland bis in die subalpine Höhenstufe.

Parasiten: Kuckucksbienen sind *Stelis minuta* und *Stelis ornatula*. Als weitere Nestparasiten wurden die Erzwespe *Melittobia acasta* und die Schmalbauchwespe *Gasteruption nigrescens* beobachtet.

Flugzeit: In einer Generation von Juni bis August.

Gesamtverbreitung: Von Portugal über Europa, Kleinasien, Kaukasus und Sibirien bis Irkutsk; nordwärts bis Wales und Nordengland, in Norwegen bis 62°N, in Schweden bis zum Polarkreis, in Finnland bis 65,5°N, in Russland bis Karelien und Kirov; südwärts bis Sizilien, Nordgriechenland (Olymp) und Südosttürkei (Mugla). WARNCKE beschreibt eine *ssp. columba* (WARNCKE, 1991) aus Spanien.

Lokalverbreitung: Im Gebiet aus allen Regionen gemeldet.

Hoplitis leucomelana (Kirby, 1802)

Schwarzspornige Stängelbiene

Flugzeit	J	F	M	A	M	J	J	A	S	O	N	D

Weibchen: Körper schmal und länglich. Sporen schwarz. Geißelglied 2 kürzer als 3 und 4 zusammen. Mittelfeld matt. Clypeus in der Regel gewölbter, Vorderecken etwas aufgebogen, nur flach bogenförmig ausgerandet, in der Ausrandung mit nur schmalem, punktlosem Saum. Unterrand des Kopfes unter dem Auge ohne plötzliche Verbreiterung. Abstand der hinteren Ocellen voneinander merklich geringer als ihr Abstand zum Auge. Tergite dicht punktiert, auf der Scheibe kaum zerstreuter als basal; Tergit 1–4 mit breit unterbrochenen weißen Endbinden oder Seitenflecken. Kröperlänge 6–8,5 mm.

Männchen: Sternit 1 einfach, 2 mitten querüber flach wulstig. Clypeus nicht gezähnelt. Abdomen oberseits kurz und dünn weißlich behaart, mit schmalen Binden an den Endrändern der Tergite. Tergit 7 ganzrandig, ohne Zähne oder Ausbuchtungen, Tergit 6 beiderseits deutlich gezähnt und hinter dem Zahn ausgebuchtet. Sternit 4 leicht ausgerandet und gefranst, ohne ausgeprägte Schwielen. Endrand von Tergit 7 bogenförmig gerundet. Clypeus nicht gezähnelt. Tergit 1 poliert, mit unpunktiertem Endsaum. Abdomen oberseits kurz und dünn weißlich behaart, mit schmalen Binden an den Endrändern der Tergite, Tergit 7 ganzrandig, ohne Zähne oder Ausbuchtungen, Tergit 6 beiderseits deutlich gezähnt und hinter dem Zahn ausgebuchtet. Sternit 2 querüber mit erhabener, wulstiger Schwiele, 4 leicht ausgerandet, hier mit nach

♀ 6–8,5 mm | NSG Mittlere Isarstauseen bei Moosburg 23.07.2020

innen gekrümmten Haarfransen, Körperlänge 6–7 mm.

Verwechslungsmöglichkeiten: Ähnelt der *H. claviventris* und kann durch die gemeinsame Bevorzugung von Hornklee leicht mit ihr verwechselt werden, zumal beide Arten mit der schwarzen Körperfarbe stark kontrastierende, zumindest auf den vorderen Tergiten meist breit unterbrochene weiße Haarbinden besitzen. *H. claviventris* ist aber weniger schlank und bei beiden Geschlechtern sind die Sporne der Hintertibien schwarz statt gelbbraun. Das Männchen besitzt als einzige einheimische *Hoplitis*-Art ein stark gekrümmtes Endglied der Fühler.

Systematik: Untergattung *Alcidamea* Cresson, 1864.

Nomenklatur: Synonym: *Osmia leucomelana* Kirby, 1802; *Osmia parvula* Dufour & Perris, 1840.

Etymologie: Von griech. „*leukòs*" = „weiß" und „*mélas*" Genitiv: „*mélanos*" = schwarz, bezieht sich auf die tiefschwarze Körperoberfläche und die schneeweiße Behaarung. Deutscher Name: Im Gegensatz zur ähnlichen *H. claviventris* sind die Sporne der Hintertibien schwarz.

Pollenquellen: Polylektisch mit deutlicher Präferenz für Schmetterlingsblütler (*Fabaceae*), insbesondere Hornklee (*Lotus*); nachgewiesen ist bislang die Nutzung des Pollens der sechs Pflanzenfamilien Asteraceae, Crassulaceae, Fabaceae, Lamiaceae, Lythraceae und Rosaceae.

Nestbau: Nistet in selbst genagten Gängen in markhaltigen Stängeln, etwa von Himbeer- oder Brombeerbüschen, Königskerzen, Kletten oder Disteln, zuweilen auch in vorgefundenen Hohlräumen in Totholz, hohlen Stängeln und anderen. Die Zwischenwände der Brutzellen und der Nestverschluss werden

aus zerkauten Pflanzenteilen (Pflanzenmörtel) errichtet. Die Nestanlage ist linear, pro Nest werden von einer bis zu knapp zwanzig Zellen angelegt. Die Leerzelle am Nesteingang wird zuweilen mit Steinchen, Markstücken und anderen trockenen Partikeln verfüllt.

Lebensraum: Waldsäume und Lichtungen, Hecken, Ruderalflächen, Kies- und Lehmgruben, Eisenbahnanlagen. Vom Flachland bis in die subalpine Höhenstufe.

Parasiten: Kuckucksbienen sind in erster Linie *Stelis ornatula*, seltener auch *Stelis minuta* und *Stelis breviuscula*. Als weitere Nestparasiten wurden die Keulenwespe *Sapyga quinquepunctata*, die Erzwespen *Melittabia acasta* und *Eurytoma nodularis*, die Schmalbauchwespe *Gasteruption caudatum* sowie die Schlupfwespen *Xylophrurus augustus*, *X. angustatus*, *Aritranis fugitivus*, *A. mesoxanthus*, *A. dubius*, *A. signatorius*, *Diplason tibiatorius* und *Peritheus mediator* beobachtet.

Flugzeit: In einer Generation von Juni bis August.

Gesamtverbreitung: Transpaläarktisch. Von Portugal über Europa, Kleinasien, Kaukasus, Zentralasien und Sibirien bis Primorie und Südkorea; nordwärts bis Wales und Mittelengland (keine Nachweise von Irland), in Norwegen bis 59,5°N, in Schweden bis 61°N (keine Nachweise aus Finnland), in Russland bis Karelien, Kirov und Perm; südwärts bis Sizilien, Mazedonien, Bulgarien (keine Nachweise aus Griechenland), Südanatolien und Nordiran.

Lokalverbreitung: Im Gebiet aus allen Regionen gemeldet.

Osmia (Panzer, 1806)

Mauerbienen und Schneckenhausbienen

Systematik: Familie: Megachilidae – Unterfamilie: Megachilinae – Tribus: Osmiini.

Nomenklatur: Manche Autoren fassen die Gattung *Osmia* in einem weiten Sinn auf, sodass alle Arten der Tribus Osmiini der Gattung *Osmia* angehören. Abweichend von Michener (2007), der *Hoplosmia* als eigene Gattung auffasst, stellen Praz et al. (20083) das Taxon als Untergattung zu *Osmia*.

Literatur: Blüthgen (1930d); Banaszak & Romasenko (2001); Amiet et al. (2004); Scheuchl (2006). Weitere hilfreiche Arbeiten: Tkalců (1971, 1974, 1975); Peters (1978); Warncke (1988, 1992f); Haeseler (1999); Nieuwenhuijsen (2014); (Muller 2015b).

Etymologie: Von griech. „*osme*" = „Geruch"; Panzer gibt keinen Hinweis zur Namensgebung. Viele Arten legen ihre Nester in den Hohlräumen alter Mauern an, daher der eingebürgerte deutsche Name für diese Gattung. Allerdings wird für die Arten, die in leeren Schneckenhäusern nisten, der Gattungsname „Schneckenhausbiene" verwendet.

Körperliche Merkmale: Die zwischen 6 und 16 mm großen Bienen besitzen meist einen gedrungenen Körper, der in der Regel schwarz, bei sehr wenigen Arten rot gefärbt ist oder wie bei vielen Arten metallisch glänzt. Farbe und Dichte der Behaarung ist sehr unterschiedlich, oft ist der Hinterleib fast kahl und/oder trägt helle Haarbinden. Die Weibchen besitzen eine rot, schwarz oder weiß gefärbte Bauchbürste für den Pollentransport. Die Männchen tragen auf dem Bauch und am Hinterleibsende die unterschiedlichsten Fortsätze, die oft arttypisch sind. Gattungstypisch in diesem Geschlecht ist das vergrößerte Sternit 2, das oft den größten Teil des folgenden Sternits verdeckt, sowie die mit einer Haarfranse besetzte Ausbuchtung am Endrand von Sternit 3. Ähnliche Bildungen gibt es nur bei einigen Arten von *Hoplitis* und der amerikanischen *Atoposmia*.

Lebensweise: *Osmia*-Arten sind solitär lebende, pollensammelnde und nestbauende Bienen. Sie überdauern in der Regel den Winter als Imago in ihrem Kokon. Ein Teil der Brut „überliegt", d. h. sie schlüpft erst im übernächsten Jahr, in diesem Fall erfolgt die erste Überwinterung üblicherweise im Ruhelarven-Stadium.

Pollenquellen: Viele Arten sind bezüglich der Pollenquellen nicht wählerisch, manche aber zeigen eine mehr oder weniger enge Spezialisierung auf bestimmte Pflanzenfamilien oder -gattungen.

Nestbau: Je nach Art nisten sie in vorgefundenen Hohlräumen der unterschiedlichsten Art, in selbst gefertigten Gängen in der Erde oder in markhaltigen Stängeln, in verlassenen Schneckenhäusern oder Pflanzengallen. Als Baustoff für die Brutzellen verwenden sie Lehm, Sand oder pflanzliches Material, letzteres wird entweder zerkaut und mit körpereigenen Sekreten zu einer Art Mörtel vermengt oder es werden nach Art mancher Blattschneiderbienen Stücke aus Laub- bzw. Blütenblättern bestimmter Pflanzen ausgeschnitten.

Parasiten: Als Kuckucksbienen treten Düsterbienenarten (*Stelis*) auf, vereinzelt auch Kegel- und Zweizahnbienen (*Coelioxys* und *Dioxys*), als weitere Brutschmarotzer Keulhornwespen der Gattung *Sapyga*, Goldwespen (Chrysididae) und Erzwespen der Familie Pteromalidae.

Besonderes Verhalten: Die Männchen einiger Arten sind insbesondere im Mittelmeerraum als Bestäuber von Orchideen der Gattung *Ophrys* bekannt, deren Blüten durch Geruch und Aussehen *Osmia*-Weibchen imitieren; den dadurch angelockten Männchen wird dann beim Kopulationsversuch ein Pollenpaket angeheftet.

Verbreitung/Artenzahl: Die Gattung ist holarktisch verbreitet, wo sie in der Westpaläarktis, insbesondere im Mittelmeergebiet, am artenreichsten ist. Sie ist sogar auf so entlegenen Inseln wie den Azoren und Madeira vertreten. Einige wenige Arten erreichen die neotropische und orientalische Region, in Afrika fehlt sie südlich der Sahara offensichtlich völlig, ebenso in der australischen und pazifischen Region. Insgesamt sind über 320 Arten bekannt, von denen im Gebiet 35 vorkommen.

Osmia aurulenta (PANZER, 1799)

Goldene Schneckenhausbiene

Flugzeit	J	F	M	**A**	**M**	**J**	J	A	S	O	N	D

Weibchen: Körper robust und ziemlich breit. Abdomen kurz oval, dicht punktiert, Tergit 1 ziemlich lang, die folgenden kürzer behaart. Nervulus mündet hinter der Basalader. Clypeus über den unteren Augenrand vorragend. Seitenocellen mehr als zwei Ocellendurchmesser vom Scheitelrand entfernt. Clypeus lang abstehend behaart. Thorax rotbraun behaart. Mittelfeld matt, fein lederartig gerunzelt. Abdomen blasser und viel kürzer als der Thorax, aber doch ziemlich dicht behaart, Endränder der Tergite mit breiten, anliegenden, braungelben Haarbinden, auf Tergit 2 mitten breit unterbrochen. 10– 12 mm. In frischem Zustand mit *O. rufohirta* verwechselbar.

Männchen: Tergit 6 seitlich an der Basis mit einem nach hinten zeigenden Zahn, am Ende mitten dreieckig ausgeschnitten. Clypeus sehr dicht punktiert, Vorderrand ausgebuchtet und mit schmalem, punktlosen, glänzenden Saum. Scheitel und Thoraxrücken gelbgrau, Tergit 1 grau, 2–6 lebhaft fuchsrot behaart. Klauenglied der Hinterbeine deutlich gebogen. 9–10 mm. Schwer zu bestimmen.

Verwechslungsmöglichkeiten: Das Weibchen ist durch die Kombination von rostroter Mesonotumbehaarung, rostroter Scopa und ebensolchen Haarbinden auf den Tergiten eigentlich nur mit *O. rufohirta* zu verwechseln, die aber durchschnittlich kleiner und deutlich schlanker ist; ihre Körperbehaarung ist noch

intensiver und dunkler rostbraun, die Tergitbinden sind kaum heller als die Mesonotumbehaarung, und ihr Kopf ist queroval (*O. aurulenta*: längsoval). Männchen sind mit bloßem Auge nur schwer von anderen Osmien-Männchen zu trennen, insbesondere wenn sie abgeflogen sind und die typische rostrote Hinterleibsbehaarung ihre Farbe verloren hat, aber die frühe Flugzeit und das Verhalten (Inspektion von Schneckenhäusern) gibt hier zusätzliche Hinweise. Unter Berücksichtigung dieser Aspekte kann sie nur mit *O. bicolor* verwechselt werden. Bei *O. bicolor* besitzt Tergit 6 keinerlei zahnartige Bildungen, und der Ausschnitt von Sternit 3 ist nur flach winklig, und die hier befindliche Haarfranse ist deutlich kürzer. Bei den anderen heimischen *Osmia*-Männchen mit behaartem Ausschnitt auf Sternit 3, weist Tergit 7 keine oder drei Spitzen auf.

Systematik: Untergattung *Helicosmia* Thomson, 1872.

Nomenklatur: Synonym: *Osmia tunensis aurulenta* (Panzer, 1799).

Etymologie: Von lat. „*aurum*“ = „Gold“; wegen der rotgoldenen Behaarung.

Pollenquellen: Polylektisch mit Präferenz für Fabaceae; bislang nachgewiesen ist die Nutzung des Pollens der sechs Pflanzenfamilien Asteraceae, Boraginaceae, Cistaceae, Fabaceae, Lamiaceae und Plantaginaceae.

Nestbau: Nistet in leeren, mittelgroßen bis großen Schneckenhäusern; bevorzugt werden die von Weinbergschnecken (*Helix pomatia*). In den mittelgroßen Häusern befinden sich nur 1–4 linear hintereinanderliegende Zellen, in Weinbergschneckenhäusern liegen die Zellen im vorderen Bereich nebeneinander. Die Trennwände der Zellen und der Nestverschluss werden aus zerkauten Blattstücken von *Fragaria, Helianthemum* u. a. gefertigt. Die Außenwand des Schneckenhauses wird tarnnetzartig mit Pflanzenmörtel überzogen. Nach Fertigstellung des Nestverschlusses wird das Schneckenhaus im Gegensatz etwa zu *Osmia bicolor* nicht mehr bewegt.

Lebensraum: Magerrasen, extensiv genutztes Grünland, Waldsäume, Hecken, Abwitterungshalden, Steinbrüche, Binnendünen. Vom Flachland bis in die montane, in der Südschweiz bis in die subalpine Höhenstufe.

Körper robust und ziemlich breit
♀ 10–12 mm | Kallzmünz, Oberpfalz 17.06.2021
Thorax rotbraun behaart
Abdomen blasser und viel kürzer als der Thorax, aber doch ziemlich dicht behaart
Clypeus über den unteren Augenrand vorragend lang abstehend behaart
Abdomen kurz oval, dicht punktiert, Tergit 1 ziemlich lang, die folgenden kürzer behaart. Nervulus mündet hinter der Basalader
Endränder der Tergite mit breiten, anliegenden, braungelben Haarbinden, auf Tergit 2 mitten breit unterbrochen
Tergit 6 seitlich an der Basis mit einem nach hinten zeigenden Zahn, am Ende mitten dreieckig ausgeschnitten

♂ 9–10 mm | Kehlheimwinzer 12.05.2020
Clypeus sehr dicht punktiert, Vorderrand ausgebuchtet und mit schmalem, punktlosen, glänzenden Saum
Scheitel und Thoraxrücken gelbgrau, Tergit 1 grau, 2–6 lebhaft fuchsrot behaart
Tergit 6 seitlich an der Basis mit einem nach hinten zeigenden Zahn, am Ende mitten dreieckig ausgeschnitten

Osmia bicolor (Schrank, 1781)

Zweifarbige Schneckenhausbiene

Flugzeit	J	F	M	A	M	J	J	A	S	O	N	D

Weibchen: Kopf, Thorax und Abdomenbasis schwarz, das übrige Abdomen leuchtend rot behaart. Unverwechselbar durch die auffallende Färbung, hierin höchstens mit *O. cornuta* zu verwechseln, im Gegensatz zu dieser mit schwarz behaarter Abdomenbasis und unbewehrtem Clypeus. Vorderrand des Clypeus mitten mit eingedrückter, punktloser glänzenden Zone. Geißelglied 2 fast so lang wie die folgenden drei Glieder. Mittelfeld vollständig mikroskulptiert, Basalzone und Mittellinie vollkommen matt, beiderseits der Mittellinie schwach glänzend. 10–11 mm.

Männchen: Kopf so lang wie breit. Sternit 3 mitten ausgerandet, hier dicht gelb bewimpert, 4 vor dem Endrand mitten mit rötlichem Filzfleck. Behaarung auf Scheitel und Thoraxrücken gelblichgrau, auf Tergit 1 und 2 grau, auf 3–6 fuchsrot. Sternit 2 breit, am Endrand nach hinten vorgezogen, 3 am Endrand mitten ausgerandet und dicht gelb gewimpert, 4 mitten nahe dem Ende mit rötlichem Filzfleck, Endrand von 5 gerade. 9–10 mm.

Verwechslungsmöglichkeiten: Das Weibchen ist durch die auffallende Färbung unverwechselbar, Ähnlichkeit besteht hierin höchstens mit *O. cornuta*; im Gegensatz zu dieser ist aber die Abdomenbasis schwarz behaart und der Clypeus unbewehrt. Das Männchen ähnelt dem von *O. aurulenta*, jedoch ist Ter-

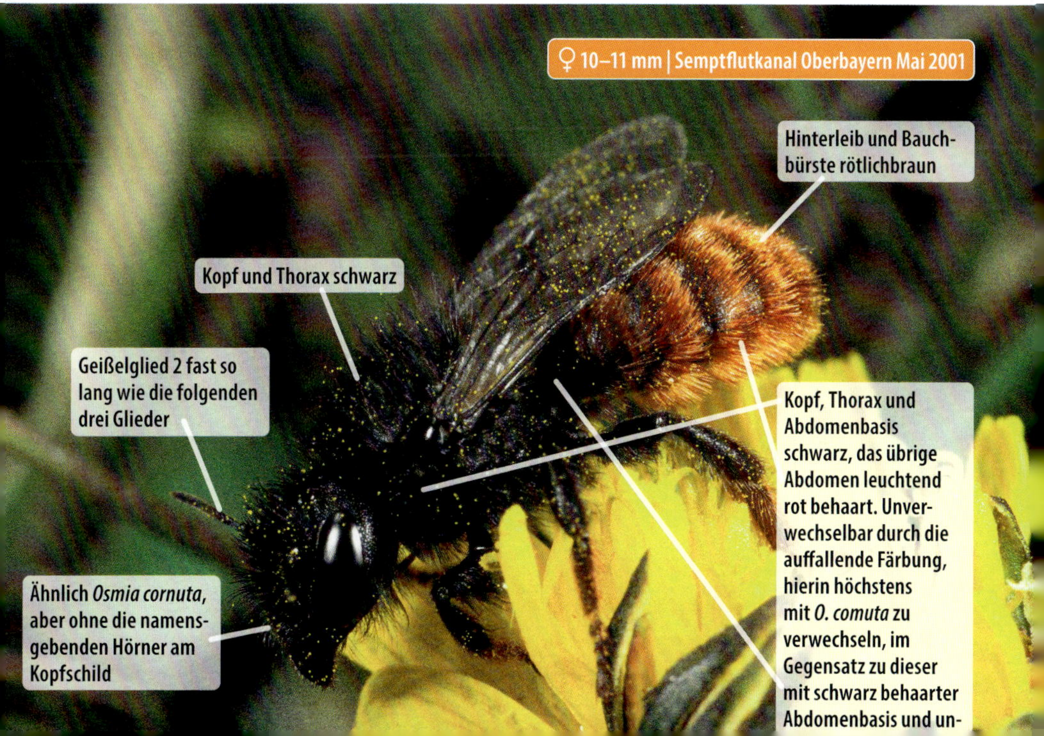

git 6 seitlich nicht gezähnt, der Ausschnitt am Endrand von Tergit 3 ist nur flach winklig und der kleine rötliche Filzfleck auf Sternit 4 ist arttypisch.

Systematik: Untergattung *Neosmia* Tkalců, 1974.

Etymologie: Von lat. „*bicolor*" = „zweifarbig"; wegen der schwarz-roten Körperbehaarung.

Pollenquellen: Ausgesprochen polylektisch; bislang nachgewiesen ist die Nutzung des Pollens der 13 Pflanzenfamilien Apiaceae, Asparagaceae, Asteraceae, Boraginaceae, Brassicaceae, Cistaceae, Fabaceae, Lamiaceae, Ranunculaceae, Rosaceae, Salicaceae, Saxifragaceae und Violaceae.

Nestbau: Nistet in leeren, mittelgroßen Schneckenhäusern. In der Regel enthält ein Nest jeweils eine Brutzelle, nur selten werden mehrere (maximal fünf) Zellen angelegt. Die Außenwand des Schneckenhauses wird tarnnetzartig mit Pflanzenmörtel überzogen, die Trennwand der Brutzelle(n) und der Nestverschluss bestehen aus demselben Material, das aus den zerkauten Blättern von *Potentilla, Fragaria, Sanguisorba, Rosa* u. a. gefertigt wird. Den Nestverschluss bilden eine (selten zwei) mit verschiedensten Partikeln (Steinchen, Erdkrumen, kleine Holzspäne, Bruchstücke von Schneckenhäusern etc.) gefüllte Leerzellen. Das Schneckenhaus wird nun so gedreht, dass die Öffnung nach unten zeigt. Gelegentlich wird auch das Erdreich unter dem Schneckenhaus entfernt, sodass es teilweise in den Erdboden sinkt. Zuletzt wird es mit Halmstücken, Kiefernnadeln, Holzspänen und ähnlichem Material vollständig bedeckt.

Lebensraum: Auwälder, Waldsäume, Hecken, Magerrasen, Abwitterungshalden. Vom Flach-

land bis in die montane, in der Südschweiz bis in die obere subalpine Höhenstufe.

Parasiten: Kuckucksbienen wurden bisher nicht beobachtet. Als Brutparasiten wurden die Keulenwespe *Sapyga clavicornis*, die Goldwespen *Chrysura trimaculata*, *Chrysura cuprea* und *Chrysura dichroa* sowie die Erzwespe *Eulophus osmiarum* bekannt.

Flugzeit: In einer Generation von März bis Juni/Juli, AMIET et al. 2004 geben für die Schweiz Anfang März bis Ende August an.

Gesamtverbreitung: Von Portugal über Europa, Südrussland und Kaukasus bis Irkutsk; nordwärts bis Wales und Mittelengland, bis 60°N in Norwegen, 61°N in Schweden, 60°N in Finnland (nur ein Nachweis bei Helsinki), in Russland bis Karelien und Kirov; südwärts bis Umbria und Bulgarien. Meldung von Irkutsk durch SMITH (1879), der von dort eine *Osmia rufitarsis* beschrieb, deren Holotypus von TKALCŮ (1995) untersucht und als 0. bicolor erkannt wurde. Die Meldung aus China dürfte sich auf eine andere Art beziehen.

Lokalverbreitung: Im Gebiet aus allen Regionen aktuell gemeldet, lediglich aus Schleswig-Holstein nur historisch (letzter Fund 1952) und keine Nachweise aus dem Tessin und Misox.

♂1–13 mm | Moosburg, Garten 19.03.2020
Kopf, Thorax und Hinterleib bräunlich-gelb behaart
In der freien Natur mit weiteren *Osmia*-Arten verwechselbar

♂ 11–13 mm | Moosburg, Garten 19.03.2020
Kopf, Thorax und Hinterleib bräunlich-gelb behaart
Tergite 3–7 golden-rötlich behaart
In der freien Natur mit weiteren *Osmia*-Arten verwechselbar

Osmia bicornis (LINNAEUS, 1758)

Rote Mauerbiene

Flugzeit	J	F	M	A	M	J	J	A	S	O	N	D

Weibchen: Thorax rötlich braungelb behaart, höchstens vorn mit eingestreuten schwarzen Haaren. Tergit 1–2 oder 1–3 braungelb, die übrigen schwarz behaart. Clypeus beiderseits mit vorstehendem Horn, ohne erhabene Vorderkante und ohne Mittelgrat, in der Mitte des Vorderrandes mit einem mitten eingebuchteten Zapfen. Geißelglied 4 länger als 3. Ende von Tergit 6 abgerundet. Unterhalb der Flügelwurzel dunkel behaart (bisweilen nur in geringem Ausmaß). Enddorn des Putzsporns der Vordertibien an der Basis immer gezähnelt. Sternit 6 immer mit deutlichem Gradulus. 10–12 mm.

Männchen: Körper bronzefarben. Fühler dünn, länger als der Thorax. Brust, Vorderschenkel, Clypeus und Kopfunterseite weißlich behaart. Behaarung von Tergit 1–3 und des Scutellums rötlich braungelb bis fuchsrot. 8–15 mm.

Verwechslungsmöglichkeiten: Das Weibchen ist durch den gehörnten Clypeus und die mehr oder weniger einfarbig rostbraune Körperbehaarung nur mit der ausschließlich in Bayern vorkommenden *O. cerinthidis* zu verwechseln, bei der aber der Endrand des Clypeus mitten in eine vorspringende Spitze ausgezogen ist, während sich hier bei *O. bicornis* ein breiter, stumpfer, mitten eingebuchteter Zapfen befindet. Das Männchen ist ebenso mit *O. cerinthidis* zu verwechseln, aber auch mit der sehr seltenen *O. mustelina*; bei diesen

beiden Arten sind die Thoraxseiten einfarbig hell behaart (*O. bicornis*: unterhalb der Flügelwurzel mit einem Büschel dunkler Haare), und die Tergite besitzen einen blauen bis grünen Metallschimmer.

Systematik: Untergattung *Osmia* PANZER, 1806 s. str.

Nomenklatur: Synonym: *Osmia rufa* (LINNAEUS, 1758).

Etymologie: Von lat. „*bi*-“ = „zwei-“ und „*cornum*“ = „Horn“; wegen der beiden hornartigen Fortsätze auf dem Clypeus des Weibchens. Der deutsche Name bezieht sich auf die rostrote Körperbehaarung.

Pollenquellen: Ausgesprochen polylektisch; bislang nachgewiesen ist die Nutzung des Pollens der 18 Pflanzenfamilien Aceraceae, Aquifoliaceae, Berberidaceae, Betulaceae, Boraginaceae, Brassicaceae, Caryophyllaceae, Cistaceae, Fabaceae, Fagaceae, Juglandaceae, Lamiaceae, Papaveraceae, Plantaginaceae, Ranunculaceae, Resedaceae, Rosaceae und Salicaceae.

Nestbau: *Osmia bicornis* ist in Bezug auf die Wahl ihres Nistplatzes eine der flexibelsten Bienenarten. Nistet in den verschiedensten vorhandenen Hohlräumen, wie Fraßgänge in Totholz oder markhaltigen Stängeln, hohle Pflanzenstängel, verlassene Erdnester anderer Hautflügler auf ebenen Flächen oder in Steilwänden, Mauerfugen und vieles andere mehr. In der Regel ist die Nistweise solitär, zuweilen aber auch kommunal. Je nach Situation werden die Zellen linear oder haufenförmig angeordnet, das Baumaterial mit Speichel durchmischter Lehm oder Erde. Lineare Nester können bis zu 20 Zellen enthalten, die durch Zwischenwände getrennt sind; in haufenförmigen Nestern, die bis zu 30 Zellen enthalten können, werden auch Seitenwände gemauert.

Lebensraum: Zeigt keine strenge Habitatbindung; Waldsäume, Hecken, extensiv genutztes Grünland, Hochwasserdämme, Brach- und Ruderalflächen, Sand-, Kies- und Lehmgruben, Gärten und Parks, häufig im Siedlungsbereich. Vom Flachland bis in die montane Höhenstufe.

Parasiten: Als Kuckucksbiene wird *Stelis phaeoptera* genannt. Als weitere Brutparasiten wurden die Keulenwespe *Sapyga clavicornis*, die Schmalbauchwespe *Gasteruption jaculator*, die Goldwespe *Chrysis ignita*, die Erzwespen *Leucospis dorsigera*, *Melittobia acasta* und *Monodontomerus dentipes*, *Monodontomerus obscurus* und *Monodontomerus obsoletus*, der Trauerschweber *Anthrax anthrax*, die Taufliege *Cacoxenus indagator* sowie die Milben *Chaetodactylus osmiae* und *Thyrophagus* spec. bekannt.

Flugzeit: In einer Generation von März bis Juni/Juli.

Gesamtverbreitung: In Nordafrika von Marokko bis Tunesien. In Eurasien von Portugal über Europa, Kleinasien, Levante und Kaukasus bis Zentralasien; nordwärts bis Irland und Südschottland, bis 60°N in Norwegen (Buskerud), 63°N in Schweden (Ängermanland), 61,5°N in Finnland (Südkarelien), in Russland bis Kirov; südwärts bis Sizilien, Zypern, Israel und Nordiran. Bei den Meldungen aus der Ostpaläarktis handelt es sich um Verwechslungen mit *Osmia cornifrons* Radoszkowski, 1887. Die Nominatform in Skandinavien, Dänemark, Großbritannien, den südwestlichen Teil der Iberischen Halbinsel sowie auf Korsika und Sardinien; die ssp. *globosa* (Scopoli, 1763) im übrigen Verbreitungsgebiet (inkl. Tunesien) mit Ausnahme von Marokko, Algerien und den Balearen, die von der ssp. *fracticornis* Pérez, 1895 besiedelt werden.

Lokalverbreitung: Im Gebiet aus allen Regionen gemeldet.

Osmia caerulescens (Linnaeus, 1758)

Blaue Mauerbiene

Flugzeit	J	F	M	A	M	J	J	A	S	O	N	D

Weibchen: Der ganze Körper schwarzblau, dünn weißgrau behaart. Basalzone des Mittelfelds körnig bis querrunzlig mikroskulptiert. Clypeus vorne nicht aufgebogen. Endränder der Tergite mit unterbrochenen schmalen Haarbinden; Endtergit vollständig mit weißen Härchen bedeckt. Spitze der Vorder- und Mitteltibien mit aufwärtsgeschwungenem Zähnchen. Körperlänge: 9–10 mm. Verbreitung: Ganz Europa mit Ausnahme des hohen Nordens.

Männchen: Sternit 4 mit flachem Endsaum und unscheinbarer, zur Mitte hin ausgerichteter Behaarung. Endrand von Tergit 6 in der Mitte schwach ausgeschnitten, deutlich gezähnelt. Maxillarpalpen sehr locker behaart; Glied 3 etwa doppelt so lang wie 2, Glied 5 so lang wie 4. Tergit 1 und 2 bis zum Endrand punktiert. Mittelfeld oben mit schwächer ausgeprägtem mattem Feld. Metatarsus der Hinterbeine innen ohne deutlichen Zahn. Geißelglied 1 relativ länger, vorne fast so lang wie Geißelglied 3. Gonostyli so breit wie Gonocoxen. Behaarung dünn rostgelb, Augen grün. Körperlänge 8–9 mm.

Verwechslungsmöglichkeiten: Das Weibchen ist durch die Kombination von blauem Metallglanz auf Kopf, Thorax und Hinterleib und schwarzer Scopa nur mit der sehr seltenen *O. submicans* zu verwechseln. Die schwach metallisch glänzende *O. parietina* hat einen deutlich schlankeren Habitus. Bei *O.*

submicans ist das Mittelfeld wenigstens in der oberen Hälfte matt, bei *O. caerulescens* glatt und glänzend. Die Männchen sind im Gelände nicht sicher anzusprechen.

Systematik: Untergattung *Helicosmia* Thomson, 1872.

Nomenklatur: Synonym: *Osmia aenea* (Linnaeus, 1761).

Etymologie: Von lat. „*caerulescens*“ = „bläulich“; wegen der metallisch blau schimmernden Körperoberfläche des Weibchens.

Pollenquellen: Polylektisch mit Präferenz für Fabaceae und Lamiaceae; bislang nachgewiesen ist die Nutzung des Pollens der sieben Pflanzenfamilien Asteraceae, Boraginaceae, Brassicaceae, Fabaceae, Hypericaceae: Lamiaceae und Ranunculaceae.

Nestbau: Nistet in verschiedenartigen vorhandenen Hohlräumen, z. B. Fraßgängen in Totholz, in hohlen Pflanzenstängeln oder Löchern in Steilwänden. Die Zellzwischenwände und der Nestverschluss werden aus zerkauten Laub-, zuweilen auch Blütenblättern gefertigt. Die Nestanlage ist linear, in größeren Hohlräumen werden die Zellen auch unregelmäßig nebeneinander angeordnet.

Lebensraum: Waldsäume, Lichtungen, Hecken, Magerrasen, Steinbrüche, Lehm- und Sandgruben, Brach- und Ruderalflächen, Gleisanlagen, Gärten. Vom Flachland bis in die montane, zuweilen bis in die subalpine Höhenstufe.

Parasiten: Kuckucksbiene ist *Stelis ornatula*. Als weitere Brutparasiten wurden die Keulhornwespen *Sapyga clavicornis* und *Sapyga quinquepunctata*, die Goldwespe *Chrysis sexdentata* sowie die Erzwespen *Aprostocetus*

pygmaeus, *Eurytoma nodularis*, *Leucospis gigas*, *Melittobia acasta* und *Monodontomerus aeneus* bekannt.

Flugzeit: Von März bis September/Oktober, in zwei, möglicherweise sogar partiell drei Generationen.

Gesamtverbreitung: In Nordafrika von Marokko bis Ägypten. In Eurasien von Portugal über Europa, Kleinasien, Levante, Kaukasus bis Zentralasien, erreicht in Pakistan (Punjab) die orientalische Faunenregion; nordwärts bis Mittelschottland, in Norwegen bis 60°N (Buskerud), in Schweden bis 63°N (Jämtland), in Russland bis Leningrad; südwärts bis Sizilien und Malta, Kreta, Zypern, Israel, Jordanien und Nordiran. Der einzige aus Finnland gemeldete Fund von der Insel Lavansaari gehört heute zu Russland. Vermutlich eingeschleppt in der Nearktis; als Leguminosen-Bestäuber eingeführt nach Neuseeland. In Nordafrika in der ssp. *cyanea* (Fabricius, 1793).

Lokalverbreitung: Im Gebiet aus allen Regionen gemeldet.

Osmia cornuta (Latreille, 1805)

Gehörnte Mauerbiene

Flugzeit	J	F	M	A	M	J	J	A	S	O	N	D

Weibchen: Kopf und Thorax schwarz behaart, höchstens mit eingestreuten grauen Haaren. Clypeus stets mit wenigstens angedeutetem Mittelgrat und eingedrückter Scheibe, Vorderrand als erhabene Kante erscheinend mit den beiden seitlichen, hornartig gebogenen Fortsätzen. Abdomen und Bauchbürste lebhaft rostrot behaart. Geißelglied 4 länger als 3. Tergit 6 läuft relativ spitz zu. 12–16 mm.

Männchen: Thorax mit weiß bis eingestreut grauschwarzer, Abdomen mit lebhaft rostroter, dichter und langer Behaarung. Mittelfeld matt. Mittelschenkel unterseits stark gewölbt. Gesicht vorne und unten lang, abstehend weiß bis dunkelgrau behaart. 11–15 mm. 7. Tergit abgerundet.

Verwechslungsmöglichkeiten: Das Weibchen ist durch die auffallende Färbung unverwechselbar, Ähnlichkeit besteht hierin höchstens mit *O. bicolor*; bei dieser ist aber die Abdomenbasis schwarz behaart und der Clypeus unbewehrt. Das Männchen ist ebenfalls durch die Haarfärbung unverkennbar. Stark verblasste Tiere sind an den langen (länger als der Thorax) Fühlern zu erkennen; dieses Merkmal besitzen unter den heimischen *Osmia*-Arten nur noch die sehr häufige *O. bicornis* und die extrem seltenen *O. mustelina* und *O. cerinthidis*. Bei *O. cornuta* sind

Thoraxseiten und Vorderschenkel ausgedehnt schwarz oder schwärzlich behaart, bei den anderen Arten Vorderschenkel stets, Thoraxseiten überwiegend hell.

Systematik: Untergattung *Osmia* PANZER, 1806 s. str.

Etymologie: Von lat. „*cornuta*" = „gehörnt, zweispitzig"; wegen der beiden hornartigen Fortsätze auf dem Clypeus des Weibchens.

Pollenquellen: Ausgesprochen polylektisch; bislang nachgewiesen ist die Nutzung des Pollens der 14 Pflanzenfamilien Aceraceae, Aquifoliaceae, Asparagaceae, Asteraceae, Berberidaceae, Brassicaceae, Fabaceae, Fagaceae, Liliaceae, Papaveraceae, Primulaceae, Ranunculaceae, Rosaceae und Salicaceae.

Nestbau: Nistet in den verschiedensten vorhandenen Hohlräumen, wie Fraßgänge in Totholz, hohle Pflanzenstängel, verlassene Erdnester anderer Hautflügler auf ebenen Flächen oder in Steilwänden, Mauerfugen und vieles andere mehr. In der Regel werden die Zellen linear, in größeren Hohlräumen aber auch unregelmäßig angeordnet. Das Baumaterial ist mit Speichel durchmischter Lehm oder Erde.

Lebensraum: Im Gebiet hauptsächlich im Siedlungsbereich, wo sie das ihr entsprechende Kleinklima vorfindet. Außerhalb von Ortschaften werden Standorte besiedelt, die sonnenexponierte Löss- und Lehmwände aufweisen, wie Weinberge und Flussufer. Vom Flachland bis in die montane Höhenstufe.

Parasiten: Kuckucksbienen wurden bisher nicht beobachtet. Als Brutparasiten wurden die Goldwespen *Chrysis ignita* und *Chrysura simplex*, die Erzwespen *Leucospis dorsigera*, *Melittobia acasta*, *Monodontomerus aeneus* und *Monodontomerus obscurus*, der Trauerschweber *Anthrax anthrax*, die Taufliege *Ca-*

coxenus indagator, der Ölkäfer *Sitaris muralis* sowie die Milbe *Chaetodactylus osmiae* bekannt.

Flugzeit: In einer Generation von Februar/März bis Mai/Juni.

Gesamtverbreitung: In Nordafrika von Algerien, Tunesien und Ägypten bekannt. In Eurasien von Portugal über Süd- und Mitteleuropa, Kleinasien und Kaukasus bis Südostkasachstan; nordwärts bis in die Norddeutsche Tiefebene, Mittelpolen, Nordukraine und Woronesch; südwärts bis Sizilien, Kreta, Syrien und Nordiran. Der Nachweis aus Primorje beruht auf einem Irrtum. Die Art wurde zu Bestäubungszwecken in die USA eingeführt, Berichte über überlebensfähige Populationen in freier Natur existieren jedoch nicht. In der ssp. *divergens* FRIESE, 1920 vom Iran bis Zentralasien; in der ssp. *neoregaena* MAVROMOUSTAKIS, 1938 auf den Ägäischen Inseln und Zypern; in der ssp. *quasirufa* PETERS, 1978 von der türkischen Ägäisküste bis in den Kaukasus und Nordwestiran sowie (isoliert?) in Ägypten.

Lokalverbreitung: In Deutschland und Österreich mit Ausnahme von Schleswig-Holstein aus allen Bundesländern nachgewiesen. In der Schweiz keine Nachweise vom Alpenhauptkamm und der Alpennordseite, im Engadin nur historisch, sonst fast überall aktuell.

♀ 12–16 mm, Landshut 17.03.2023

Clypeus stets mit wenigstens angedeutetem Mittelgrat und eingedrückter Scheibe, Vorderrand als erhabene Kante erscheinend mit den beiden seitlichen, hornartig gebogenen Fortstätzen

Osmia spinulosa (Kirby 1802)

Bedornte Schneckenhausbiene

Flugzeit	J	F	M	A	M	J	J	A	S	O	N	D

Weibchen: Der Hinterrand des Scutellums überragt das Postscutellum und die Basis des Propodeums. Vorderrand des Clypeus mit punktfreier Zone, Scheibe deutlich gewölbt. Clypeus dicht punktiert und matt, sein Vorderrand gerade abgestutzt und nicht gefranst. Mesonotum grob und dicht punktiert. Mittelfeld glänzend. Abdomen fast kahl, mit dünnen, weißlichen Endbinden, die vorderen unterbrochen. Scopa rostrot. Hinterschenkel schwach verdickt. Vorder- und Mitteltibien an der Spitze nicht in ein Dörnchen ausgezogen. 7–8 mm.

Männchen: Sternit 1 mit langem aufrechten Stachel. Tergit 6 mit unregelmäßig kurz bedorntem Endrand, 7 auf die Bauchseite geklappt. Scutellum überragt das Postscutellum. Mittelfeld poliert. Endränder der Tergite mit schmalen weißen Haarbinden. Nur vier Sternite sichtbar; Sternit 2 und 3 mit Querschwiele. Beine nicht verdickt. 7–8 mm.

Verwechslungsmöglichkeiten: Durch die geringe Körpergröße, die gedrungene Gestalt und den Blütenbesuch am ehesten mit Heriades-Arten zu verwechseln, die aber auf Kopf und Thorax deutlich spärlicher, kürzer und weiß behaart sind; zudem ist die Bauchsammelbürste auf die Sternite beschränkt, während sie sich bei *O. spinulosa* bis auf die Seitenränder der Tergite erstreckt.

Systematik: Untergattung *Hoplosmia* Thomson, 1872.

Nomenklatur: Synonyme: *Anthocopa spinulosa* (Kirby, 1802); *Hoplosmia spinulosa* (Kirby, 1802).

Etymologie: Diminutiv von lat. „*spinosa*“ = „dornig, stachelig“; wegen des bedornten Scutellums.

Pollenquellen: Oligolektisch auf Korbblütler (Asteraceae).

Nestbau: Nistet in leeren Schneckenhäusern von Heideschnecken (*Helicella*) und anderen kleinen bis mittelgroßen Schneckenarten. Pro Schneckenhaus werden eine bis drei, in der Regel zwei Brutzellen errichtet. Baumaterial für Zellenwände und Nestverschluss sind zerkaute Blätter. Anders als bei anderen Schneckenhausnestern wird die Oberfläche des Schneckenhauses nicht mit Pflanzenmörtel überzogen. Nach Fertigstellung des Nestes wird es so gedreht, dass die Öffnung nach unten zeigt.

Lebensraum: Trockenwarme Standorte; Heiden, Steppen, Abwitterungshalden, Waldsäume, extensiv genutztes Grünland, Binnendünen, Steinbrüche. Vom Flachland bis in die subalpine Höhenstufe.

Parasiten: Kuckucksbienen sind *Stelis odontopyga* und *Stelis phaeoptera*. Als weitere Brutparasiten wurden die Goldwespen *Chrysura cuprea*, *Chrysura dichroa* und *Chrysura trimaculata*, die Erzwespen *Melittobia acasta*, *Pteromalus apum* und *Pteromalus venustus* sowie der Trauerschweber *Anthrax aethiops* bekannt.

Flugzeit: In einer Generation von Mai/Juni bis September.

Gesamtverbreitung: Vom spanischen Pyrenäenvorland (Gerona) über Europa, Kleinasien, Kaukasus und westliches Zentralasien bis zum Mittelsibirischen Bergland (Tomsk, Kemerowo, Republik Altai); nordwärts bis Südwales und Mittelengland, in Skandinavien bis 60°N in Norwegen und Schweden, in Russland bis Kirov und Perm; südwärts bis Sizilien und Südbulgarien.

Lokalverbreitung: In Deutschland mit Ausnahme von Schleswig-Holstein aus allen Bundesländern nachgewiesen (aktuell). In Österreich aus allen Bundesländern gemeldet. In der Schweiz aktuell, teilweise auch historisch aus den Kantonen Genf, Neuenburg, Bern, Basel, Schaffhausen, Wallis, Graubünden und St. Gallen, nur historisch aus dem Kanton Waadt.

Anthidiellum (Cockerell, 1904)

Zwergharzbienen

Systematik: Familie: Megachilidae – Unterfamilie: Megachilinae – Tribus: Anthidiini

Nomenklatur: Die Gattung wurde bis vor kurzem als Untergattung von *Anthidium* betrachtet; von einigen wenigen Autoren wird diese Auffassung beibehalten.

Literatur: Warncke (1980a); Banaszak & Romasenko (2001); Amiet & al. (2004); Scheuchl (2006).

Etymologie: Der wissenschaftliche Name ist ein Diminutiv des Gattungsnamens *Anthidium* (*Anthidiellum*-Arten sind in der Regel deutlich kleiner als *Anthidium*-Arten). Der deutsche Name drückt aus, dass zumindest die einzige im deutschsprachigen Raum vorkommende *Anthidiellum*-Art zum Bau ihrer Brutzellen das Harz bestimmter Bäume verwendet; zudem ist sie deutlich kleiner als die Arten der Gattungen *Icteranthidium* und *Trachusa*, die den selben Baustoff verwenden und daher unter dem Namen 'Harzbienen' zusammengefasst werden.

Körperliche Merkmale: Harzbienen besitzen einen schwarz-gelb gezeichneten und kaum behaarten Körper; eine nennenswerte Behaarung findet sich nur bei den Weibchen, wo sie auf der Unterseite des Hinterleibs eine dichte Pollensammelbürste bildet. Die Körpergröße reicht von 6–7 mm. Wie bei allen Megachilidae besitzen die Vorderflügel nur zwei Cubitalzellen. Die Tribus Anthidiini unterscheidet sich von den übrigen Megachiliden-Gattungen dadurch, dass die Discoidalader 2 sehr nahe bei oder hinter der Cubitalader 2 mündet. Zwischen den Klauen des letzten Tarsengliedes befindet sich ein deutlich ausgebildeter Haftlappen (Pulvillus), ein Merkmal, das bei den einheimischen Anthidiini noch bei *Rhodanthidium* und *Trachusa* auftritt, von denen *Anthidiellum* aber schon allein durch die geringe Körpergröße getrennt werden kann.

Lebensweise: *Anthidiellum*-Arten sind solitär lebende, pollensammelnde und nestbauende Bienen. Sie überdauern den Winter als Ruhelarve (Präpuppe) in ihrem Kokon.

Pollenquellen: Die einzige heimische Art ist polylektisch, der Gewöhnliche Hornklee (*Lotus corniculatus*) wird jedoch als Pollenquelle deutlich bevorzugt.

Nestbau: Die einzeln oder in kleinen Gruppen frei aufgehängten Brutzellen werden aus Baumharz errichtet, lediglich die Arten einer in der Orientalis heimischen Untergattung graben ihre Nester in den Boden, benutzen aber ebenfalls Harz zum Bau der Brutzellen und einer Eingangsröhre.

Besonderes Verhalten: Die Männchen übernachten oft einzeln oder zu mehreren festgebissen an Pflanzenstängeln.

Parasiten: Bekannte Nestparasiten sind Bienen der Gattung *Stelis*, Erzwespen der Gattung *Leucospis* und Ölkäfer der Gattung *Sitaris*.

Verbreitung/Artenzahl: In der Neuen Welt geht die Gattung von Kanada bis Brasilien und Bolivien, in der Alten Welt besiedelt sie das gemäßigte bis tropische Eurasien (nordwärts bis 63°N), Afrika, Philippinen, den Malaiischen Archipel bis Neuguinea und Salomonen sowie Nordost-Australien. Weltweit sind knapp 50 Arten bekannt. Im Gebiet ist nur eine einzige Art heimisch.

Anthidiellum strigatum (Panzer, 1805)

Zwergharzbiene

Flugzeit	J	F	M	A	M	J	J	A	S	O	N	D

Weibchen: Klauenglieder mit einem Haftlappen. Clypeus vorgezogen und gerade abgestutzt. Clypeus schwarz, Nebengesicht und je ein Fleck an den Seiten des Scheitelrandes gelb. Thorax jederseits vorne breit gefleckt, ebenso die Calli. Scutellum weit vorragend, mitten tief ausgeschnitten, jederseits gelb gefleckt, ebenso die Seitenlappen. Tegulae schwarz, vorne gelb gefleckt. Tergit 1 und 2 beiderseits am Seitenrand, 3–5 vom Seitenrand entfernt mit länglich ovalem gelben Fleck, 6 schwarz. Bauchbürste weißgrau. Beine schwarz, Schienen und Tarsen rostgelb, weißgrau, Tarsen unten rostrot behaart; Sporen gelb. 6–7 mm.

Männchen: Tergit 7 einzähnig. Sternit 6 mit langem Griffel. Klauenglieder mit Pulvillus. Clypeus, Nebengesicht und Mandibeln weißgelb. Tergit 1 und 2 beiderseits am Seitenrand, 3–5 vom Seitenrand entfernt mit länglich ovalem gelben Fleck, 6 und 7 ebenfalls mehr oder weniger gelb gezeichnet. Sternite braun mit hellen Binden, alle ausgerandet, 2–5 mit langen weißen Borstenhaaren besetzt, die an den Seiten länger als in der Mitte sind, 6 fast viereckig, braun, gewölbt, in einen langen parallelseitigen, am Ende verbreiterten Griffel ausgezogen. 6–7 mm.

♀ 6–7 mm | Moosburg, Isarauen Oberbayern 09.06.2018

Verwechslungsmöglichkeiten: Durch die geringe Körpergröße, Statur und Zeichnung unverwechselbar mit Ausnahme der artcharakteristischen Kuckucksbiene *Stelis signata*, welche ihrem Wirt extrem ähnlich sieht. Bei *Stelis signata* sitzt allerdings der gelbe Fleck am Hinterrand des Kopfes auf der Schläfe, also hinter dem Auge, während er sich bei *A. strigatum* über dem Auge befindet. Als Kuckucksbiene fehlt den Weibchen von *St. signata* die Bauchsammelbürste.

Nomenklatur: Synonym: *Anthidium strigatum* (Panzer, 1805).

Etymologie: Von lat. „*strigatum*" = „mit einem Strich versehen", bezieht sich auf die gelbe Zeichnung der Hinterleibssegmente. Der deutsche Name bezieht sich auf die Körpergröße und das von der Art verwendete Nistmaterial.

Pollenquellen: Polylektisch, Lotus wird deutlich bevorzugt. Polylektisch, bevorzugt auf *Lotus corniculatus*. Als Pollenquellen nachgewiesen sind Pflanzen der Familien Campanulaceae, Cistaceae, Crassulaceae, Fabaceae und Rosaceae.

Nestbau: Für den Bau ihrer frei an Baumstämmen, Felsbrocken o.Ä. aufgehängten urnen- oder amphorenförmigen Brutzellen verwendet sie Baumharz.

Lebensraum: Sonnige Waldsäume und -lichtungen, Kahlschläge, Magerrasen, Ruderalflächen, Sand- und Kiesgruben, auch im Siedlungsbereich. Vom Flachland bis in die montane Höhenstufe.

Parasiten: Einzige Kuckucksbiene ist *Stelis signata*, die ihrem Wirt täuschend ähnlich sieht. Weitere Nestparasiten sind die Erzwespen der Gattungen *Dibrachys*, *Leucospis* und *Pteromalus*.

Flugzeit: Univoltin von Anfang Juni bis Ende August.

Gesamtverbreitung: Transpaläarktisch. In Nordafrika von Marokko bis Libyen. In Eurasien von Portugal über Ukraine, Südrussland und Sibirien sowie über Kleinasien, Kaukasus und Zentralasien bis China, Korea, Primorje und Khabarowsk; nordwärts bis Dänemark, Baltikum, in Finnland bis 63°N, in Russland bis Perm; südwärts auf allen großen Mittelmeerinseln und auf Malta, bis Israel und Irak. Fehlt auf den Britischen Inseln sowie in Norwegen und Schweden. WARNCKE unterscheidet die ssp. *contractum* (LATREILLE, 1809) in Nordafrika und Südiberien, die ssp. *luteum* (FRIESE, 1897) im östlichen Mittelmeerraum, ssp. *rubellum* (FRIESE, 1917) in Südtunesien und Libyen sowie die ssp. *crassepunctatum* (POPOV, 1935) in Zypern, im Nahen Osten bis ins südliche turkestanische Becken; bis auf *crassepunctatum*, die eine eigene Art darstellt, dürften alle als reine Färbungsformen zu werten sein; der Name *rubellum* (FRIESE, 1917) ist überdies durch *Anthidium rubellum* BRAUNS, 1905 präokkupiert.

Lokalverbreitung: Im Gebiet aus allen Regionen gemeldet.

Anthidium (Fabricius, 1804)

Wollbienen

Systematik: Familie: Megachilidae – Unterfamilie: Megachilinae – Tribus: Anthidiini

Nomenklatur: Die ehemalige Großgattung *Anthidium* wurde in jüngerer Zeit in mehrere eigenständige Gattungen aufgeteilt, von denen im Gebiet *Anthidiellum, Anthidium, Icteranthidium, Pseudoanthidium, Rhodanthidium* und *Trachusa* vorkommen.

Literatur: Warncke (1980a); Banaszak & Romasenko (2001); Amiet & al. (2004); Scheuchl (2006). Weitere hilfreiche Arbeiten: Nieuwenhuijsen (2011a).

Etymologie: Der wissenschaftliche Name kommt von gr. *„anthos"* = „Blume, Blüte" und *„eidos"* = „das zu Sehende, Anblick". Der deutsche Name leitet sich davon ab, dass fast alle Arten zum Bau ihrer Brutzellen die abgeschabte Pflanzenwolle bestimmter Blätter verwenden.

Körperliche Merkmale: Im Regelfall besitzen Wollbienen einen schwarzen, gelb gezeichneten Körper; die Oberseite des Hinterleibes ist mehr oder weniger unbehaart. Wie bei allen Megachilidae besitzen die Vorderflügel nur zwei Cubitalzellen. Die Tribus Anthidiini unterscheidet sich von den übrigen Megachiliden-Gattungen dadurch, dass die Discoidalader 2 sehr nahe bei oder hinter der Cubitalader 2 mündet. Zwischen den Klauen des letzten Tarsengliedes befindet sich kein deutlich ausgebildeter Haftlappen (Pulvillus), ein Merkmal, das bei den einheimischen Anthidiini auch bei *Icteranthidium, Pseudoanthidium* und *Stelis* auftritt. Das Hinterleibsende der Männchen ist oft mit Zähnen oder dornartigen Fortsätzen bewehrt. Die Weibchen tragen am Bauch eine helle Haarbürste für den Pollentransport, dem gleichen Zweck dienen die dichten Haare auf dem Clypeus. Die Körpergröße reicht von 8–18 mm; wie bei fast allen Gattungen der Tribus Anthidiini sind im Gegensatz zu den anderen einheimischen Gattungen die Männchen größer als die Weibchen.

Lebensweise: *Anthidium*-Arten sind solitär lebende, pollensammelnde und nestbauende Bienen. Sie überdauern den Winter als Ruhelarve (Präpuppe) in ihrem Kokon.

Pollenquellen: Von den meisten Arten werden Schmetterlingsblütler (Fabaceae) und Lippenblütler (Lamiaceae) als Pollenquelle bevorzugt.

Nestbau: Die einheimischen Arten nisten alle in den unterschiedlichsten vorhandenen Hohlräumen, wo sie aus Pflanzenwolle errichtete Brutzellen anlegen. Als Baumaterial für die einzelnen Brutzellen dienen abgeschabte Pflanzenhaare von Pflanzen wie der Königskerze (*Verbascum*), einiger Ziest-Arten (*Stachys*) oder der Eselsdistel (*Onopordum*).

Besonderes Verhalten: Wollbienen-Männchen zeigen das ausgeprägteste Territorialverhalten unter den einheimischen Bienen. Dabei wird jedes größere in das beanspruchte Territorium eindringende Insekt vehement attackiert. Bei den meisten Arten, wie bei der häufigen *Anthidium manicatum*, besitzen die Weibchen an der Außenseiten der Beine ein Polster aus dichten, feinen Haaren, mit denen sie Drüsensekrete bestimmter Pflanzen aufsaugen, um damit das Baumaterial ihrer Brutzellen zu imprägnieren, vermutlich als Schutz gegen schädliche Mikroorganismen, und – wie eine kürzlich erschienen Studie (Eltz & al. 2015) zeigt – als Repellens gegen Parasiten. Die Männchen übernachten oft einzeln oder zu mehreren festgebissen an Pflanzenstängeln.

Parasiten: Bekannte Nestparasiten sind Bienen der Gattung *Stelis* und Erzwespen der Gattung *Leucospis*.

Verbreitung/Artenzahl: Die Gattung ist auf allen Kontinenten verbreitet mit Ausnahme von Australien und den indomalayischen Tropen. Insgesamt sind rund 120 Arten bekannt, davon leben zehn im Gebiet."

Anthidium manicatum (Linnaeus, 1758)

Garten-Wollbiene

Flugzeit	J	F	M	A	M	J	J	A	S	O	N	D

Weibchen: Tergit 6 fast viereckig. Schenkel größtenteils rostrot. Bauchbürste goldgelb. Kopf etwas weniger breit. Clypeus, Nebengesicht und Hinterrand des Kopfes gelb, Basis und Mittellinie des Clypeus meist schwarz, der Rand gezähnt mit schärfer vorspringenden Seitenzähnchen. Mandibeln mitten größtenteils gelb. Tegulae gelb mit schwarzbrauner Scheibe. Tergit 1–5 beiderseits an der Basis mit großem bindenartigen gelben Fleck, 6 fast ganz gelb mit schmalen schwarzen Streifen in der Mitte und an den Seiten, trapezförmig. Beine gelb, Schenkel größtenteils rostrot. Außenseite der Hintertibien mit scharfkantiger Längsleiste. 11–12 mm.

Männchen: Nur Tergit 6 mit Seitendornen. Hinterschenkel ungezähnt. Binden von Tergit 2–4 hinten ausgeschnitten. Tergit 1–4 an den Seiten mit rostgelben Haarbüscheln. Gelbe Bindenflecke von Tergit 2 und 3 gewöhnlich ausgeschnitten, sodass mitunter jederseits zwei kleine Flecken entstehen, Tergit 7 ganz schwarz. Sternite gewölbt, sparsam weißlich behaart. Beine schwarz mit meist gelben Tibien und Tarsen, die beiden letzteren lang weiß behaart. 14–18 mm.

Verwechslungsmöglichkeiten: Zu verwechseln mit *A. septemspinosum* und großen Exemplaren von *A. oblongatum*. *A. manicatum* unterscheidet sich in beiden Geschlechtern von *A. oblongatum* durch das Fehlen des zahnartigen Fortsatzes auf beiden Seiten des Scutellums. Das Weibchen ist von dem der *A. septemspinosum* durch die gelbe Gesichtszeichnung und die größtenteils rostroten Schenkel zu trennen (*A. septemspinosum*: Gesicht und Beine vollständig schwarz). Das Männchen ist durch seine Größe, das dreizähnige Endtergit und die auffallenden Haarbüschel an den Seiten der ersten vier Tergite leicht zu unterscheiden. Letztere zwei Merkmale besitzt unter den deutschen Arten nur noch *A. septemspinosum*, bei dieser ist jedoch auch Tergit 5 gezähnt, und auch die Hinterschenkel tragen an der Basis je einen Zahn.

Systematik: Untergattung *Anthidium* Fabricius, 1804 s. str.

Etymologie: Von lat. „*manicatum*" = „mit einer Hand versehen", wegen der fünf mehr oder weniger fingerförmigen Fortsätze am Hinterleibsende der Männchen. Der deutsche Name bezieht sich auf einen Lebensraum, in dem man die Art häufig findet.

Pollenquellen: Eingeschränkt polylektisch an Pflanzen mit zygomorphen Blüten aus den Familien Fabaceae, Lamiaceae und Scrophulariaceae.

Nestbau: Nistet in vorhandenen Hohlräumen unterschiedlichster Art. Die aus abgeschabten Härchen verschiedener Pflanzen (Pflanzenwolle) gefertigten Brutzellen werden darin in Gruppen oder linear angeordnet. Mittels speziell ausgebildeter Haarflecken auf den Vorderbeinen sammeln die Weibchen die Drüsensekrete von Pflanzen, um damit die Brutzellen zu imprägnieren. Nach Fertigstellung der letzten Brutzelle werden am Nesteingang Partikel aus verschiedensten Materialien angehäuft (Steinchen, Erdkrumen, Teile von Grashalmen sowie Laub- und Blütenblättern etc.). Eher selten erhält das Nest noch einen zusätzlichen Verschluss aus Pflanzenwolle.

Lebensraum: Siedlungsschwerpunkt sind Gärten und Parks, ansonsten warme Waldsäume, Waldlichtungen, Hochwasserdämme, Sand-, Kies- und Lehmgruben. Vom Flachland bis in die montane Höhenstufe.

Parasiten: Kuckucksbiene ist *Stelis punctulatissima*. Erwachsene Tiere sind zuweilen von Milben befallen.

Flugzeit: Univoltin von Mitte Juni bis Mitte August.

Gesamtverbreitung: Transpaläarktisch; eingeschleppt in die USA und nach Brasilien, Argentinien und Uruguay. In Nordafrika von den Azoren (hier wohl eingeschleppt) und den Kanaren bis Libyen. In Eurasien von Portugal über Süd-, Mittel- und Osteuropa, Ukraine, Südrussland und Sibirien sowie über Kleinasien, Kaukasus, Zentralasien, Tibet bis Innere Mongolei und Burjatien; nordwärts bis Südschottland, in Norwegen bis 61°N, in Schweden bis 62°N, in Finnland bis 64°N, in Russland bis Perm; südwärts auf allen großen Mittelmeerinseln und Malta (nicht auf Kreta und Zypern), bis in den Libanon und Iran. Nach WARNCKE in der *ssp. barbarum* LEPELETIER, 1841 in Nordafrika.

Lokalverbreitung: Im Gebiet überall die häufigste Wollbienenart.

Anthidium punctatum (LATREILLE, 1809)

Weißfleckige Wollbiene

Flugzeit	J	F	M	A	M	J	J	A	S	O	N	D

Weibchen: Abdomen mit weißlicher Zeichnung. Endtergit ungezähnt. Behaarung im frischen Zustand rostrot, sonst hellgrau. Gesicht schwarz, Mandibeln gelb gestreift, Scheitelrand jederseits mit weißgelbem Fleck. Thorax schwarz, oben im frischen Zustand rotbraun, später gelbbraun behaart. Scutellum gerundet, jederseits am Rand ein kleiner, schmaler weißer Fleck. Tegulae rostgelb bis rostbraun mit dunklerer Scheibe. Tergit 1 jederseits am Rande mit rundlichem weißem Fleck, 2–4 jederseits mit zwei weißlichen Flecken, von denen die mittleren länglich viereckig sind, 5 nur auf der Scheibe mit solchen Flecken. Schienenbürste weiß. Beine schwarz, bei südlichen Tieren mehr oder weniger rotbraun, Tarsen rostfarben, bis auf die dicht weißfilzigen ersten Glieder spärlich weißlich behaart; Außenseite der Hintertibien mit scharfkantiger Längsleiste. 8–9 mm.

Männchen: Abdomen mit weißlicher Zeichnung. Seitenteile von Tergit 7 zahnartig, wenig spitz. Clypeus, Nebengesicht und Fühlerschaft vorne weißgelb. Tergit 1 jederseits am Seitenrand mit weißlichem Fleck, 2–5 jederseits mit zwei Flecken, die mitunter zusammenfließen, 6 und 7 jederseits mit je einem Fleck. Sternite schwarz mit blassen Rändern, Sternit 6 mitten glatt, seitlich in zwei stumpfe Zähne ausgezogen. 8,5–10 mm.

Verwechslungsmöglichkeiten: Die aus kleinen weißgelben Flecken bestehende Hinterleibszeichnung macht *A. punctatum* unverwechselbar. Das Weibchen besitzt ein vollständig schwarzes Gesicht, ein Merkmal, das unter den deutschen Arten sonst nur bei *A. septemspinosum* vorkommt.

Systematik: Untergattung *Anthidium* Fabricius, 1804 s. str.

Etymologie: Von lat. „*punctatum*" = „punktiert", wegen der punktförmigen weißlichen Hinterleibszeichnung.

Pollenquellen: Polylektisch. Nachgewiesen ist die Nutzung des Pollens der drei Pflanzenfamilien Crassulaceae, Fabaceae und Resedaceae. Bevorzugt werden *Lotus corniculatus* und *Reseda*-Arten.

Nestbau: Nester wurden bisher nur in vorhandenen Höhlungen im Boden, in Felsritzen oder zwischen Steinen beobachtet. Die aus Pflanzenwolle gefertigten Brutzellen werden linear angeordnet. Als Nestverschluss dienen Partikel aus verschiedensten Materialien (Steinchen, Erdkrumen, Pflanzenteile).

Lebensraum: Trockenwarme Standorte wie blütenreiche Magerrasen, Hecken, Trockenmauern, Ruderalstellen, Abwitterungshalden, Straßenböschungen, Bahndämme, Hochwasserdämme, auch im Siedlungsbereich (blütenreichen Brachflächen, Steingärten). Vom Flachland bis in die subalpine Höhenstufe.

Flugzeit: In einer Generation von Mai bis September.

Gesamtverbreitung: Transpaläarktisch. In Nordafrika von Marokko bis Tunesien. In Eurasien von Portugal über Süd-, Mittel- und Osteuropa, Ukraine, Südrussland und Sibirien sowie über Kleinasien, Kaukasus und Zentralasien bis Nordchina, Mongolei, Primorje und Khabarowsk; in Europa nordwärts bis zur Nord- und Ostseeküste (nicht auf den Britischen Inseln) und in Norwegen und Schweden bis 62°N, in Finnland bis 63,5°N, in Russland bis Perm; südwärts bis Sizilien (nicht auf Korsika und Sardinien), Thessalien (nicht auf Kreta und Zypern), Israel und Iran.

Lokalverbreitung: Im Gebiet fast überall, in Deutschland nördlich der Mittelgebirge nur sehr vereinzelt.

Trachusa (Panzer, 1804)

Harzbienen

Systematik: Familie: Megachilidae – Unterfamilie: Megachilinae – Tribus: Anthidiini.

Nomenklatur: Wird von manchen Autoren zur Gattung *Anthidium* gestellt.

Literatur: Warncke (1988); Banaszak & Romasenko (2001); Amiet et al. (2004); Scheuchl (2006).

Etymologie: Von lat. „*trachus*" = „rau" (nach Friese 1898). Bis vor Kurzem wurde *Trachusa byssina* als einzige Art in diese Gattung gestellt – bis dahin wurde die Gattung mit dem deutschen Namen „Bastardbienen" belegt, da *Trachusa byssina* hinsichtlich des Aussehens und der Lebensweise wie eine Mischung aus Blattschneider-, Mauer- und Wollbienen erscheint. Mit der umfassenderen Definition der Gattung, die vor allem Arten einschließt, die vom Habitus her an *Anthidium*-Arten erinnern, erscheint der vom Nistverhalten abgeleitete Gattungsname „Harzbiene" angebrachter.

Körperliche Merkmale: Der Körper der heimischen Arten ist 11–15 mm lang, schwarz gefärbt oder mit gelber Zeichnung, die Behaarung ist graugelb bis rötlich braun. Die Weibchen tragen am Bauch eine weißliche Sammelbürste, Im Unterschied zu anderen Anthidiini-Gattungen sind die Seitenecken des Scutellums nicht zahnartig ausgezogen und die Klauenglieder besitzen einen deutlichen Haftlappen. Diese Merkmalskombination trifft bei den heimischen Arten nur noch auf *Anthidiellum* zu, die aber mit 6–7 mm Körperlänge deutlich kleiner ist.

Lebensweise: *Trachusa*-Arten sind solitär lebende, pollensammelnde und nestbauende Bienen.

Blütenbesuch: Je nach Art poly-, meso- oder oligolektisch.

Nestbau: *Trachusa* legt – im Gegensatz zu fast allen anderen Anthidiini – ihre Nester in selbst gegrabenen Gängen im Erdboden an, wo die aus Blatteilen errichteten und innen mit Harz überzogenen Brutzellen angelegt werden.

Parasiten: Bisher wurde an den Nistplätzen nur die Kegelbiene *Coelioxys quadridentata* beobachtet.

Besonderes Verhalten: Zuweilen finden sich Männchen zum Schlafen einzeln oder in Gemeinschaft festgebissen an Pflanzenstängeln.

Verbreitung/Artenzahl: *Trachusa* kommt sowohl in der Alten wie in der Neuen Welt vor. In Amerika reicht ihre Verbreitung von New Jersey im Norden bis Mexiko im Süden. In Afrika geht sie von Südafrika nordwärts bis an die Mittelmeerküste; eine durch eine einzige Art vertretene Untergattung kommt auf der Insel Sokotra vor. In Eurasien ist sie von Iberien bis in den Fernen Osten verbreitet und dringt weit in die orientalische Zone vor: Südindien, Südostchina, Taiwan, Malaysia und Borneo. Weltweit sind etwa 45 Arten bekannt, von denen zwei im Gebiet vorkommen.

Trachusa byssina (Panzer, 1804)

Große Harzbiene

Flugzeit	J	F	M	A	M	J	J	A	S	O	N	D

Weibchen: Clypeus mit glatter Mittellinie, Vorderrand abstehend, mitten ausgerandet. Mandibeln an der Spitze sehr verbreitert, mit flach dreizähniger Schneide. Geißelglied 2 mindestens so lang wie die folgenden zwei zusammen. Scutellum gerundet, Hinterrand leicht ausgerandet, das senkrecht stehende Postscutellum deutlich überragend. Mittelfeld breit vom übrigen, dicht punktierten Propodeum deutlich abgesetzt, fast lederartig chagriniert, leicht glänzend. Die stärker mikroskulptierte horizontale Zone nur durch je einen seitlichen die Mitte nicht erreichenden Quereindruck abgegrenzt. Tergite deutlich punktiert, auf den Scheiben Durchmesser 1–2, auf den Endrändern dichter, ziemlich lang braungelb behaart, besonders an den Seiten; Endtergit und Außenseiten der Tibien kurz und dicht anliegend, fast filzartig graubraun behaart. Scopa dicht und lang, grauweiß bis weißgelb. 11–12 mm.

Männchen: Clypeus, Nebengesicht und Mandibeln mit Ausnahme der dunklen Spitze gelb. Mandibeln dreizähnig. Behaarung des Thorax oberseits rotbraun, an den Seiten heller werdend, unterseits weißlich. Tergit 1 lang abstehend, die folgenden Tergite kürzer abstehend, gelbgrau bis rötlichbraun behaart, Tergit 6 und die Depressionen von 4 und 5 dicht anliegend mit kurzen, hell graubraunen Haaren bedeckt. Tergit 7 stumpf, fast ganz

von 6 verdeckt. Sternite nur an den Rändern weißlich gefranst, Sternit 3 tief ausgerandet und stark gewölbt mit tiefer Mittelrinne, 4 und 5 ausgebuchtet, 6 abstehend und ausgerandet, beiderseits mit einem Längskiel. 11–12 mm.

Verwechslungsmöglichkeiten: Durch das Fehlen einer gelben Hinterleibszeichnung ist *T. byssina* eigentlich nur mit der in Deutschland ausschließlich in den Alpen und im Schwarzwald vorkommenden *Anthidium montanum* zu verwechseln, deren Hinterleib deutlich stärker behaart ist; beim Weibchen ist die Scopa rostrot gefärbt, beim Männchen ist Tergit 7 in zwei Seitenlappen ausgezogen, zwischen denen ein längs der Tergitmitte verlaufender Kiel in einen Dorn verlängert ist (*T. byssina*: Tergit 7 ohne besondere Bildungen).

Systematik: Untergattung *Trachusa* PANZER, 1804 s. str.

Nomenklatur: Synonym: *Anthidium byssinum* (PANZER, 1805); *Trachusa serratulae* PANZER, 1804.

Etymologie: Von lat. „*byssina*" = „aus feinstem Leinen gemacht, kattunen, aus Batist" (griech. Fremdwort). Deutscher Name: Der deutsche Name bezieht sich auf die Verwendung von Harz als Nistmaterial; im Vergleich zu *Anthidiellum strigatum* ist *T. byssina* deutlich größer.

Pollenquellen: Oligolektisch auf Schmetterlingsblütler (Fabaceae), Hauptpollenquelle ist der Gewöhnliche Hornklee (*Lotus corniculatus*).

Nestbau: Nistplätze sind kahle oder schütter bewachsene Flächen, meist auf abschüssigen Flächen, zuweilen auch in Steilwänden. Besiedelt auch humoses Substrat, bevorzugt aber sandige oder lössige Böden, oft in Aggre-

gationen. Das Nest besteht aus einem selbst gegrabenen Gang von 10–15 cm Länge, der sich meist in zwei oder mehrere Seitengänge verzweigt. Am Ende der Seitengänge werden 2–4 hintereinanderliegende Brutzellen platziert. Für den Bau der Zellen werden Streifen aus den Blättern von verschiedenen Bäumen und Kräutern ausgeschnitten, die als Zellenwände dienen. Sodann werden kleine Harzstückchen gesammelt, die am Ende der Brutzelle deponiert werden, bis eine ausreichende Menge vorhanden ist, um die Innenseite der Blätter mit einer Harzschicht zu überziehen.

Lebensraum: Blütenreiche Waldsäume, Hecken, Magerwiesen, Sand- und Lehmgruben, Heiden, Weinberge. Vom Flachland bis in die montane, zuweilen auch subalpine Höhenstufe.

Parasiten: Als Kuckucksbienen werden *Coelioxys quadridentata* und *Aglaoapis tridentata* vermutet.

Flugzeit: In einer Generation von Juni bis August.

Gesamtverbreitung: Von Portugal über Europa, Kleinasien, Kaukasus, Zentralasien und Sibirien bis zur Oblast Amur und die Jüdische Autonome Oblast; nordwärts bis 60°N in Norwegen (Oppland), 63°N in Schweden (Jämtland), 64°N in Finnland (Kokkola/ Mittelösterbotten), in Russland bis Karelien, Kirov und Perm; südwärts bis Abruzzo, Nordgriechenland (Olymp/ Timfi) und Nordtürkei.

Lokalverbreitung: Im Gebiet aktuell aus fast allen Regionen gemeldet, lediglich in Schleswig-Holstein, dem Genfersee-Gebiet und dem Südtessin nur historisch.

♀ 11–12 mm | Bruckberg, Niederbayern 26.06.2021
Geißelglied 2 mindestens so lang wie die folgenden zwei zusammen
Clypeus mit glatter Mittellinie, Vorderrand abstehend, mitten ausgerandet
Mandibeln an der Spitze sehr verbreitert, mit flach dreizähniger Schneide
Tergite deutlich punktiert, auf den Scheiben Durchmesser 1–2, auf den Endrändern dichter, ziemlich lang braungelb behaart, besonders an den Seiten
Endtergit und Außenseiten der Tibien kurz und dicht anliegend, fast filzartig graubraun behaart

♀ 11–12 mm | Bruckberg, Niederbayern 26.06.2021
Tergite deutlich punktiert, auf den Scheiben Durchmesser 1–2, auf den Endrändern dichter, ziemlich lang braungelb behaart, besonders an den Seiten
Scutellum gerundet, Hinterrand leicht ausgerandet, das senkrecht stehende Postscutellum deutlich überragend
Endtergit und Außenseiten der Tibien kurz und dicht anliegend, fast filzartig graubraun behaart

Stelis (Panzer, 1806)

Düsterbienen

Systematik: Familie: Megachilidae – Unterfamilie: Megachilinae – Tribus: Anthidiini. Literatur Blüthgen (1930e); Warncke (1992d); Banaszak & Romasenko (2001); Amiet et al. (2004); Scheuchl (2006); Kasparek (2015). Weitere hilfreiche Arbeiten: Ornosa et al. (2009).

Etymologie: Möglicherweise vom griech. „*stelis*" = eine Schmarotzerpflanze. Panzer äußert sich nicht über die Herkunft des Namens; es bleibt auch offen, ob er sich über die brutparasitische Lebensweise der Gattung im Klaren war. Ihren deutschen Namen besitzt die Gattung wegen des vollständig oder größtenteils schwarz gefärbten Körpers der meisten Arten.

Körperliche Merkmale: Die Größe der Düsterbienen liegt zwischen 4 und 14 mm. Der Körper ist schwarz, bei nordamerikanischen Arten auch metallisch, viele Arten sind weiß, gelb oder rotgelb gezeichnet. Wie bei allen Anthidiini und im Gegensatz zu den anderen Tribus der Familie Megachilidae mündet die Discoidalader 2 hinter oder in die Cubitalader 2. Von den anderen Gattungen der Tribus Anthidiini unterscheidet sich *Stelis* dadurch, dass Vorder- und Mitteltibien am Ende mit zwei statt nur einem Dorn ausgestattet sind. Im Aussehen ähneln Düsterbienen oft ihren Wirten. Wie bei allen Kuckucksbienen fehlt dem Weibchen ein Pollensammelapparat.

Lebensweise: *Stelis*-Arten leben als Brutparasitoide bei Löcherbienen (*Heriades*), Mauerbienen (*Osmia*), Scherenbienen (*Chelostoma*), Wollbienen (*Anthidium*) und Harzbienen (*Anthidiellum*), wobei sie in der Regel auf eine oder einige wenige Wirtsarten spezialisiert sind. Die Larven der Düsterbienen töten die Wirtslarve und saugen sie zumindest teilweise aus, bevor sie anschließend den Pollenvorrat verzehren. Als Kuckucksbienen besuchen Düsterbienen Blüten nur zur Eigenversorgung mit Nektar. Sie überdauern den Winter als Ruhelarve (Präpuppe) in der Wirtszelle.

Verbreitung/Artenzahl: *Stelis* ist vorwiegend holarktisch verbreitet, dringt aber in die tropische Zone vor, in der westlichen Hemisphäre bis Costa Rica, in der östlichen Hemisphäre bis Kenia und Malaysia, eine Art kommt isoliert in Südafrika vor. Weltweit sind rund 100 Arten bekannt, zwölf davon im Gebiet.

Stelis punctulatissima (Kirby, 1802)

Punktierte Düsterbiene

Flugzeit	J	F	M	A	M	J	J	A	S	O	N	D

Weibchen: Endränder der Tergite durchsichtig gelblich, Abdomen dadurch gebändert erscheinend. Kurz und spärlich gelbbraun behaart. Clypeus am Endrand abgestutzt, etwas unregelmäßig gekerbt. Mittelfeld matt, genauso dicht punktiert wie das übrige Propodeum, basale Zone scharf gratartig nach hinten abgegrenzt, mit mehr oder weniger parallelen Längsgraten. Tergite und Beine grob punktiert. 8–11 mm.

Männchen: Kurz und spärlich gelbbraun behaart. Clypeus am Endrand abgestutzt, etwas unregelmäßig gekerbt. Mittelfeld matt, genauso dicht punktiert wie das übrige Propodeum, basale Zone scharf gratartig nach hinten abgegrenzt, mit mehr oder weniger parallelen Längsgraten. Tergite und Beine grob punktiert Abdomen am Ende nach unten gekrümmt und ausgehöhlt. Sternit 1 und 2 am Rand schwach gebuchtet, 3 und 4 eingedrückt und am Endrand mit rotgelben Borsten besetzt. 8–11 mm.

♂ 8–11 mm | Ampermündung bei Moosburg 13.06.2019

Verwechslungsmöglichkeit: Gehört zu den Stelis-Arten ohne weiße oder gelbe Zeichnung auf den Tergiten. Charakteristisch in beiden Geschlechtern sind die breiten, gelblich durchscheinenden Tergit-Endränder. Mit 8–11 mm Körperlänge ist sie deutlich größer als die meisten anderen Düsterbienen; lediglich die extrem seltenen *St. nasuta*, die sich sofort durch die großen weißen Flecken auf dem Hinterleib und die roten Beine unterscheidet, und *St. phaeoptera* und *St. franconica* erreichen eine ähnliche Größe.

Systematik: Untergattung *Stelis* PANZER, 1806 s. str.

Nomenklatur: Synonym: *Stelis aterrima* (PANZER, 1798).

Etymologie: Von lat. „*punctulatissimus*" = „stark punktiert", wegen der dichten Punktierung des Körpers.

Lebensraum: Waldsäume, Lichtungen, Hochwasserdämme, Sand-, Kies- und Lehmgruben, Brach- und Ruderalflächen, Gärten und Parks. Vom Flachland bis in die montane Höhenstufe.

Wirte: Das Wirtsspektrum ist offensichtlich relativ breit, aber leider existieren nur Beobachtungen an den potenziellen Wirtsnestern und keine Zuchtnachweise; lediglich in Frankreich wurde *S. punctulatissima* aus einem Nest von Anthidium oblongatum gezogen. Als ziemlich sichere Wirte können *Hoplitis adunca* und *Anthidium manicatum* angenommen werden, vermutet werden *Chelostoma ventrale, Megachile parietina, Osmia aurulenta, O. brevicornis. O. leaiana, O. niveata* und *Pseudoanthidium nanum.*

Flugzeit: in einer Generation von Mai/Juni bis August/September.

Gesamtverbreitung: In Nordafrika von Marokko bis Algerien. In Eurasien von Portugal über Europa, Kleinasien und Kaukasus bis Zentralasien und zum mittelsibirischen Bergland (Kemerowo); nordwärts in Europa bis Wales und Nordengland, in Norwegen bis 60°N (Buskerud), in Schweden bis 62.S°N Västernorrland), in Finnland bis 63°N (Mittelfinnland), in Russland bis Karelien, Kirov und Perm; südwärts bis Lazio, Attika und Syrien. In der ssp. hellenica MAVROMOUSTAKIS, 1959 in Nordafrika, Iberien, südliche Balkanhalbinsel. Kleinasien und Levante.

Lokalverbreitung: Im Gebiet aus allen Regionen gemeldet.

Coelioxys (Atreille, 1809)

Kegelbienen

Systematik: Familie: Megachilidae – Unterfamilie: Megachilinae – Tribus: Megachilini.

Literatur: Warncke (1992c); Banaszak & Romasenko (2001); Amiet et al. (2004); Scheuchl (2006). Weitere hilfreiche Arbeiten: Rowson & Pavett (2008); Nieuwenhuijsen (2010).

Etymologie: Der wissenschaftliche Name bezieht sich auf das zumeist spitz zulaufende Hinterleibsende (von griech. *„koiliá“* (latinisiert *coelia*) = „Bauch“ und *„oxys“* = „spitz“). Ihren deutschen Namen verdanken sie dem kegelförmigen Hinterleib der Weibchen.

Körperliche Merkmale: Kegelbienen besitzen einen 8–22 mm langen, schwarzen Körper, über 15 mm große Arten kommen jedoch nur außerhalb Europas vor; selten sind Beine und Hinterleib teilweise rot gefärbt. Der Hinterleib ist meist von weißen Haarbinden oder -flecken geziert, wobei die Haare zu Schuppen umgeformt sein können. Das Scutellum ist beiderseits mit einem zahnartigen Fortsatz versehen. Die Ausbildung der letzten Hinterleibssegmente ist bei den Weibchen größtenteils charakteristisch für die jeweilige Art, bei den Männchen ist das letzte Tergit in mehrere Zähne ausgezogen. Die Augen der meisten (in Mitteleuropa bei allen) Arten sind im Vergleich zu den anderen Bienengattungen deutlich behaart.

Lebensweise: *Coelioxys*-Arten leben als Brutparasitoide bei anderen Wildbienenarten, soweit bekannt bei Pelz- und Blattschneiderbienen (*Anthophora* und *Megachile*), möglicherweise auch Mauerbienen und Bastardbienen (*Osmia* und *Trachusa*). Die meisten Kegelbienenarten sind auf eine oder einige wenige Wirtsarten spezialisiert. Als Kuckucksbienen besuchen sie Blüten nur zur Eigenversorgung mit Nektar.

Besonderes Verhalten: Zuweilen übernachten Männchen einzeln oder in Gemeinschaft festgebissen an Pflanzenstängeln.

Verbreitung/Artenzahl: *Coelioxys* ist auf allen Kontinenten mit zahlreichen Arten vertreten, lediglich aus Australien sind bisher noch nicht einmal zehn Arten beschrieben. Weltweit sind etwa 320 Arten bekannt, von denen 16 im Gebiet nachgewiesen sind, die Meldung von drei weiteren Arten ist zweifelhaft.

Coelioxys aurolimbatus (Förster, 1853)

Goldsaum-Kegelbiene

Flugzeit	J	F	M	A	M	J	J	A	S	O	N	D

Weibchen: Clypeus kurz samtartig behaart. Haarbinden der Tergite weißlich, auf 1 nicht unterbrochen. Endsternit mit drei spitzen Zähnchen, Endtergit mit aufgebogener Spitze. Clypeus bedeutend feiner als umgebende Teile skulptiert, kurz und dicht anliegend behaart, am Vorderrand mit einer gelbbraunen Befransung. Thorax auf der Oberseite mit kurzen, gelbweißen, anliegenden Haaren, sonst mit langer gelbweißer Behaarung. Tergit 1–5 mit weißlichen Binden. Endtergit deutlich gekielt, vor der Spitze mit zwei tiefen Eindrücken jederseits, so das der Kiel und der Außenrand stark erhaben erscheinen, der Mittelkiel biegt sich unmittelbar vor der Spitze in einer scharfen Krümmung abwärts, die Spitze selbst ist dagegen aufwärts gebogen, sodass das Endtergit zwei hintereinanderliegende Spitzen zeigt. Sternite schwach weißlich bandiert, 5 am ganzen Endrand mit goldgelber Haarfranse. 11–16 mm.

Männchen: Zwischen den beiden unteren Enddornen des Endtergits ein kleines Zähnchen. Basis und Endrand von Sternit 2–4 mit weißlichen Fransenhaaren. Tergite mit weißlichen Binden, die hinteren unterbrochen. Clypeus weißlich und länger als das Gesicht behaart. Thorax auf der Oberseite kurz, sonst lang weißlich behaart. Tergit 2 beiderseits mit Längsgrube, 5 an den Hinterecken mit doppeltem Zähnchen. 11–14 mm.

Verwechslungsmöglichkeiten: Durch das dreispitzige Endsternit, welches das Endtergit nur wenig überragt, kann das Weibchen nur mit *C. rufescens* verwechselt werden, von der sie sich durch die kurze samtartige Behaarung auf dem Clypeus unterscheidet (*C. rufescens*: Clypeus lang weiß behaart). Das Männchen gehört zu den *Coelioxys*-Arten, die sich durch eine normale (nicht schuppenartige) Behaarung und einen nicht ausgerandeten Endrand von Sternit 4 auszeichnen. Von den Arten mit derselben Merkmalskombination unterscheidet sich *C. aurolimbata* durch die deutlichen Haarbinden auf dem Hinterleib, die zumindest auf den vorderen Tergiten durchgehend sind, und den weißlichen Fransenhaaren auf den Sterniten 2–4 (bei *C. mandibularis*, *C. inermis*, *C. elongata* und *C. alata* Tergitbinden zu Seitenflecken reduziert, Sternite nur am Endrand dünn behaart).

Systematik: Untergattung *Coelioxys* LATREILLE, 1809 s. str.

Etymologie: Von lat. „*aureus*“ = „golden“ und „*limbata*“ = „gesäumt“; wegen der goldgelben Haarfranse am Endrand von Sternit 5.

Lebensraum: Magerrasen, Waldsäume, extensiv genutztes Grünland, Sand- und Lehmgruben, Weinberge, Brach- und Ruderalflächen. Vom Flachland bis in die kolline oder zuweilen untere montane Höhenstufe.

Wirte: Der vermutlich einzige Wirt ist *Megachile ericetorum*.

Flugzeit: In einer Generation von Juni bis August.

Gesamtverbreitung: In Nordafrika von Algerien und Marokko gemeldet. In Eurasien über fast ganz Europa (aus Portugal, Korsika, Sardinien, Sizilien, Kreta, den Britischen Inseln, Schweden und Norwegen noch keine Nachweise), ostwärts über Kleinasien, Kaukasus, Südrussland, Iran, Afghanistan und Zentralasien bis nach Ostchina und die Mongolei; nordwärts bis 62°N in Finnland; südwärts bis Sizilien, Puglia, Peloponnes und Libanon. Nach WARNCKE in der ssp. *orientalica* WARNCKE, 1992 von Anatolien und der Levante über den Kaukasus bis in den Iran (die unpublizierten Nachweise aus Afghanistan gehören vermutlich dazu), und in der ssp. *mongolica* FRIESE, 1925 in der Mongolei.

Lokalverbreitung: Im Gebiet fast überall, wenn auch nicht häufig.

Coelioxys conoidea (Illiger, 1806)

Sandrasen-Kegelbiene

Flugzeit	J	F	M	A	M	J	J	A	S	O	N	D

Weibchen: Tergit 1–5 mit großen, scharfbegrenzten, dreieckigen weißen Seitenflecken. Der äußere Sporn der Hintertibien stumpf. Oben gelblich, unten fast weiß behaart. Vorderrand des Clypeus dicht rotgelb beborstet, mit einzelnen weit abstehenden Borsten dazwischen. Endtergit stark gekielt, vor der Spitze grob gerunzelt. Endsternit breit zugespitzt, das Endtergit sowohl in der Breite als auch in der Länge überragend. 14–16 mm.

Männchen: Abdomen an den Seiten mit breiten, dreieckigen, weißen Haarflecken. Außensporn der Hintertibien dick und stumpf. Clypeus lang weiß behaart, Vorderrand ohne rotgelbe Borsten. Tergit 1 am Vorderrand zwischen den Haarflecken oft mit schmaler weißer Befransung. Endtergit sechszähnig, an der Basis beiderseits mit einem schmalen weißen Haarfleck. Sternit 4 sehr deutlich und auffallend ausgerandet. 11,5–15 mm.

Verwechslungsmöglichkeiten: *Coelioxys conoidea* gehört zu den *Coelioxys*-Arten, die sich durch eine normale (nicht schuppenartige) Behaarung und ein in eine einzige Spitze auslaufendes Endsternit auszeichnen. Ähnlich sind hier nur *C. conica* und *C. lanceolata*; bei ersterer verschmälert sich aber das Endsternit vor der Spitze deutlich (bei *C. lanceolata* und *C. conoidea* gleichmäßig lanzettförmig zugespitzt). Bei *C. conoidea* tragen die Tergite

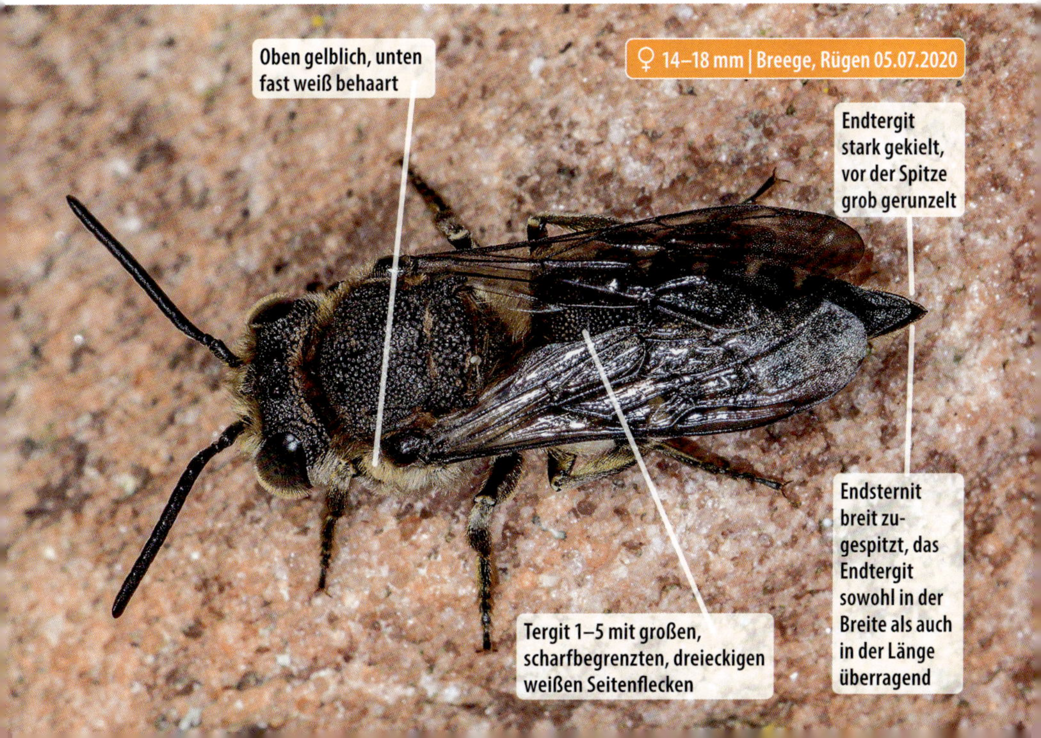

1–5 große, deutliche weiße Haarflecken an den Seiten, und der Außensporn der Hintertibien endet stumpf, während *C. lanceolata* durchgehende, wenn auch dünne Tergitbinden besitzt; der Außensporn der Hintertibien endet spitzig. Die Männchen lassen sich unter den normal behaarten Arten ebenfalls an den seitlichen Seitenflecken der Tergite und dem abgestumpften Außensporn der Hintertibien erkennen.

Systematik: Untergattung *Coelioxys* LATREILLE, 1809 s. str.

Nomenklatur: Synonym: *Coelioxys vectis* CURTIS, 1831.

Etymologie: Von lat. „*conoidea*" = „kegelähnlich; von „*conus*" = „Kegel, kegelförmige Helmspitze" (griech. Fremdwort.), wegen des kegelförmigen Hinterleibs des Weibchens; möglicherweise wollte ILLIGER mit diesem Namen auch die Ähnlichkeit mit *Coelioxys conica* (Synonym von *C. quadridentata*) zum Ausdruck bringen. Der deutsche Name bezieht sich auf den Lebensraum.

Lebensraum: Binnen- und Küstendünen, Flugsandfelder, Sand- und Lehmgruben, Sandheiden, Trockenrasen, Brach- und Ruderalflächen. Vom Flachland bis in die montane Höhenstufe.

Wirte: Hauptwirt ist *Megachile maritima*, Nebenwirte sind *Megachile lagopoda* und möglicherweise *Megachile ericetorum*.

Flugzeit: In einer Generation von Juni bis August.

Gesamtverbreitung: Transpaläarktisch. In Nordafrika von Marokko, Algerien und Ägypten gemeldet. In Eurasien von Portugal bis an die Pazifikküste des Fernen Ostens; nordwärts bis Mittelengland, Südschweden und Finnland (bis 62°N); südwärts bis Sizilien, Kalabrien, Nordgriechenland, Kreta, Zypern und Nordiran.

Lokalverbreitung: In Deutschland aus allen Bundesländern nachgewiesen, in Schleswig-Holstein nur historische Meldungen. In Österreich ebenfalls in allen Bundesländern, lediglich die Meldung aus Salzburg bedarf der Nachprüfung. In der Schweiz mit Ausnahme des Alpenhauptkammes fast überall, aktuell jedoch nur aus dem Wallis, im Graubündner Rheintal, im Mittelland und im Genfersee-Gebiet.

Coelioxys inermis (Kirby, 1802)

Unbewehrte Kegelbiene

Flugzeit	J	F	M	A	M	J	J	A	S	O	N	D

Weibchen: Mesonotum grob, aber zerstreuter punktiert (Durchmesser teilweise = 1). Tergite basal zerstreut punktiert, glänzend. Sternit 4 deutlich gröber und zerstreuter punktiert. Tergit 5 ohne Haarbinde, Binden von 2–4 unterbrochen und als Seitenflecken erscheinend. Vorderrand des Clypeus mit rotgelben Haaren. Thorax kurz braungrau behaart. Tergit 1 an den Seiten mit großem weißen Haarfleck, 2–4 mit breiter, in der Mitte unterbrochener weißer Haarbinde, sodass sie wie zwei schmale Seitenflecken erscheint. Sternit 2–4 mit schmaler, oft durchbrochener gelbweißer Binde. Endsternit sanft zur Spitze hin verschmälert, unmittelbar vor dieser beiderseits mit einem kleinen Zahn. Sporen der Hintertibien braungelb, spitz. 9–12 mm.

Männchen: Seitengrube von Tergit 2 schmalrinnig. Clypeus und Gesicht lang, dicht, braungrau behaart. Thorax auf der Oberseite kurz braungrau, sonst länger und heller graubraun behaart. Basalteil von Tergit 2 meist feiner punktiert als bei *C. elongatus*. Tergit 1 mit zwei weißen Seitenflecken, 2 beiderseits mit einer kleinen, etwa viermal so langen wie breiten Grube. Tergit 2–4 mit mitten unterbrochenen Haarbinden. Sternit 2–4 mit vollständigen weißen Binden. 9–10 mm.

Verwechslungsmöglichkeiten: Das Weibchen besitzt wie *C. mandibularis* und *C. elongatus* ein das Endtergit deutlich überragendes Endsternit, das vor der Spitze beiderseits mit einem Zähnchen versehen ist. Bei *C. mandibularis* sind die Mandibeln artcharakteristisch in der Mitte fast rechtwinklig nach innen geknickt. Von *C. elongatus* unterscheidet sich *C. inermis* durch die mitten unterbrochenen Haarbinden auf den Tergiten 2–4; auf Tergit 5 ist keine Haarbinde ausgebildet (*C. elongata*: Tergite 2–5 mit durchgehenden Haarbinden). Das Männchen gehört zu den *Coelioxys*-Arten, die sich durch eine normale (nicht schuppenartige) Behaarung und einen nicht ausgerandeten Endrand von Sternit 4 auszeichnen. Von den Arten mit derselben Merkmalskombination (*C. aurolimbata*, *C. mandibularis*, *C. elongatus* und *C. alatus*) unterscheidet sich *C. aurolimbata* durch die deutlichen Haarbinden auf dem Hinterleib, die zumindest auf den vorderen Tergiten durchgehend sind, und den weißlichen Fransenhaaren auf den Sterniten 2–4; bei den anderen Arten sind die Tergitbinden zu Seitenflecken reduziert, die Sternite sind nur am Endrand dünn behaart. *C. elongatus* und *C. alatus* unterscheiden sich durch die breit ovale Grube an beiden Seiten des Tergits 2, die bei *C. inermis* und *C. mandibularis* lang und schmal ausgeprägt ist. *C. mandibularis* lässt sich in den meisten Fällen durch die schwarz gefärbten Sporne der Hintertibien abtrennen; zudem ist diese Art auf der Basis des Tergits 2 dichter behaart als die anderen Arten, deren Hintertibial-Sporen bräunlichgelb gefärbt sind.

Systematik: Untergattung *Bareocoelioxys* MITCHELL, 1973.

Nomenklatur: Synonym: *Coelioxys acuminata* NYLANDER, 1852.

Etymologie: Von lat. „*inermis*" = „unbewehrt"; KIRBY bezieht sich auf ein ungezähntes Scutellum („*scutello inermi*"), was allerdings nicht den Tatsachen entspricht, möglicherweise hatte er ein missgebildetes Tier vor sich. Der deutsche Name bezieht sich auf die wissenschaftliche Bezeichnung.

Lebensraum: Waldsäume, Hecken, extensiv genutztes Grünland, Hochwasserdämme, Brach- und Ruderalflächen, Gärten, Parks. Vom Flachland bis in die montane, in der Südschweiz bis in die untere subalpine Höhenstufe.

Wirte: Hauptwirte sind *Megachile centuncularis* und *Megachile versicolor*.

Flugzeit: Möglicherweise partiell bivoltin von Mai bis Oktober.

Gesamtverbreitung: Transpaläarktisch. In Nordafrika in Marokko und Algerien. In Eurasien von Portugal über Kleinasien, Zentralasien, Sibirien bis Sachalin und Japan; in Europa nordwärts bis Südirland und Mittelengland, bis 61,5°N in Norwegen, 66°N in Schweden, 65°N in Finnland; südwärts bis Sizilien, Montenegro (keine Nachweise vom griechischen Festland), Kreta, Zypern, Südosttürkei und Nordiran.

Lokalverbreitung: In Deutschland in Mecklenburg-Vorpommern nur historisch, sonst überall aktuell. In Österreich mit Ausnahme von Salzburg aus allen Bundesländern gemeldet. In der Schweiz aktuell aus Schaffhausen, aus der Umgebung des Neuenburger Sees und aus dem Alpenraum bis ins südliche Tessin, keine Nachweise im östlichen Mittelland. Historisch aus Basel, Bern, den Kantonen Genf und Waadt. Auch im westlichen Wallis nur alte Funde. Rote Liste: Kategorie G: Gefährdung anzunehmen.

Coelioxys mandibularis (Nylander, 1848)

Mandibel-Kegelbiene

Flugzeit	J	F	M	A	M	J	J	A	S	O	N	D

Weibchen: Mandibeln rechtwinklig, fast eckig umgebogen, stark braun befilzt. Clypeus und Gesicht mit dicht anliegender weißgrauer Behaarung. Tergit 1 beiderseits mit einem weißlichen Haarfleck. Sternit 1–4 dicht und grob punktiert, 5 mit einer ziemlich breiten chagrinierten Zone, 1 am Hinterrand mit Andeutung eines Haarflecks, 2 und 3 mit schwach ausgebildeter Binde. Endsternit stark ausgezogen, nach unten gebogen, glänzend, unmittelbar vor der Spitze beiderseits mit einem kaum wahrnehmbaren Zahn. Sporen der Hintertibien schwarz. 9–12 mm.

Männchen: Sporen der Hintertibien schwarz oder schwarzbraun. Zwischen den beiden unteren Enddornen des Endtergits kein Zähnchen. Sternite nur am Endrand dünn behaart. Tergite nur mit weißlichen Seitenflecken. Thorax oben gelbbraun, unten gelbweiß behaart. Tergit 2 und 3 mit fast vollständigen Haarbinden, 5 am Vorderrand mit schütteren, an den Seiten des Hinterandes mit weißen Haaren; Tergit 2 beiderseits mit einer etwa dreimal so langen wie breiten Grube, die nach vorne von fast tomentartiger gelbbrauner Behaarung begrenzt wird. Der Abstand zwischen den unteren Zähnen des Endtergits kürzer als eine Zahnlänge, der anschließende Zwischenraum zur Basis zu konkav, zum Teil höhlig vertieft. Seitengrube von Tergit 2 mit Ausnahme von *elongata* schmalrinnig. Geißel-

♂ 8–11 mm | Isarauen bei Moosburg 16.06.2020

glieder mit Ausnahme von Glied 2 so breit wie lang. 8–11 mm.

Verwechslungsmöglichkeiten: Durch das Endsternit, welches das Endtergit deutlich überragt und vor der Spitze beiderseits mit einem Zähnchen versehen ist, ähnelt *C. mandibularis* sehr den beiden Arten *C. inermis* und *C. elongatus*, besitzt jedoch mit den charakteristisch in der Mitte fast rechtwinklig nach innen geknickten Mandibeln ein Alleinstellungsmerkmal unter den einheimischen Kegelbienen. Das Männchen gehört zu den *Coelioxys*-Arten, die sich durch eine normale (nicht schuppenartige) Behaarung und einen nicht ausgerandeten Endrand von Sternit 4 auszeichnen. Von den Arten mit derselben Merkmalskombination (*C. aurolimbartus*, *C. inermis*, *C. elongatus* und *C. alatus*) unterscheidet sich *C. aurolimbata* durch die deutlichen Haarbinden auf dem Hinterleib, die zumindest auf den vorderen Tergiten durchgehend sind, und den weißlichen Fransenhaaren auf den Sterniten 2–4; bei den anderen Arten sind die Tergitbinden zu Seitenflecken reduziert, die Sternite sind nur am Endrand dünn behaart. *C. elongata* und *C. alata* unterscheiden sich durch die breit ovale Grube an beiden Seiten des Tergits 2, die bei C. inermis und C. mandibularis lang und schmal ausgeprägt ist. *C. mandibularis* lässt sich in den meisten Fällen durch die schwarz gefärbten Sporne der Hintertibien abtrennen; zudem ist diese Art auf der Basis des Tergits 2 dichter behaart als die anderen Arten, deren Hintertibial-Sporen bräunlichgelb gefärbt sind.

Systematik: Untergattung *Coelioxys* LATREILLE, 1809 s. str.

Etymologie: Wegen der fast rechtwinklig abgeknickten Mandibeln.

Lebensraum: Zeigt keine strenge Habitatbindung; Waldsäume, Magerrasen, extensiv genutztes Grünland, Almwiesen, Brach- und Ruderalflächen, Hochwasserdämme, Sand- und Lehmgruben, Abwitterungshalden, Weinberge, Gartenanlagen. Vom Flachland bis in die subalpine Höhenstufe.

Wirte: Durch Zucht sicher belegt sind bislang nur *Megachile versicolor* und *Hoplitis villasa*, aber höchstwahrscheinlich kommen noch andere *Megachile*-Arten wie *M. centuncularis* infrage. Oftmals als Wirt vermutet wird auch *Hoplitis papaveris*.

Flugzeit: In einer Generation von Juni bis August.

Gesamtverbreitung: Transpaläarktisch. Von den Pyrenäen über Süd-, Mittel- und das südliche Nordeuropa, Kleinasien, Kaukasus, Zentralasien und Sibirien bis Sachalin; in Europa nordwärts bis Mittelengland, in Norwegen bis 61°N, in Schweden bis 60°N, in Finnland bis 63,5°N, in Russland bis Karelien und Perm; südwärts bis Sardinien, Lazio und Mittelgriechenland.

Lokalverbreitung: In Deutschland und Österreich mit Ausnahme von Salzburg und Vorarlberg aus allen Bundesländern nachgewiesen. In der Schweiz aktuell nur aus dem Alpenraum, historisch auch aus dem Kanton Waadt.

Coelioxys rufescens (Lepeletier & Serville, 1825)

Rötliche Kegelbiene

Flugzeit	J	F	M	A	M	J	J	A	S	O	N	D

Weibchen: Clypeus lang weiß behaart. Tergit 1 mit breit unterbrochener Binde. Endsternit mit drei stumpfen Ecken, seltener abgestutzt oder abgerundet. Tergit 2–5 mit braungelben, mitten verschmälerten Binden am Endrand, sonstige Behaarung ebenfalls braungelb. Sternit 1–5 ziemlich dicht punktiert, mit ganzer, weißgelber bis gelbbrauner Binde. Sporen der Hintertibien braungelb, dünn zugespitzt. 11–15 mm.

Männchen: Tergit 2–4 mit blass braungelben, mit etwas verschmälerten Haarbinden, Tergit 1 gewöhnlich mitten unbehaart Tergit 5 an den Hinterecken mit einem deutlichen Zähnchen. Tergit 2 beiderseits der Mitte mit kleiner, querliegender, grubenartiger Vertiefung. Tergit 5 ohne Haarbinde, beiderseits mit einem deutlichen, doppelten kleinen Zahn. Endtergit mit sechs Dornen, die mittleren dichter zusammengedrängt als bei *aurolimbatus*. Sternit 1–5 mit ganzen, braungelben bis gelbweißen Binden, 4 und 5 in der Regel mit kleinen zahnigen Hinterecken. 11–14 mm.

Verwechslungsmöglichkeiten: Durch das dreispitzige Endsternit, welches das Endtergit nur wenig überragt, kann das Weibchen nur mit *C. aurolimbatus* verwechselt werden, die sich durch die kurze samtartige Behaarung auf dem Clypeus unterscheidet (*C. rufescens*: Clypeus lang weiß behaart). Das Männchen gehört zu den *Coelioxys*-Arten, die sich durch eine normale (nicht schuppenartige) Be-

♀ 11–15 mm | Eichenkofen bei Erding 16.07.2019

haarung und einen ausgerandeten Endrand von Sternit 4 auszeichnen. Von den Arten mit derselben Merkmalskombination (*C. conoideus*, *C. conicus*, *C. lanceolatus*) unterscheidet sich *C. rufescens* durch die blass rostbräunlichen, mitten verschmälerten Haarbinden auf dem Hinterleib, die bei *C. conoidea* zu breiten, dreieckigen weißen Seitenflecken reduziert sind, und bei *C. conica* und *C. lanceolata* weiß gefärbt und mitten nicht verschmälert sind. Die beiden letzteren Arten lassen sich auch durch das Fehlen eines Seitenzahns auf Tergit 5 abtrennen, der bei *C. conoidea* und *C. rufescens* vorhanden ist.

Systematik: Untergattung *Coelioxys* LATREILLE, 1809 s. str.

Etymologie: Von lat. „*rufescens*" = „rot bzw. rötlich werdend", wegen der rotbraunen Behaarung.

Lebensraum: Waldsäume, Waldwege, Lichtungen, Hochwasserdämme. Vom Flachland bis in die subalpine Höhenstufe.

Wirte: Sicher belegte Wirte sind *Anthophora plagiata* und *Anthophora furcata*. In der Literatur werden auch *A. quadrimaculata*, *A. bimaculata*, *A. borealis* und *A. fulvitarsis* genannt.

Flugzeit: In einer Generation von Juni bis August/September.

Gesamtverbreitung: Transpaläarktisch. Von Portugal über Europa, Südrussland, Sibirien bis Primorie, Japan und die Kurilen; nordwärts bis Mittelengland, in Norwegen bis 60°N, in Schweden bis 63°N, in Finnland bis 65°N, in Russland bis Karelien und Perm; südwärts bis Lazio, Peloponnes, Südtürkei und Nordiran.

Lokalverbreitung: Im Gebiet aus fast allen Regionen gemeldet, in Österreich bislang keine Nachweise aus Salzburg.

♂ 11–15 mm | Eichenkofen bei Erding 16.07.2019
Tergit 5 an den Hinterecken mit einem deutlichen Zähnchen
Tegum 2 beiderseits der Mitte mit kleiner, querliegender, grubenartiger Vertiefung
Tergit 5 ohne Haarbinde, beiderseits mit einem deutlichen, doppelten kleinen Zahn. Endtergit mit sechs Dornen, die mittleren dichter zusammgedrängt als bei *aurolimbatus*
Tergit 2–4 mit blaß braungelben, etwas verschmälerten Haarbinden
Tergit 1 gewöhnlich mitten unbehaart

♀ 11–15 mm | Moosburg Garten05.08.2020
Endsternit mit drei stumpfen Ecken, seltener abgestutzt oder abgerundet

Megachile (LATREILLE, 1802)

Blattschneiderbienen, Mörtelbienen

Systematik: Familie: Megachilidae – Unterfamilie: Megachilinae – Tribus: Megachilini.

Nomenklatur: *Megachile* wird von einigen Bearbeitern in drei Gattungen aufgeteilt, in *Megachile, Chalicodoma* und *Creightonella*. Da es aber Übergänge zwischen diesen Taxa gibt, hat sich jüngst MICHENER (2007) erneut entschieden gegen eine Aufspaltung ausgesprochen. Er gliedert *Megachile* in 57 Untergattungen, die er auf drei Gruppen verteilt, die im Großen und Ganzen den oben erwähnten „Gattungen" entsprechen.

Literatur: SCHMIEDEKNECHT (1930); DORN & WEBER (1988); BANASZAK & ROMASENKO (2001); AMIET et al. (2004); SCHEUCHL (2006). Weitere hilfreiche Arbeiten: NIEMELÄ (1936); REBMANN (1968a, b); NIEUWENHUIJSEN (2011c).

Etymologie: Von griech. *„mégas"* = „groß" und *„cheilos"* = „Lippe", bezieht sich auf die kräftig ausgebildeten Mandibeln. Der deutsche Name „Blattschneiderbiene" nimmt Bezug auf die Nestbaugewohnheiten vieler Arten, die ihre Brutzellen aus Blattstücken fertigen, welche sie mit ihren Mandibeln aus dem Laub verschiedener Pflanzen schneiden; die Arten, die ihre Nester aus mineralischen Baustoffen errichten, werden „Mörtelbienen" genannt.

Körperliche Merkmale: Die Blattschneiderbienen umfassen mittelgroße bis sehr große Arten; zu ihnen gehört auch die größte bekannte Biene mit einer Körperlänge von 39 mm, die auf den Molukken beheimatete *Megachile pluto*. Die einheimischen Arten sind schwarz gefärbt, in heißen Klimaten auch mehr oder weniger ausgedehnt rot. Der Hinterleib ist oberseits meist spärlich behaart und oft mit Haarbinden versehen, bei den Weibchen trägt er unterseits eine rote, schwarze oder weißliche Sammelbürste. Von den anderen Bauchsammler-Tribus unterscheidet sich *Megachile* folgendermaßen: Von den Anthidiini dadurch, dass die Dicoidalader 2 deutlich vor der Cubitalader 2 mündet (Anthidiini: bei oder hinter der Cubitalader 2), von den Osmiini durch das Fehlen eines Haftlappens (Pulvillus) an den Klauengliedern der Beine und von den Lithurgini dadurch, dass der Endrand der Mandibeln breiter ist als die Mandibelbasis. Bei den Männchen vieler *Megachile*-Arten sind die Vorderbeine modifiziert, z. B. durch weiß oder gelb gefärbte Verbreiterungen an den verschiedenen Beingliedern, durch dornartige Fortsätze an den Vordercoxen und/oder durch spezielle Ausprägungen der Vorderbein-Behaarung, die sämtlich beim Paarungsverhalten eine Rolle spielen.

Lebensweise: *Megachile*-Arten sind solitär lebende, pollensammelnde und nestbauende Bienen. Sie überdauern den Winter als Ruhelarve (Präpuppe) in ihrem Kokon. Zumindest bei einigen Arten „überliegt" ein Teil der Brut, d. h. sie schlüpft erst im übernächsten Jahr.

Pollenquellen: In der Regel zeigen sie keine Bevorzugung bestimmter Pollenquellen; nur wenige Arten sind auf eine Pflanzenfamilie spezialisiert.

Nestbau: MICHENER (2007) unterteilt die Gattung nach dem Nestbauverhalten in drei Gruppen. Die meisten Arten (Gruppe I) legen ihre Nester in den unterschiedlichsten vorhandenen Hohlräumen oder auch selbst genagten Gängen in markhaltigen Stängeln oder Ästen an, einige Arten auch in selbst gegrabenen Gängen im Erdboden, wo die aus

Blattstücken errichteten Brutzellen angelegt werden. Diese Blattstücke werden mit den Mandibeln nach immer gleichem Muster in zwei verschiedenen Formen säuberlich ausgeschnitten länglich-oval für die Zellenwände und kreisrund für den Zellenverschluss. Das Ausschneiden dauert nur wenige Sekunden. Die Arten von Gruppe III verwenden zwar auch Blattstücke, aber bei ihnen ist die Form unregelmäßig und der Rand in der Regel gezackt. Die Zellenwand wird mit wenig Pflanzenmörtel oder mineralischem Substrat verstärkt. Bei Gruppe II schließlich werden die Brutzellen vollständig aus Lehm oder Sand gebaut, auf pflanzliche Materialien wird, soweit bekannt, völlig verzichtet.

Parasiten: Als Kuckucksbienen sind Kegelbienen (*Coelioxys*), Düsterbienen (*Stelis*) und Zweizahnbienen (*Dioxys*) bekannt. Als weitere Brutparasiten treten Goldwespen (Chrysididae) verschiedener Gattungen, Schmalbauchwespen (Gasteruptionidae), Satellitenfliegen (*Miltogramma*) und Trauerschweber (*Anthrax*) auf.

Besonderes Verhalten: Die Männchen einiger Arten der UnTergitetttung *Chalicodoma* sind insbesondere im Mittelmeerraum als Bestäuber von Orchideen der Gattung *Ophrys* bekannt, deren Blüten durch Geruch und Aussehen *Megachile*-Weibchen imitieren; den dadurch angelockten Männchen wird dann beim Kopulationsversuch ein Pollenpaket angeheftet.

Artenzahl: Weltweit sind rund 1100 Arten bekannt, von denen im Gebiet 29 sicher nachgewiesen sind.

Megachile ericetorum (Lepeletier, 1841)

Platterbsen-Mörtelbiene

Flugzeit	J	F	M	A	M	J	J	A	S	O	N	D

Weibchen: Mandibeln lang zugespitzt mit langer zweizähniger Zahnkante. Abdomen auf den Endrändern der Tergite mit breiten hellen Binden aus dicht anliegender Behaarung. Clypeus in der Mitte unregelmäßig punktiert mit bis zu punktbreiten Zwischenräumen, Vorderrand mitten mit kleinem Zähnchen. Thoraxoberseite fast runzlig punktiert, gelbgrau behaart, auf der Scheibe des Mesonotums fast schwarz. Abdomen grob und nicht dicht punktiert, Tergit 1 locker behaart, 2–5 vor den deutlichen braungelben Binden kurz schwärzlich behaart, 6 am Ende gelbfilzig. Scopa rötlichgelb bis gelbbraun. Beine schwarz, gelblich behaart. Klauenglied rotbraun. Schenkel etwas verdickt. Sporen rotgelb. 12–14 mm

Männchen: Tergite mit breiten hellen Endbinden aus anliegenden Haaren. Endrand von Tergit 7 mitten dornartig ausgezogen. Tergit 6 durchweg kurz schwärzlich behaart, mit stark gezähneltem und mitten tief ausgeschnittenem Grat, 7 stark dornartig gekielt, kaum sichtbar. Endränder der Sternite blass, weiß gefranst; Sternit 4 winklig ausgeschnitten, in diesen Ausschnitt der Kiel von Tergit 7 hineinpassend. Vordertarsen größtenteils rotgelb, weiß gefranst. 10–13 mm

Systematik: Untergattung *Pseudomegachile* Friese, 1899.

Nomenklatur: Synonyme: *Chalicodoma ericetorum* (Lepeletier, 1841); *Megachile fasciata* Smith, 1844.

Verwechslungsmöglichkeiten: Die Weibchen sind durch die Kombination von gelblicher Scopa und breiten, dichten, durchgehenden Tergitbinden von allen anderen heimischen Blattschneiderbienen unterschieden; im Zweifelsfall auch durch die zweizähnigen Mandibeln mit langer Schneidekante, die in ähnlicher Form nur noch bei der völlig schwarz behaarten, seltenen M. parietina auftritt. Die Männchen können durch die dichten, durchgehenden Tergitbinden zusammen mit den nicht verbreiterten, rotgelb gefärbten Vordertarsen von den anderen heimischen Blattschneiderbienen getrennt werden.

Etymologie: Von lat. *„ericetum"* = „Ort, an dem Erika wächst; Heide, Moor"; Lepeletier bezieht sich auf den Lebensraum, in dem er die Art fand. Deutscher Name: Platterbsen gehören zu den bevorzugten Pollenquellen der Art.

Pollenquellen: Oligolektisch auf Fabaceae spezialisiert.

Nestbau: Nistet in vorhandenen Hohlräumen in Totholz, Steilwänden und Erdabbrüchen, hohlen Pflanzenstängeln, Mauerfugen, Felsspalten oder verlassenen Nestern anderer Hautflügler. Die Nestanlage ist linear; pro Nest werden 1–8 Zellen angelegt. Die Brutzellen sind zylindrisch und bestehen vollständig aus einem Mörtel, den das Weibchen aus Lehm oder Sand sowie einem körpereigenen Sekret mischt. Die Wände sind auffallend dick und werden innen mit Harz überzogen.

Lebensraum: Magerrasen, Waldsäume, extensiv genutztes Grünland, Sand- und Lehmgruben, Weinberge, Brach- und Ruderalflächen, Gartenanlagen. Vom Flachland bis in die montane Höhenstufe. Parasiten: Als Kuckucksbiene ist Coelioxys aurolimbata bekannt. Als weitere Brutparasiten wurden die Erzwespen Leucospis dorsigera und Monodontomerus nitidus beobachtet.

Flugzeit: In einer Generation von Juni bis August.

Gesamtverbreitung: In Nordafrika aus Marokko und Algerien gemeldet. In Eurasien von Portugal über Europa, Kleinasien, Kaukasus bis Sibirien (Kurgan), Mongolei und zur chinesischen Pazifikküste; nordwärts bis Südengland (hier nur einmal 1844 von drei Lokalitäten gemeldet), in Finnland bis 62°N; südwärts bis Sizilien, Kreta, Syrien und Nordiran. Eingeschleppt in der Nearktis. Folgende Unterarten wurden beschrieben, die wohl sämtlich eher als Färbungsformen zu werten sind: ssp. euroa (Tkalcü, 1988) und ssp. oraniensis Van Der Zanden, 1989 aus Algerien, ssp. melaleuca Van Der Zanden, 1989 aus Marokko, Spanien und Korsika sowie ssp. tyrneri (Tkalcu. 1994) aus der Türkei.

Lokalverbreitung: In Deutschland und Österreich aus allen Regionen gemeldet. In der Schweiz keine Nachweise aus dem Tessin und dem Engadin.

♂ 10–13 mm | Breege, Rügen 12.07.2020
Tergit 5 durchweg kurz schwärzlich behaart, mit stark gezähneltem und mitten tief ausgeschnittenem Grat
Vordertarsen größtenteils rotgelb, weiß gefranst

♂ 10–13 mm | Breege, Rügen 12.07.2020
Tergit 5 durchweg kurz schwärzlich behaart, mit stark gezähneltem und mitten tief ausgeschnittenem Grat
Vordertarsen größtenteils rotgelb, weiß gefranst

Megachile maritima (Kirby, 1802)

Sand-Blattschneiderbiene

Flugzeit	J	F	M	A	M	J	J	A	S	O	N	D

Weibchen: Clypeus ohne unpunktierte Mittellinie. Sehr ähnlich *M. lagopoda*, Gestalt schlanker. Scheibe des Mesonotums dicht punktiert (Durchmesser <1). Tergit 3–5, besonders Tergit 4 in der Mitte, stark und dicht punktiert. Tergit 6 außer der dicht anliegenden Behaarung auf der ganzen Fläche mit vielen abstehenden schwarzen Haaren, oft weißgrau befilzt. Haarbinden breit, auch auf Tergit 5 vollständig ausgebildet. Sammelbürste meist basal weißlich, dann hellrot, am Ende schwarz. 15–17 mm.

Männchen: Vordertibien am Ende mit zwei Zähnen, dazwischen rund ausgeschnitten. Letztes Fühlerglied stark verbreitert. Tergit 5 am Endrand dicht rötlich behaart. Tergit 6 unter dem Grat mit tief ausgehöhlter Vertiefung. Die starke und dichte Beborstung der Vordertarsen fast ganz gelbweiß mit einigen gelbbraunen bis schwarzen Spitzen. Innenseite der Vorderschenkel weiß, oben schwarz gerandet, unten mit dünner schwarzer Linie, mitten mit ovalem Fleck, der durch eine dünne Linie mit der Tibienbasis verbunden ist. Gonostylus in drei Fortsätzen endend, der unterste abgestutzt, darüber auf der Innenseite ein spitz auslaufender, daneben ein zur Spitze hin verbreiterter Fortsatz, dieser auf der Oberseite mit rötlichen, geschwungenen Haarborsten besetzt. 12–15 mm.

Verwechslungsmöglichkeiten: Das Weibchen unterscheidet sich von den anderen großen *Megachile*-Arten (>12 mm) durch die Existenz von Haarbinden auf den Tergiten (fehlend bei *M. circumcincta* und *M. nigriventris*) und die auffallend verdickten Hintertibien und -metatarsen (bei *M. ligniseca* nicht verdickt); diese Merkmalskombination weisen sonst nur noch *M. willughbiella* und *M. lagopoda* auf. *M. willughbiella* lässt sich von *M. maritima* und *M. lagopoda* durch die schmalen, aber deutlichen, glänzenden Punktzwischenräume auf der Scheibe des Mesonotums trennen; bei den beiden anderen Arten ist das Mesonotum überall sehr dicht punktiert, sodass fast keine Punktzwischenräume erkennbar sind. Bei *M. maritima* ist das Tergit 6 auf ganzer Fläche mit abstehenden schwarzen Haaren besetzt, dazwischen mit weißer, kurzer, filzartig anliegender Unterbehaarung, während bei *M. lagopoda* Tergit 6 apikal mit anliegenden, nur basal abstehenden schwarzen Haaren bestanden ist, ohne weiße Unterbehaarung. Das Männchen unterscheidet sich von den anderen großen *Megachile*-Arten mit stark verbreiterten Vordertarsen wie folgt: Bei *M. circumcincta* ist der Metatarsus der Vorderbeine nur so breit wie das Ende der Vordertibia (bei allen anderen breiter), bei *M. maritima* und *M. lagopoda* sind die Metatarsen der Hinterbeine deutlich gestaucht und verdickt, bei *M. willughbiella* und *M. nigriventris* hingegen zwar vergleichsweise kurz, aber nicht verdickt. Das letzte Fühlerglied ist bei *M. maritima* stark verbreitert, bei *M. lagopoda* nur wenig oder gar nicht, zudem befinden sich am Ende der Vordertibien bei *M. maritima* zwei Zähne, bei *M. lagopoda* laufen diese in einen einzigen Zahn aus. Siehe auch bei *M. lagopoda*.

Systematik: Untergattung *Xanthosarus* ROBERTSON, 1903.

Etymologie: Von lat. „*maritima*" = „das Meer betreffend, Meer-"; Kirby fand die Art am Meer („*In maritimis, prope Landguard fort in Suffolcia semel lecta*"). Deutscher Name: Die Art kommt fast ausschließlich in Sandgebieten vor.

Pollenquellen: Polylektisch; bislang nachgewiesen ist die Nutzung des Pollens der fünf Pflanzenfamilien Asteraceae, Boraginaceae, Fabaceae. Onagraceae und Plantaginaceae.

Nestbau: Nistet in selbst gegrabenen Hohlräumen in der Erde, vorzugsweise unter Wurzelballen von Gräsern und unter Steinen; bevorzugtes Substrat ist Sand. Die Nester liegen einzeln, manchmal in kleinen Aggregationen. Der Nestgang verläuft schräg nach unten, aber nur wenige Zentimeter unter die Erdoberfläche. Ist er unverzweigt, enthält das Nest in der Regel 1–2, bei verzweigten Bauten 5–8 Brutzellen, die aus ausgeschnittenen Blattstücken verschiedener Bäume, Sträucher und krautiger Pflanzen angefertigt werden. Nach Verproviantierung und Eiablage wird der Nestgang mit Sand verfüllt.

Lebensraum: Sandafin; Binnen- und Küstendünen, Flugsandfelder, Sand- und Lehmgruben, Sandheiden, Trockenrasen, Brach- und Ruderalflächen. Vom Flachland bis in die montane Höhenstufe.

Parasiten: Kuckucksbiene ist *Coelioxys conoidea*.

Flugzeit: In einer Generation von Juni bis August.

Gesamtverbreitung: Transpaläarktisch. In Nordafrika aus Marokko und Algerien gemeldet. In Eurasien von Portugal über Süd- und Mitteleuropa, Kleinasien, Kaukasus, Zentralasien und Sibirien bis zur Pazifik-

küste (Russland, Korea); nordwärts bis Irland, Wales und Nordengland (keine Nachweise aus Fennoskandien die Meldungen aus Finnland liegen im heutigen Russland), in Russland bis Karelien und Kirov; südwärts bis Sizilien, Bulgarien, Südtürkei und Zentraliran. Wenn die Synonymisierung von *Megachile melanoneura* CAMERON, 1909 mit *M. maritima* korrekt ist, dann erreicht die Art im Himachal Pradesh die orientalische Faunenregion. Die ssp. *kashgarensis* COCKERELL, 1913 in Zentralasien, die ssp. *mandschurica* HEDICKE, 1940 in Ost-China.

Lokalverbreitung: In Deutschland und Österreich mit Ausnahme von Salzburg (keine Nachweise) aus allen Bundesländern nachgewiesen (aktuell). In der Schweiz keine Nachweise aus dem nördlichen Alpenvorland, dem Alpenhauptkamm und dem Engadin, historisch aus dem östlichen Mittelland, dem Misox und Basel, sonst überall vereinzelte aktuelle Funde, nur im Wallis häufiger.

♂ 12–15 mm | Breege, Rügen 03.07.2020

Megachile nigriventris (Schenck, 1869)

Schwarzbürstige Blattschneiderbiene

Flugzeit	J	F	M	A	M	J	J	A	S	O	N	D

Weibchen: Sammelfranse schwarz mit rotbraunem Schimmer. Stirnschildchen in der Mitte mehr oder weniger unpunktiert. Die Verbindungslinie zwischen den oberen Augenrändern schneidet die Ocellen nicht. Clypeus grob und runzlig, mitten etwas weniger dicht punktiert, Vorderrand schwach bogig und gezähnelt, nicht verdickt. Kopf deutlich und nicht sehr dicht punktiert, gelbbraun behaart, Gesicht in der Regel wenigstens an den Seiten dunkelbraun. Thorax gelbbraun bis rötlichbraun behaart, Mesonotum auf der Scheibe spärlich und tiefpunktiert, Zwischenräume glatt, glänzend. Tergite einzeln punktiert, glänzend. Tergit 1–2 lang gelbbraun, übrige Tergite schwarz behaart, Endrand von 6 schmal braungelb befilzt. Scopa schwarz oder umbrabraun, manchmal mitten rotgelb. Metatarsus innen und außen rotgelb bis braungelb beborstet, so breit wie die Tibien. Sporen lang, rotbraun, stark gekrümmt. 13–16 mm.

Männchen: Vorder-Metatarsen mit stark divergierenden Außenkanten; Fransensaum nur etwas über halb so breit wie der Vorder-Metatarsus. Innenseite der Vorderschenkel oben mit breitem schwarzem Saum, unten kaum bis zur Mitte schwarz gesäumt, dazwischen mit relativ breitem, bis etwa zur Mitte reichendem Streifen. Endglied der Fühler verbreitert. Tergite ohne Endbinden; auf Tergit 1–2 grau bis gelbbraun, auf 3–5 schwarzbraun, Tergit 6 lang und dicht weißgrau behaart. Grat von

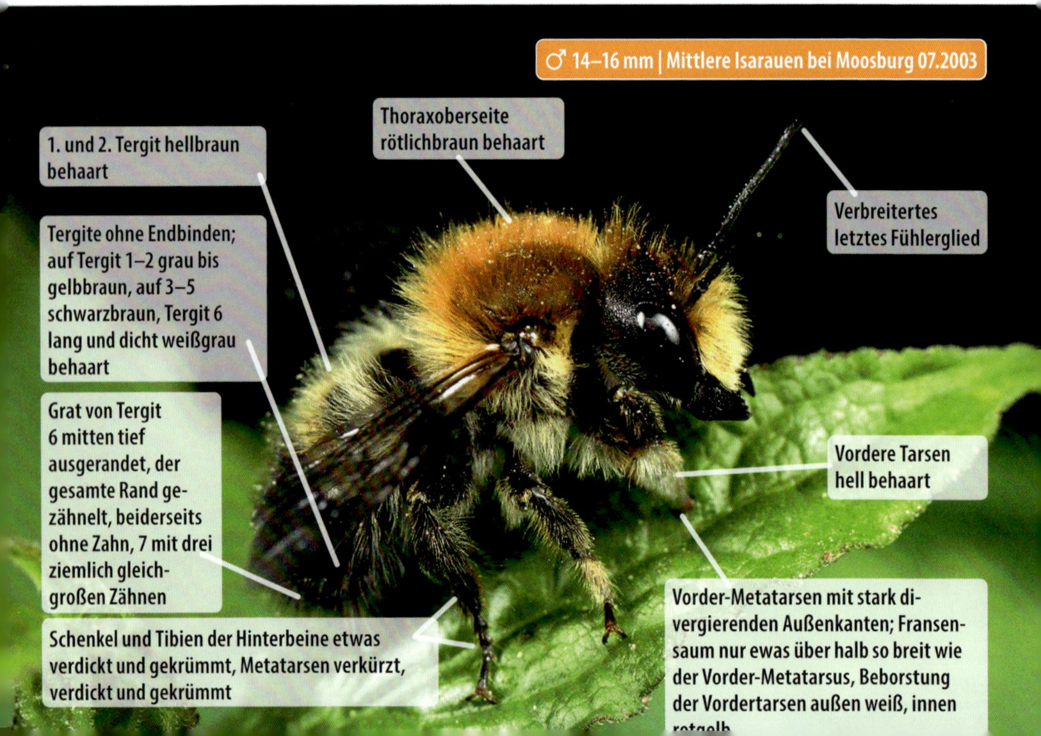

Tergit 6 mitten tief ausgerandet, der gesamte Rand gezähnelt, beiderseits ohne Zahn, 7 mit drei ziemlich gleichgroßen Zähnen. Vordercoxen lang bedornt. Schenkel und Tibien der Hinterbeine etwas verdickt und gekrümmt, Metatarsen verkürzt, verdickt und gekrümmt, Beborstung der Vordertarsen außen weiß, innen rotgelb. 12–14 mm.

Verwechslungsmöglichkeiten: Unter den großen Blattschneiderbienen mit einer Körperlänge von mehr als 12 mm ist die Art durch ihre dunkle Sammelbürste auf der Unterseite des Hinterleibs unverwechselbar; die Farbe changiert von dunkel braunrot bis schwarz. In dieser Größenklasse ist sie zudem durch die mehr oder weniger gleichmäßig lange Behaarung auf den Tergiten, ohne jegliche farblich abgesetzte Haarbinden oder -fransen, nur *M. circumcincta* ähnlich, die auf dem Clypeus in aller Regel eine unpunktierte, glänzende Mittellinie aufweist, die bei *M. nigriventris* fehlt oder nur undeutlich ausgebildet ist. Männchen von *M. nigriventris* unterscheiden sich von den meisten mitteleuropäischen Blattschneiderbienen durch die auffallenden verbreiterten und weißlich oder gelblich gefärbten Vordertarsen; diese sind nur noch bei *M. maritima*, *M. lagopoda*, *M. circumcincta* und *M. willughbiella* zu finden. Bei *M. lagopoda* ist das letzte Fühlerglied nicht oder nur ganz schwach verbreitert ist, während es bei den anderen vier Arten deutlich verbreitert und abgeplattet ist. Obwohl diese vier Arten durch die arttypisch ausgeprägte dunkle Zeichnung auf den ansonsten hell gefärbten, stark verbreiterten Vorderschenkeln unverwechselbar sind, können sie im Gelände auch mit optischen Hilfsmitteln kaum sicher voneinander getrennt werden.

Systematik: Untergattung *Xanthosarus* ROBERTSON, 1903.

Etymologie: Von lat. *„nigrum“* = „schwarz“ und *„venter (ventris)“* = „Bauch“ (im Sinne von Hinterleib); wegen der schwarzen Bauchbürste des Weibchens.

Pollenquellen: Gilt als oligolektisch auf Fabaceae, wurde aber auch beim Pollensammeln auf Türkenbund beobachtet.

Nestbau: Nistet einzeln, selten auch kommunal, in selbst genagten Gängen in morschem Holz (abgestorbene Bäume, Baumstümpfe, Balken, Pfosten). Die Brutzellen werden aus Laubblattstücken von verschiedenen Bäumen, Sträuchern oder krautigen Pflanzen, insbesondere Weidenröschen, errichtet, wobei die inneren Blattschichten der Zelle miteinander verklebt werden. Die Nestanlage ist linear. Ein Nest kann bis zu 15 Zellen enthalten.

Lebensraum: Waldaffin; Lichtungen, Waldsäume, Au- und Moorwälder. Vom Flachland bis in die subalpine Höhenstufe.

Parasiten: Als Kuckucksbienen wurden *Coelioxys lanceolata* und *Coelioxys elongata* beobachtet.

Flugzeit: In einer Generation von Mai bis August.

Gesamtverbreitung: Disjunkt in der West- und Ostpaläarktis oder transpaläarktisch mit Nachweislücke in Zentralasien und Ostsibirien. Von Zentralspanien über Europa und Sibirien bis Chanty-Mansijsk, ostwärts erst wieder im Oblast Amur und Primorje nachgewiesen, im Süden über Südrussland bis in den Nordwestiran (Prov. Ost-Aserbaidschan); nordwärts in Europa in Norwegen bis 62,5°N, in Schweden bis 67°N, in Finnland bis 68,5°N‘ in Russland bis Karelien und Kirov; südwärts bis Lazio und Mittelrumänien. In Fennoskandien in der ssp. *curvicrus* THOMSON, 1872.

Lokalverbreitung: In Deutschland keine Nachweise aus Schleswig-Holstein, Mecklenburg-Vorpommern, Sachsen-Anhalt und Brandenburg, sonst überall aktuell. In Österreich mit Ausnahme des Burgenlandes aus allen Bundesländern gemeldet. In der Schweiz fast überall.

Megachile willughbiella (Kirby, 1802)

Garten-Blattschneiderbiene

Flugzeit	J	F	M	A	M	J	J	A	S	O	N	D

Weibchen: Außensporn der Hintertibien abgerundet. Scheibe des Mesonotums mit schmalen, aber deutlichen glänzenden Punktzwischenräumen. Kopf dicht punktiert, gelbbraun behaart, auf dem Scheitel oft mit dunkleren Haaren untermischt. Clypeus dicht punktiert, mit unpunktierter Mittellinie, auf der vorderen Hälfte gewölbt, Vorderrand undeutlich gekerbt. Thorax gelbbraun behaart, dicht punktiert, Scheibe mit feiner Mittellinie. Tergit 3–5 in der Mitte fein und zerstreut, 6 dicht punktiert. Tergit 1–3 oder 4 gelbbraun behaart, Endrand von 4 und 5 mit feinen weißen Haarfransen, oft auch auf 3; Tergit 6 außer der dicht anliegenden Behaarung auf der ganzen Fläche mit abstehenden schwarzen Haaren, dicht punktiert. Scopa rotgelb bis dunkelrot, auf Sternit 5 und 6 und an den Seiten von 4 schwarz. Metatarsen innen rotbraun behaart. Sporen braungelb. 14–16 mm.

Männchen: Vorder-Metatarsen mit fast parallelen Außenkanten; Fransensaum mindestens so breit wie der Vorder-Metatarsus. Innenseite der Vorderschenkel oben mit schmälerem schwarzem Saum, unten kaum bis zur Mitte schmal schwarz gesäumt, dazwischen zwei dünne, gebogene, schwarze Streifen. Letztes Geißelglied oval, fast doppelt so breit wie das vorletzte. Endbinden der Tergite undeutlich, auf Tergit 5 fehlend. Tergit 6 mitten vor dem Grat mit durch einen schmalen Kiel

getrennte Vertiefung, Grat unregelmäßig ausgerandet und gekerbt, 7 deutlich dreizähnig. Hinterschenkel und -tibien wenig oder nicht verdickt. Vordercoxen lang bedornt. Vorderschenkel fast ganz rotgelb, auf der bleichen Innenseite mit drei charakteristischen erhabenen schwarzbraunen Längsstreifen; Vordertibien nur innen rotgelb, am hinteren Ende mit spitzem Zahn; Vordertarsen außen mit langen, dichten, weißen, innen rotgelben Haaren. Ende des Gonostylus in langen, nach oben gerichteten Zapfen ausgezogen. 12–14 mm.

Verwechslungsmöglichkeiten: Das Weibchen lässt sich von den anderen großen *Megachile*-Arten (>12 mm) durch die Existenz von Haarbinden auf den Tergiten (fehlend bei *M. circumcincta* und *M. nigriventris*), die auffallend verdickten Hintertibien und -metatarsen (bei *M. ligniseca* nicht verdickt) unterscheiden; diese Merkmalskombination weisen sonst nur noch *M. maritima* und *M. lagopoda* auf. *M. willughbiella* lässt sich von *M. maritima* und *M. lagopoda* durch die schmalen, aber deutlichen, glänzenden Punktzwischenräume auf der Scheibe des Mesonotums trennen; bei den beiden anderen Arten ist das Mesonotum überall sehr dicht punktiert, sodass fast keine Punktzwischenräume erkennbar sind. Das Männchen unterscheidet sich von den anderen großen *Megachile*-Arten mit stark verbreiterten Vordertarsen wie folgt: Bei *M. circumcincta* ist der Metatarsus der Vorderbeine nur so breit wie das Ende der Vordertibia (bei allen anderen breiter), bei *M. maritima* und *M. lagopoda* sind die Metatarsen der Hinterbeine deutlich gestaucht und verdickt, bei *M. willughbiella* und *M. nigriventris* hingegen zwar vergleichsweise kurz, aber nicht verdickt; bei *M. lagopoda* ist zudem das letzte Fühlerglied nur wenig oder gar nicht verbreitert. *M. nigriventris* unterscheidet sich durch die stark divergierenden Außenkanten der Vorder-

Metatarsen (Außenkanten fast parallel bei *M. willughbiella*).

Systematik: Untergattung *Xanthosarus* ROBERTSON, 1903.

Etymologie: KIRBY erwähnt, dass die Brutzellen der Art oft in morschen Weidenstämmen gefunden werden, und sagt zur Namensgebung: *„I am led to give A. Willughbiella as the Willow Bee"*. Es handelt sich um ein Wortspiel, das sich auf den phonetischen Gleichklang des englischen Begriffes für „Weidenbiene" („Willow bee") und dem Namen des englischen Naturforschers Francis WILLUGHBY (1635–1672) bezieht, der als Erster in seinen Werken eine in heutigem Sinne „wissenschaftliche" Sprache propagiert, die ausdrücklich alle vermenschlichende oder moralisch wertende Betrachtungsweisen verbannt. Die abweichende Schreibweise seines Namens „Willoughby" wurde in zahlreichen Publikationen (ungerechtfertigt) auf den KIRBY'schen Artnamen übertragen, sodass die Art bis in die jüngere Zeit vielfach als *„Megachile willoughbiella"* bezeichnet wurde. Deutscher Name: Die Art ist nicht selten auch im Siedlungsraum, insbesondere Gärten zu finden.

Pollenquellen: Polylektisch; bislang nachgewiesen ist die Nutzung des Pollens der fünf Pflanzenfamilien Asteraceae, Campanulaceae, Crassulaceae, Fabaceae und Onagraceae.

Nestbau: Nistet einzeln, gelegentlich auch kommunal oder in kleineren Aggregationen. Die Nester werden sowohl in vorhandenen Hohlräumen (Käferfraßgänge, unter Rinde, in Steilwänden, Felsspalten, Mauerfugen, verlassene Nester anderer Hymenopteren u.v.m.) als auch in selbst gegrabenen oder genagten Gängen im Boden oder in morschem Holz angelegt. Sie bestehen, je nach Situa-

♀ 12–15 mm | Moosburg Garten 26.06.2018

tion, aus einem einfachen oder verzweigten Gang, hier liegen die Brutzellen linear hintereinander; in einem unregelmäßig geformten Hohlraum werden die Brutzellen auch nebeneinander angelegt, Die Brutzellen werden aus Blattstücken von Wild- und Kulturrosen, Hainbuche, Kornelkirsche, Eiche, Robinie und anderen Bäumen und Sträuchern angefertigt.

Lebensraum: Waldsäume, Gartenanlagen, Streuobstwiesen. Vom Flachland bis in die subalpine Höhenstufe.

Parasiten: Kuckucksbienen sind *Coelioxys quadridentata* und *Coelioxys elongata*. Als weitere Brutparasiten wurden die Erzwespen *Melittobia acasta*, *Monodontomerus obscurus* und *Pteromalus apum* bekannt.

Flugzeit: Zumindest partiell in zwei Generationen von Mai bis September.

Gesamtverbreitung: Transpaläarktisch. In Nordafrika aus Algerien bekannt (ssp. *zeraldae* TKALCŮ, 1988). In Eurasien von Portugal über Europa, Kleinasien, Kaukasus, Zentralasien und Sibirien bis zur Pazifikküste des Fernen Ostens (Russland, Japan); nordwärts bis Irland und Nordschottland, bis 64°N in Norwegen, bis 66°N in Schweden und Finnland, in Russland bis Karelien und Perm; südwärts bis Lazio, Peloponnes, Südtürkei und Nordiran. Folgende Färbungsformen werden von verschiedenen Autoren als Unterarten aufgefasst: ssp. *hibernica* PERKINS, 1925 aus Irland, ssp. *zeraldae* TKALCŮ, 1988 aus Algerien, ssp. munakatai HIRASHIMA & MAETA, 1974 aus Japan sowie ssp. *provecta* COCKERELL, 1924 und ssp. *kudiensis* COCKERELL, 1924 aus dem Fernen Osten (Primorje).

Lokalverbreitung: Im Gebiet mit Ausnahme von Salzburg und Vorarlberg (kommt aber mit Sicherheit auch hier vor) aus allen Regionen gemeldet (aktuell).

Xylocopa (LATREILLE, 1802)

Holzbienen

Systematik: Familie: Apidae – Unterfamilie: Xylocopinae – Tribus: Xylocopini.

Literatur: SCHMIEDEKNECHT (1930); WARNCKE (1982b); SCHEUCHL (2000); TERZO et al. (2007).

Etymologie: Von griech. „*xylokopos*“ = „Holzfäller“‘ nimmt wie der deutsche Name Bezug auf die Tatsache, dass Nester oft in morschem Holz angelegt werden.

Körperliche Merkmale: Holzbienen zeichnen sich durch einen robusten Habitus aus; ihre Körperlänge beträgt 13–30 mm. Die kleinste der drei heimischen Arten, *Xylocopa iris*, ist mit 14–16 mm Körperlänge bereits eine vergleichsweise stattliche Biene, die beiden anderen sind in der Regel deutlich über 2 cm lang, sodass sie vom Laien oft für Hummeln gehalten werden. Der Körper ist schwarz, die Flügel sind stark verdunkelt und schillern meist blauviolett. Während bei den heimischen Arten die Behaarung einfarbig schwarz ist, kann sie bei anderen zumindest teilweise weiß, braun, rot, gelb, grün oder hellblau sein. Bei Arten der in Mitteleuropa nicht vorkommenden Untergattungen *Koptortosoma* und *Mesotrichia* ist der vordere Teil des Hinterleibs zu einem Hohlraum umgebildet, der symbiotischen Milben Schutz bietet, die sich offensichtlich im Nest der Holzbiene von Pilzen oder anderen für die Brut schädlichen Organismen ernähren.

Lebensweise: *Xylocopa*-Arten sind solitär lebende, pollensammelnde und nestbauende Bienen. In Mitteleuropa jährlich eine Generation, die im Spätsommer erscheint, um sich im Herbst in ihre Überwinterungsquartiere (vorgefundene Hohlräume aller Art, selbst gegrabene Gänge in der Erde) zurückzuziehen, nicht selten in kleinen Gemeinschaften. Erst im Frühjahr des nächsten Jahres paaren sich die Tiere. Ähnlich wie bei den Keulhornbienen und im Unterschied zu den meisten anderen solitär lebenden Bienenarten erleben Holzbienen-Weibchen den Schlupf ihrer Nachkommen und leben kurze Zeit mit ihnen zusammen, bevor sie sterben. Manche Arten (nicht die einheimischen) zeigen Vorstufen einer sozialen Lebensweise.

Blütenbesuch: Holzbienen sind polylektisch, bevorzugen aber Fabaceae und Lamiaceae. Häufig betätigen sie sich als „Nektarräuber“, indem sie anders als z. B. Hummeln, die mit ihren Mandibeln eine Öffnung in die Blütenbasis beißen, ihren durch stärkere Sklerotisierung zu einem Stechorgan umgebildeten Rüssel direkt durch die Blütenwand in den Nektar enthaltenden Bereich der Blüte senken. Dieses Verhalten ist allerdings bei den einheimischen Arten noch nicht beobachtet worden. Der Pollentransport erfolgt mittels der behaarten Tibien und -metatarsen der Hinterbeine, angeblich wird zusätzlich Pollen im Kropf befördert.

Nestbau: Die meisten Arten, darunter auch die einheimischen, legen ihre Nester in selbst genagten Gängen in markhaltigen Stängeln oder totem Holz oder in vorgefundenen Hohlräumen in hohlen Pflanzenstängeln an. Lediglich die Arten der Untergattung *Proxylocopa* nisten in der Erde.

Besonderes Verhalten: Die Männchen von *Xylocopa iris* sind in Griechenland und Italien die einzigen bekannten Bestäuber der Orchideen *Ophrys spruneri* und *Ophrys sipontensis*, deren Blüten durch Geruch und Aussehen ein Holzbienen-Weibchen imitieren; den dadurch angelockten Männchen wird dann beim Kopulationsversuch ein Pollenpaket angeheftet.

Verbreitung Artenzahl: In Amerika von Südontario südwärts bis in die Provinz Chubut im südlichen Argentinien, Westindische Inseln, im pazifischen Raum vermutlich einheimisch auf den Galapagos und eingeschleppt auf Hawaii und den Marianen. Über den gesamten afrikanischen Kontinent inklusive Madagaskar verbreitet. In Eurasien von Iberien bis Japan und den Fernen Osten, nordwärts bis etwa 53°N, südwärts bis zur Arabischen Halbinsel, Indien, Sri Lanka, über Indonesien, Taiwan, Philippinen, Borneo, Sundainseln, Neuguinea und den Bismarck-Archipel bis ins östliche und südliche Australien. Weltweit sind über 470 Arten bekannt, von denen drei im Gebiet vorkommen.

Xylocopa valga (Gerstaecker, 1872)

Schwarzfühler-Holzbiene

Flugzeit	J	F	M	A	M	J	J	A	S	O	N	D

Männchen: Fühler völlig schwarz, Endglied normal; Geißelglied 2 nur so lang wie 3 und 4 zusammen, zur Basis hin nur wenig verdünnt. Mesonotum schwarz behaart. Hintercoxen unbewehrt. Gesichtsbehaarung merklich kürzer als bei *X. violacea*, besonders auf dem Clypeus, hier auch nicht anliegend und daher das Labrum frei lassend. Metatarsus der Vorderbeine am Außenrand mit kurzer und dichter Bürstenbehaarung, die von langen Haargrannen überragt wird. Hintertibien am Innenrand mit Ausschnitt, sie erscheinen durch ihr winklig hervortretendes unteres Ende wie eingeknickt; die aus kürzeren und sehr viel längeren Haaren bestehende Wimperung ist im Bereich des Ausschnitts viel spärlicher, fast unterbrochen; die Spitze der Hintertibien ist nicht wie bei *X. violacea* zu einem Fortsatz ausgezogen, sondern zeigt anstelle des hinteren Endsporns nur eine glatte, gewölbte, nach hinten dreieckig verschmälerte Schwiele. 20–28 mm.

Weibchen: Längsschwiele an der Außenseite der Hintertibien viel breiter, seitlich kaum abgesetzt, dicht mit kleinen Dörnchen besetzt. Geißelglied 2 so lang wie 3 und 4 zusammen. Kopf so breit wie der Thorax. Scheibe des Mesonotums und basaler Teil des Scutellums in größerer Ausdehnung punktlos. Die Schwiele der Hintertibien erstreckt sich über mindes-

♀ 20–28 mm | Hansag, Ungarn August 1997

tens zwei Drittel der Tibienlänge. Ansonsten wie *X. violacea*. 20–28 mm.

Verwechslungsmöglichkeiten: siehe *Xylocopa violacea*

Systematik: Untergattung *Xylocopa* LATREILLE, 1802 s. str.

Etymologie: Von lat. „*valga*" = „krummbeinig, schief"; GERSTAECKER bezieht sich auf die Bildung der Hinterbeine des Männchens („*Die Hinterschienen* [...] *erscheinen durch ihr winklig hervortretendes unteres Ende wie eingeknickt*"). Der deutsche Name bezieht sich auf die Farbe der Fühler bei den Männchen, die bei *X. valga* völlig schwarz sind, im Gegensatz zur im Feld kaum zu unterscheidenden *X. violacea* – hier ist die Fühlergeißel des Männchens unten, auf den letzten beiden Fühlergliedern auch oben, rotgelb.

Pollenquellen: Polylektisch.

Nestbau: Wie bei *Xylocopa violacea*.

Lebensraum: Trockenwarme Standorte; Weinberge, Hecken, Waldsäume. Vom Flachland bis in die kolline Höhenstufe.

Flugzeit: In einer Generation von April bis Oktober. Beide Geschlechter erscheinen im Spätsommer und überwintern, wobei oft mehrere Tiere gemeinschaftlich ein Versteck aufsuchen.

Gesamtverbreitung: In Nordafrika aus Marokko und Algerien bekannt. In Eurasien von Portugal über Süd- und südliches Mitteleuropa, Kleinasien, Kaukasus bis Zentralasien und Sibirien (Krasnojarsk, Tuva), in China ostwärts bis Gansu, erreicht in Kashmir die orientalische Faunenregion; nordwärts bis Süddeutschland, Südschweiz, Ostösterreich, Böhmen, Mittelpolen, Nordukraine, in Russland bis Arkhangelsk, Kirov und Perm; südwärts bis Sizilien, Kreta, Israel und Afghanistan. Der Fundort der einzigen Meldung aus Syrien („Amann Geb.") liegt heute in der Türkei; die Art kommt aber sicherlich in Syrien vor.

Lokalverbreitung: In Deutschland erstmals 2006 durch ein vermutlich eingeschlepptes Tier (Totfund) aus Zittau/Sachsen bekannt geworden (Franke 2006), 2011 dann von zwei Fundorten in Baden-Württemberg gemeldet (Schmid-Egger & Dozkal 2012), und Treiber (2015) listet zahlreiche aktuelle Nachweise aus Südbaden auf. In Österreich aus dem Burgenland, Kärnten, Ober- und Niederösterreich und der Steiermark belegt. In der Schweiz historisch und aktuell aus dem Wallis und Tessin, historisch von Genf, dem Neuenburgersee und aus dem Puschlav nachgewiesen.

♂ 20–28 mm | Hansag, Ungarn August 1997
Gesichtsbehaarung merklich kürzer als bei *violacea*, besonders auf dem Clypeus, hier auch nicht anliegend und daher das Labrum frei lassend
Fühler völlig schwarz, Endglied normal; Geißelglied 2 nur so lang wie 3 und 4 zusammen, zur Basis hin nur wenig verdünnt

♀ 20–28 mm | Hansag, Ungarn August 1997
Längsschwiele an der Außenseite der Hintertibien viel breiter, seitlich kaum abgesetzt, dicht mit kleinen Dörnchen besetzt
Kopf so breit wie der Thorax
Scheibe des Mesonotums und basaler Teil des Scutellums in größerer Ausdehnung punktlos

Xylocopa violacea (LINNAEUS, 1758)

Blauschwarze Holzbiene

Flugzeit	J	F	M	A	M	J	J	A	S	O	N	D

Weibchen: Außenseite der Hintertibien mit kahler Längsschwiele, seitlich durch grobkörnige Punkte oder Zacken begrenzt. Geißelglied 2 so lang wie 3, 4 und 5 zusammen. Kopf schmäler als der Thorax. Schwarz, schwarz behaart, spärlich grob punktiert. Labrum gehöckert, mehr rotbraun behaart. Fühler schwarz, unten rotbraun, mit nach außen gebogenem Endglied. Mesonotum auf der Scheibe spiegelglatt. Abdomen nach dem Ende zu dichter, fast runzelig punktiert. Hintertibien außen mit unbehaarter Schwiele, die kaum über die Basalhälfte hinausreicht und schmal und nur seitlich durch grobkörnige Punkte oder Zacken begrenzt ist, mitten aber glatt erscheint. Flügel dunkel blauviolett schillernd. 20–23 mm.

Männchen: Fühler schwarz, unten rotgelb, die zwei vorletzten Glieder ganz rotgelb, Endglied umgebogen, etwas abgeplattet und abgerundet; Geißelglied 2 so lang wie 3, 4 und 5 zusammen, zur Basis hin deutlich verdünnt. Mesonotum grau behaart. Hintercoxen nach unten mit behaartem Zahn. Mesonotum auf der Scheibe spiegelglatt, gewöhnlich schwarzgrau behaart. Abdomen nach dem Ende zu dichter, fast runzelig punktiert. Metatarsus der Vorderbeine innen rotbraun behaart. Hintertibien s-förmig, Spitze in einen zusammengedrückten, blattförmigen, gekielten, am Ende stumpf lanzettförmigen, dem einzigen Sporn fast an Länge gleichkommenden Fortsatz auslaufend. Flügel mehr braun. 20–22 mm.

Verwechslungsmöglichkeit: Durch Größe und Färbung nur mit *X. valga* zu verwechseln. Die Weibchen unterscheiden sich hauptsächlich durch die Bildung einer kahlen Längsschwiele an der Außenseite der Hintertibien: Bei *X. violacea* ist sie seitlich durch grobkörnige Punkte oder Zacken begrenzt; außerdem ist der Kopf schmäler als der Thorax. Bei *X. valga* ist die Längsschwiele viel breiter, seitlich kaum abgesetzt und dicht mit kleinen Dörnchen besetzt; der Kopf ist so breit wie der Thorax. Die Männchen sind am besten durch die Färbung der Fühler zu trennen: Bei *X. valga* sind die Fühler völlig schwarz, das Endglied ist normal gebildet. Bei *X. violacea* sind die Fühler oben schwarz, unten rotgelb, die zwei vorletzten Glieder sind vollständig rotgelb, das Endglied ist umgebogen, etwas abgeplattet und abgerundet.

Systematik: Untergattung *Xylocopa* LATREILLE, 1802 s. str.

Etymologie: Von lat. „*violacea*" = „violett"; wegen der violett schillernden Flügel. Deutscher Name: Die Körper- und Haarfarbe ist schwarz, die Flügel haben einen blaumetallischen bis violetten Glanz.

Pollenquellen: Polylektisch; nachgewiesen ist bislang die Nutzung von Pollen aus den vier Pflanzenfamilien Asteraceae, Boraginaceae, Fabaceae und Lamiaceae. Im Siedlungsbereich besucht *Xylocopa violacea* mit Vorliebe die Blüten des Blauregens (*Wisteria sinensis*).

Nestbau: Nistet in selbst genagten Hohlräumen in abgestorbenem, meist mürbem, aber nicht morschem Holz, auch in hohlen Stängeln mit stabiler Außenhülle wie etwa Bambusstäbe. Die Brutzellen sind linear angeordnet und durch Wände aus mit Sekreten vermischten Holzpartikeln voneinander getrennt, wobei die Nistgänge sowohl horizontal als auch vertikal angeordnet sein können.

In dickerem Holz verzweigt sich der Hauptgang in mehrere parallel verlaufende Seitengänge.

Lebensraum: Trockenwarme Standorte; Streuobstwiesen, Weinberge, auch im Siedlungsgebiet, sofern geeignete Nistgelegenheiten vorhanden sind. Bevorzugt Gegenden mit hoher Sonneneinstrahlung, dringt in den letzten Jahren aber auch vermehrt in kühlere Gegenden vor. Vom Flachland bis in die montane Höhenstufe.

Parasiten: Als Brutparasit wurde in Ungarn die Keulenwespe *Polochrum repandum* beobachtet, die auch in Österreich vorkommt.

Flugzeit: In einer Generation von März (bei günstiger Witterung bereits im Februar) bis Oktober. Beide Geschlechter erscheinen im Spätsommer und überwintern.

Gesamtverbreitung: In Nordafrika von Marokko bis Ägypten; die Meldungen aus dem Sudan und Eritrea sind überprüfungsbedürftig. In Eurasien von Portugal über Süd- und Mitteleuropa, Kleinasien, Levante und Kaukasus bis Zentralasien; nordwärts bis Mittelengland, wird von Smith (1874) für Schweden angeführt, in Finnland ein historischer Fund (62°N, Kangasniemi/Südsavo 1923, Elfving 1968), in Russland bis Smolensk, Moskau, Vladimir und Kirov; südwärts bis Sizilien und Malta, Kreta, Zypern, Israel, Jordanien und Südiran (Shiraz).

Lokalverbreitung: Im Gebiet mit Ausnahme von Schleswig-Holstein und Mecklenburg-Vorpommern aus allen Regionen gemeldet, ist in Deutschland erst in den letzten Jahren nach Norddeutschland vorgedrungen.

♀ 20–23 mm | Moosburg, Garten 08.08.2020
Geißelglied 2 so lang wie 3, 4 und 5 zusammen
Fühler schwarz, unten rotbraun, mit nach außen gebogenem Endglied
Flügel dunkel blauviolett schillernd
Kopf schmäler als der Thorax
Mesonotum auf der Scheibe spiegelglatt

♀ 20–23 mm | Moosburg, Garten 08.08.2020
Fühler schwarz, unten rotbraun, mit nach außen gebogenem Endglied
Geißelglied 2 so lang wie 3, 4 und 5 zusammen
Flügel dunkel blauviolett schillernd
Abdomen nach dem Ende zu dichter, fast runzelig punktiert

Ceratina (Latreille, 1802)

Keulhornbienen

Systematik: Familie: Apidae – Unterfamilie: Xylocopinae – Tribus: Ceratinini.

Literatur: Schmiedeknecht (1930); Daly (1983); Scheuchl (2000); Teazo & Rasmont (2005); Amiet et al. (2007). Weitere hilfreiche Arbeiten: Kocourek (1998); Terzo (1998); Terzo & Ortiz-Sanchez (2004); Terzo & Rasmorn (2005).

Etymologie: Von griech. „*kéras*" (gen. „*kératos*") = „Horn". Der deutsche Name bezieht sich auf die keulenförmige Gestalt der Fühler.

Körperliche Merkmale: Keulhornbienen besitzen einen fast unbehaarten, meist metallisch glänzenden Körper von 2,5–14 mm (einheimische Arten: 6–14 mm) Länge. Die Vorderflügel besitzen drei Cubitalzellen, die mittlere ist die kleinste und ist zum Vorderrand hin deutlich verengt. Der Hinterleib wird nach hinten breiter. Kopfschild, Schultern, Flügelschuppen und Beine tragen oft eine weiße Zeichnung. Die Weibchen besitzen eine sehr schwach ausgeprägte Pollensammelbürste an den Hinterbeinen, der überwiegende Teil der gesammelten Pollenkörner wird im Kropf transportiert.

Lebensweise: *Ceratina*-Arten sind solitär lebende, pollensammelnde und nestbauende Bienen. Im ostasiatischen Raum haben Keulhornbienenarten eine Vorstufe sozialer Lebensweise entwickelt, bei der Mutter und eine oder mehrere Töchter arbeitsteilig zusammenleben.

Pollenquellen: Keulhornbienen sind Nahrungsgeneralisten.

Nestbau: Die Nistgänge werden in das Mark dürrer Stängel und Äste genagt (in Mitteleuropa hauptsächlich Disteln, Königskerzen, Strauchpappel, Beifuß, Brombeere, Holunder) und dann mit linear angeordneten Brutzellen gefüllt. Die Trennwände bestehen aus Markpartikeln. Der Raum unmittelbar hinter dem Nesteingang bleibt leer; hier hält sich das Weibchen bis zum Schlupf seiner Nachkommen auf, um die Brutzellen gegen Eindringlinge zu verteidigen. Jedes Weibchen investiert also den gesamten Fortpflanzungsaufwand in ein einziges Nest.

Parasiten: Kuckucksbienen sind als Nestparasiten nicht bekannt geworden, jedoch Erzwespen aus der Gattung *Eurytoma*.

Besonderes Verhalten: Keulhornbienen bilden jährlich eine Generation aus, die aber im Gegensatz zu fast allen anderen einheimischen Bienen im Spätsommer erscheint und sich im Herbst in ihre Überwinterungsquartiere (hohle Stängel etc.) zurückziehen, in denen oft mehrere Dutzend Tiere anzutreffen sind. Erst im Frühjahr des nächsten Jahres paaren sich die Tiere. Im Unterschied zu den meisten anderen solitär lebenden Bienenarten erleben Keulhornbienen-Weibchen den Schlupf ihrer Nachkommen, sterben jedoch kurz danach. Die Überwinterungsverstecke, in der Regel hohle Stängel, werden oft in größeren Gruppen aufgesucht. Anders als die meisten anderen Bienen mit linear angeordneten Brutzellen schlüpft bei den Keulhornbienen nicht das jüngste, also das dem Nesteingang am nächsten platzierte Tier zuerst, sondern das älteste, das im Nest zuhinterst liegt. Dieses zerstört zuerst die Trennwand zwischen eigener und der nächsten Zelle, wobei es das anfallende „Baumaterial" hinter sich deponiert.

Danach zwängt es sich an der zweitältesten Biene vorbei und nagt sich durch die nächste Trennwand, deren Bruchstücke nach hinten zum Geschwistertier gereicht werden, die diese seinerseits am Ende des Nistganges ablegt. So wird eine regelrechte Arbeitskette gebildet, bis das älteste Tier alle Trennwände durchbrochen hat.

Verbreitung/Artenzahl: Die Gattung ist in den wärmeren Regionen der Alten wie der Neuen Welt heimisch. Ihr Verbreitungsgebiet zieht sich über den indo-malayischen Archipel bis nach Australien. Insgesamt sind gut 300 Arten bekannt, von denen neun aus dem Gebiet gemeldet wurden, zwei davon irrtümlich.

Ceratina cyanea (Kirby, 1802)

Gewöhnliche Keulhornbiene

Flugzeit	J	F	M	A	M	J	J	A	S	O	N	D

Weibchen: Calli schwarz. Körper blaugrün, einzeln und grob punktiert, sehr spärlich weißgrau behaart. Clypeus und Labrum ganz schwarz und glänzend. Fühler schwarz, unten bräunlich. Kopf vorne ziemlich dicht und grob punktiert. Mesonotum vereinzelt punktiert, stark glänzend, Propodeum oben runzelig punktiert, matt, Mittelfeld unpunktiert, glatt und glänzend, übriger Stutz oberflächlich punktiert, fast glatt und glänzend. Tergit 6 fast schwarz, kaum gekielt, mit kleiner vorstehender Spitze. Sternite fast schwarz mit hellbraunen Endrändern. Basis der Tibien mit kleinem weißen Punktfleck. 6–7 mm.

Männchen: Tergit 7 zweispitzig. Calli meist schwarz. Körper blaugrün, einzeln und grob punktiert, sehr spärlich weißgrau behaart. Clypeus und Labrum weiß. Fühler oft bräunlich. Kopf vorne ziemlich dicht und grob punktiert. Mesonotum vereinzelt punktiert, stark glänzend, Propodeum oben runzelig punktiert, matt, Stutz fast glatt und glänzend. Tergit 6 auf der Endhälfte mit kräftigem, als Spitze hervorragenden Kiel, 7 dreieckig mit geteilter Spitze. Sternit 3–5 auf der Scheibe eingedrückt, 5 am Endrand tief ausgeschnitten, Ränder des Ausschnitts filzig behaart. 6–7 mm.

Verwechslungsmöglichkeiten: Von den beiden anderen deutschen Ceratina-Arten lässt sich *C. cyanea* relativ leicht abtrennen: Bei *C. cucurbitina* fehlt der Metallglanz, und *C. chalybea* ist mit 7–10 mm Körperlänge größer, beim Weibchen trägt der Clypeus einen weiße Makel, ebenso die Calli, und auf Tergit 6 ist ein deutlicher Mittelkiel ausgebildet, der sich von der Basis bis kurz vor die Spitze zieht (*C. cyanea*: Mittelkiel kaum ausgebildet); beim Männchen endet Tergit 7 in einer breit abgerundeten Spitze, und die Calli sind in der Regel weiß gefleckt.

Systematik: Untergattung *Euceratina* Hirashima, Moure & Daly, 1971.

Etymologie: Von lat. „*cyanea*" = „dunkelblau"; bezieht sich auf den blauen Metallglanz der Körperoberfläche.

Deutscher Name: Die Art ist mit Abstand die häufigste Keulhornbiene im Gebiet.

Pollenquellen: Polylektisch; nachgewiesen ist die Nutzung des Pollens von acht Pflanzenfamilien: Asteraceae (hauptsächlich Flockenblumen), Boraginaceae (Natternkopf), Campanulaceae, Caryophyllaceae, Fabaceae, Lamiaceae, Resedaceae und Rubiaceae.

Nestbau: Die Nester werden in selbst genagten Hohlräumen in dürren markhaltigen Stängeln und Zweigen angelegt.

Lebensraum: Waldsäume und -lichtungen, Hecken, Magerwiesen, Hochwasserdämme, Ruderalflächen, auch Gärten und Parks. Vom Flachland bis in die montane Höhenstufe.

Flugzeit: Überwinterte Tiere erscheinen ab Mitte April, die neue Generation fliegt bis September oder Oktober. Die im Sommer geschlüpften Weibchen und Männchen suchen ab September geeignete Verstecke auf, meist hohle bzw. ausgehöhlte Pflanzenstängel, in denen sie in der Regel in Gemeinschaften überwintern.

Gesamtverbreitung: In Europa von Portugal bis Südrussland, erreicht als einzige Keulhornbienenart den Süden der Britischen Inseln (Südengland) und Skandinaviens (Norwegen, Schweden) sowie das Baltikum. In Nordafrika nur vereinzelt, aus Ägypten und dem Nahen Osten keine Meldungen. Ostwärts geht sie bis Ostkasachstan und Krasnojarsk.

Lokalverbreitung: Im Gebiet aus allen Regionen gemeldet.

Nomada (Scopoli, 1770)

Wespenbienen

Systematik: Familie: Apidae – Unterfamilie: Nomadinae – Tribus: Nomadini.

Literatur: Stöckhert (1930b); Pittioni (1952); Scheuchl (2000); Amiet et al. (2007). Weitere hilfreiche Arbeiten: Stöckhert (1922, 1941, 1943); Koller (1958); Schwarz (1967); Celary (1995); Smit (2004).

Etymologie: Von griech. „*nomas*" (pl. „*nomades*") bzw. lat. „*nomades*" = „Nomaden". Ihr deutscher Name kommt von der schwarzgelben Hinterleibszeichnung vieler Arten, wodurch sie von Laien oft mit Wespen verwechselt werden.

Körperliche Merkmale: Wespenbienen sind 3,5–16 mm groß. Ihr Hinterleib ist fast vollständig unbehaart und meist mehr oder weniger auffällig schwarz-gelb oder rot-gelb gezeichnet.

Lebensweise: *Nomada*-Arten leben als Brutparasitoide bei anderen Bienenarten. Der weitaus größte Teil der Arten schmarotzt bei Sandbienen (*Andrena*), die restlichen bei Schmalbienen (*Lasioglossum*), Zottelbienen (*Panurgus*), Langhornbienen (*Eucera*) und Sägehornbienen (*Melitta*), möglicherweise auch bei *Colletes*; außerhalb Europas sind zusätzlich die Bienengattungen *Agapostemon*, *Lipotriches* und *Exomalopsis* als Wirte nachgewiesen. Viele Arten sind auf eine einzige oder einige wenige Wirtsarten spezialisiert. Als Kuckucksbienen besuchen sie Blüten nur zur Eigenversorgung mit Nektar. Flugzeit und Generationenzahl richtet sich nach dem Wirt; die meisten Arten fliegen im Frühjahr und haben eine Generation pro Jahr, einige wenige erscheinen erst im Sommer oder bilden zwei Generationen aus.

Besonderes Verhalten: Die Männchen einiger Arten bringen Pheromone auf Pflanzen auf und etablieren so Rendezvousplätze, an den sich andere Männchen und Weibchen sammeln. Andere Männchen patrouillieren an Nistplätzen und Nahrungspflanzen, um auf begattungsbereite Weibchen zu treffen. Die Suche nach den Wirtsnestern erfolgt zunächst auf Sicht, indem das *Nomada*-Weibchen alle möglichen Hohlräume im Boden untersucht; letztendlich spielen beim Lokalisieren eines Wirtsnestes jedoch Düfte die ausschlaggebende Rolle. Wenn ein Wirtsnest gefunden wird, prägt sich das Wespenbienen-Weibchen die Lage ein und besucht das Nest später mehrmals. Ein Nest, das bereits Pollen enthält, verströmt einen attraktiveren Geruch als ein leeres Nest. Wenn zwei *Nomada*-Weibchen der gleichen Art sich in einem Wirtsnest begegnen, dann verhalten sie sich aggressiv und versuchen, sich gegenseitig zu vertreiben. Weibchen von Wirten der Gattung *Andrena* verhalten sich außerhalb des Nestes gegen die *Nomada*-Weibchen nicht aggressiv; bei einer Begegnung innerhalb des Nestes jedoch wird das *Nomada*-Weibchen vertrieben. Wenn ein *Nomada*-Weibchen am Eingang eines Wirtsnestes feststellt, dass das Wirts-Weibchen anwesend ist, bezieht es einen Beobachtungsposten in der näheren Umgebung. Hier verfällt sie in Lauerstellung und beobachtet das Nest. Sie sitzt dann unbeweglich, mit dem Kopf zum Nesteingang. Sobald der Wirt wegfliegt, dringt das Nomada-Weibchen in das Nest ein. Nomada legt in der Regel zwei Eier pro Brutzeile, manchmal drei oder vier, an einer für die Art festgelegten Stelle in der Zellenwand.

Verbreitung/Artenzahl: *Nomada* ist in der Holarktis sehr artenreich, wo sie nordwärts bis Finnland und Alaska geht; in Afrika ist sie südlich der Sahara nur mit etwa zehn Arten vertreten, südwärts geht sie hier bis zum Kap. Ebenfalls mit nur wenigen Arten ist sie in der orientalischen Region verbreitet, wo sie bis zu den Philippinen geht und in die australische Region bis Queensland sowie in die ozeanische Region bis zu den Salomonen vordringt. Weltweit sind rund 800 Arten bekannt, von denen im Gebiet 96 vorkommen, die Meldungen von sechs weiteren Arten beruhen auf einem Irrtum oder sind sehr zweifelhaft.

Wichtige Unterscheidungsmerkmale sind in erster Linie die Länge von Geißelglied 2 und 3 (bzw. ihr Verhältnis zueinander, das stets von unten gesehen gemessen wird) und die Bedornung am äußeren Endrand der Hintertibien.

Nomada alboguttata (Herrich-Schaffer, 1839)

Weißfleckige Wespenbiene

Flugzeit	J	F	M	A	M	J	J	A	S	O	N	D

Weibchen: Hintertibien mit einer Reihe gleichmäßiger, auffallend langer schwarzer Dornen. Geißelglied 2 fast etwas länger als 3. Kopf schwarz, Fühler, Mandibeln, Labrum, Clypeus, Nebengesicht und Augenumrandung rot. Thorax schwarz, Flecken auf dem Pronotum, Calli, Tegulae, Scutellum und vier Längsstreifen des Mesonotums, welche meist nur schmal und zuweilen fast erloschen sind, rot; Thoraxseiten und Propodeum meist rot gefleckt. Abdomen braunrot, Tergit 1 basal schwarz, 2 und 3 mit rundlichen hellgelben Seitenflecken, 4 mit 2 nach innen gerückten Querflecken, 5 mit Mittelfleck. Flecken zuweilen fast weiß. Beine rot, Schenkel mehr oder weniger geschwärzt. Propodeum mit weißen Haarflecken. 6–10 mm.

Männchen: Labrum, Mandibeln, Clypeus, Nebengesicht bis zur Fühlerhöhe und Unterseite des Fühlerschaftes weißgelb oder elfenbeinweiß. Scutellum fast stets einfarbig schwarz. Tergit 7 nicht oder nur ganz schwach ausgerandet. Hintertibien am Ende mit 4–6 auffallend langen, gekrümmten, gleichmäßigen Dörnchen, welche aber weniger deutlich sind als beim Weibchen. Kopf und Thorax dicht und mäßig grob runzelig punktiert. Scutellum mit deutlichen, aber ziemlich schwachen Höckern, welche sich kaum über die Ebene des Mesonotums erheben. Abdomen an der Basis der Tergite sehr fein und dicht punktiert; Tergit 7 fast stets abgerundet. Abdomen heller oder dunkler rot, Basis der Tergite meist stark bindenartig ge-

schwärzt, Tergit 2 und 3 mit querovalen weißgelben oder elfenbeinweißen Seitenflecken, 4 und 5 beiderseits mit je zwei kleinen Punkten, welche zuweilen mehr oder weniger erloschen sind, 6 mit Mittelfleck. Thorax schwarz, Tegulae rötlich, Calli nur mit gelblichem oder rötlichem Rand. Beine rot, Schenkel mehr oder weniger geschwärzt, insbesondere Hinterschenkel ganz schwarz mit Ausnahme eines schmalen roten Streifens an der Vorderseite; Vorder- und Mitteltibien oft schwarz gefleckt. Kopf und Thorax ziemlich lang und dicht grauweiß, Gesicht auffallend dicht und anliegend silberweiß behaart. Haarfransen der Vorderschenkel so lang wie die Dicke der Schenkel. 7–10 mm.

Verwechslungsmöglichkeiten: Bei der kleineren f. *baccata* Sm. (6–8 mm) Kopf und Thorax etwas gröber punktiert; Scutellum mit stärkeren Höckern, welche sich merklich über die Ebene des Mesonotums erheben. Abdomen weniger dicht, aber merklich kräftiger punktiert. Tergit 7 meist schwach ausgeschnitten. Calli ganz gelblichweiß. Beine weniger verdunkelt, Vorder- und Mittelschenkel häufig nur am Grunde geschwärzt, Hinterschenkel vorne größtenteils rot, Tibien ungefleckt. Kopf und Thorax kürzer behaart. Haarfransen der Vorderschenkel viel schmäler als die Dicke der Schenkel, Mittel- und Hinterschenkel viel kürzer gefranst als bei der Stammform. Zwischen dieser und der Stammform existieren alle möglichen Übergangsformen.

Systematik: *ruficornis*-Gruppe.

Nomenklatur: Der *Nomada alboguttata*-Komplex besteht nach Schwarz et al. (1996) aus vier unterscheidbaren Formen, von der jedoch nur zwei mit einem Namen belegt sind: Form 1: im April bei *Andrena ventralis* parasitierend. Form 2 (= *Nomada alboguttata* s. str.), von April bis Mai bei *Andrena barbilabris* parasitierend. Form 3, im Juni, Wirt unbekannt.

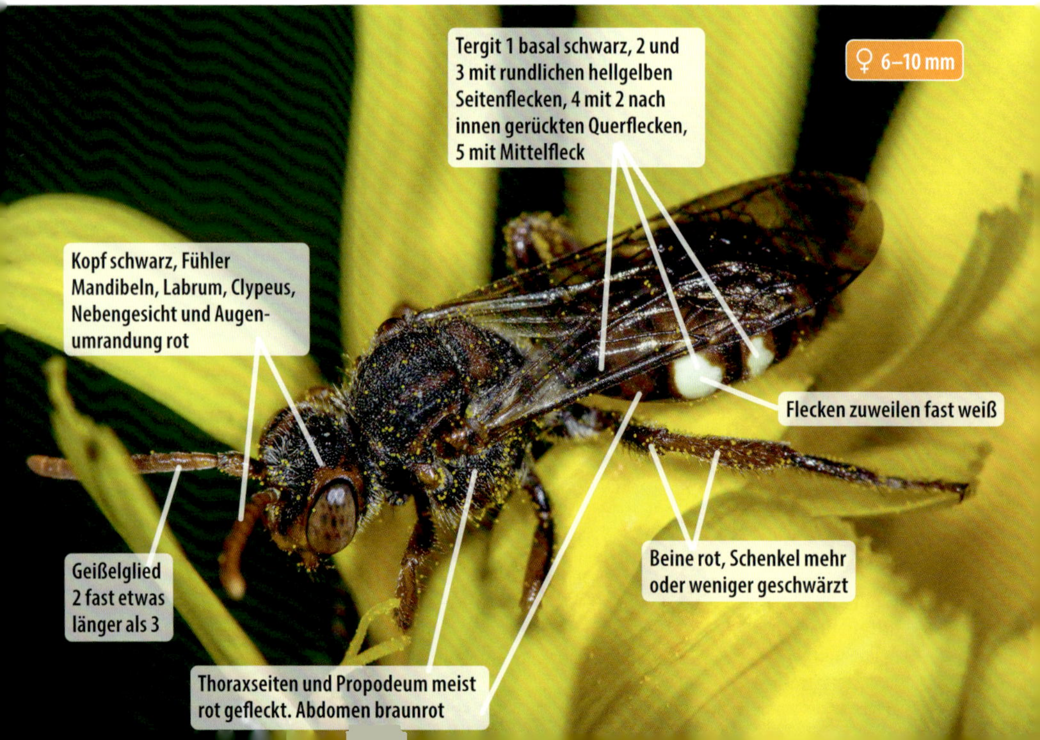

Form 4 (= *Nomada baccata*), im Hochsommer bei der zweiten Generation von *Andrena argentata* parasitierend.

Etymologie: Von lat. „*alba*" = „weiß" und „*guttata*" = „getüpfelt, gesprenkelt"; bezieht sich auf die weißgelben Flecken auf dem Hinterleib.

Lebensraum: Sand-, Kies- und Lehmgruben, Binnendünen, Sandheiden, Hochwasserdämme. Vom Flachland bis in die kolline Höhenstufe.

Wirt: *Andrena barbilabris*; sofern man die oben genannte „Form 1" als konspezifisch mit *Nomada alboguttata* betrachtet, auch *Andrena ventralis*.

Flugzeit: In einer Generation von April bis Mai.

Gesamtverbreitung: Transpaläarktisch. Von Portugal bis Kamtschatka; in Europa nordwärts in Norwegen bis 63,5°N, in Schweden (68°N) und Finnland (69°N) bis jenseits des Polarkreises, in Russland bis Nordkarelien (66°N) und Kirov; südwärts bis in die Emilia-Romagna, Serbien, Peloponnes und Nordtürkei. Die wenigen Meldungen aus England dürften sich mit ziemlicher Sicherheit auf N. baccata beziehen, die von dort beschrieben wurde, ebenso beruhen die historischen Meldungen aus Algerien auf der Verwechslung mit anderen Arten. In Japan in der ssp. *etizenensis* TSUNEKI, 1975.

Lokalverbreitung: In Deutschland und Österreich aus allen Regionen gemeldet. In der Schweiz keine Nachweise aus den höheren Lagen von Jura, den Alpen und dem nördlichen Alpenvorland sowie aus dem Engadin, nur historisch aus den Kantonen Waadt und Basel.

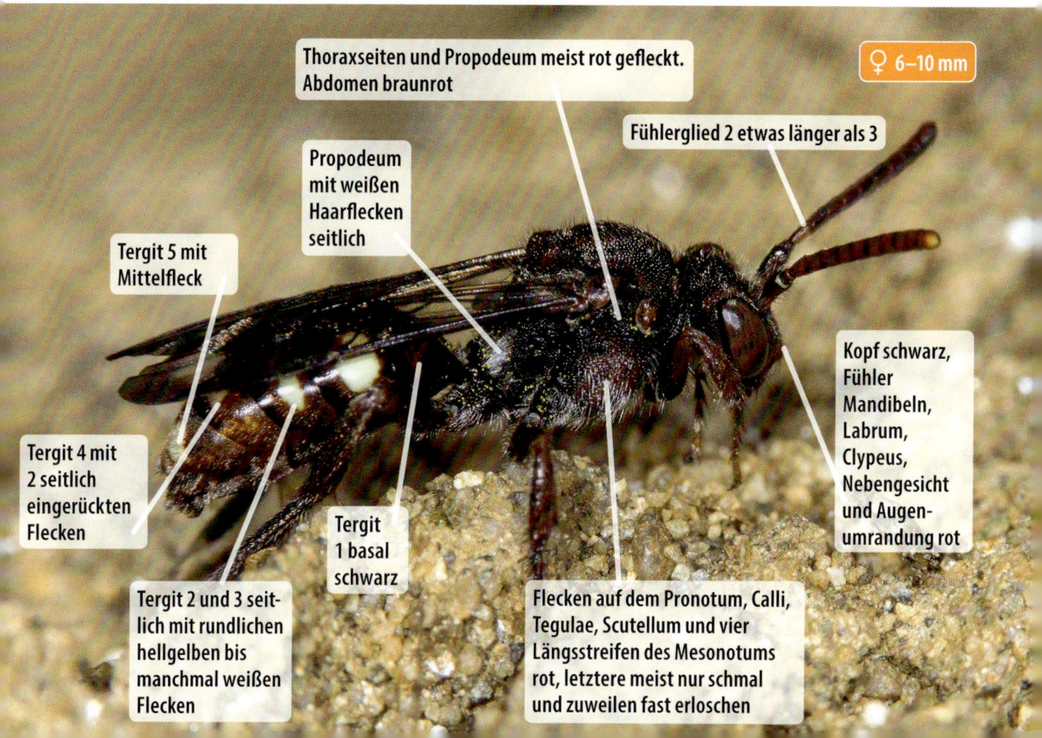

Nomada armata (Herrich-Schäffer, 1839)

Bedornte Wespenbiene

Flugzeit	J	F	M	A	M	J	J	A	S	O	N	D

Weibchen: Labrum an Basis mit breitem polierten Querraum, auf Scheibe mit sehr starkem Zahn. Fühler lang, Geißelglied 2 etwas länger als 3. Tergit 2–4 basal äußerst fein und etwas querrunzlig punktiert mit sehr breiten spiegelglatten Endrändern. Fühlergeißel rot. Glied 5–10 schwarz oder schwarzbraun. Labrum ganz oder größtenteils schwarz, Mandibeln, polierter Raum des Labrums, Vorderrand des Clypeus und dünner Augenrand bis zur Höhe der Fühler rot. Flecken des Pronotums, Calli, Scutellum und Postscutellum rot. Abdomen rot, Tergit 2–4 mit rundlichen gelben Seitenflecken, auf 4 zuweilen erloschen. Beine rot, Schenkel basal geschwärzt, Metatarsen der Hinterbeine meist schwarz. Kopf und Thorax kurz, ziemlich dünn rostgelb, Gesicht, Thoraxseiten, Propodeumseiten und Hintercoxen schneeweiß behaart. Hintertibien mit einer Reihe kurzer, dicker, meist dunkler Dörnchen. 10–12 mm.

Männchen: Vorderschenkel auffallend stark verbreitert. Labrum schwarz, an Basis mit sehr breitem poliertem Querraum, hinter der Mitte mit starkem dreieckigen Zahn. Fühler lang, Geißelglied 2 deutlich länger als 3, die folgenden Glieder quadratisch oder etwas länger als breit. Innenseite der Vorderschenkel mit glänzender Vertiefung. Hinterschenkel an der Basis mit dicht graugelb behaarter Grube. Tergit 7 deutlich ausgeschnitten. Fühlerschaft schwarz, Geißel gelbrot, oben nicht oder nur am Ende schwach verdunkelt. Scutellum meist

mit zwei roten Flecken, häufig auch Postscutellum rot gefleckt. Tergite hellrot, Tergit 1 an Basis schwarz, 2–6 mit großen gelben Seitenflecken. Kopf und Thorax oben dicht und ziemlich lang bräunlichgelb, Gesicht und Thoraxseiten dicht schneeweiß, Propodeum und Hintercoxen etwas weniger dicht weißlich behaart. Vorder-, Mittelschenkel mit langen, spärlichen weißen Haarfransen. 10–12 mm.

Verwechslungsmöglichkeiten: Das einfarbig gelbe Scutellum bzw. bei den Männchen die zu einem einzigen Mittelfleck reduzierte Gelbfärbung in Kombination mit der typischen Hinterleibszeichnung (ausgedehnt rot gefärbtes Tergit 1, folgende Tergite mit breiten gelben Binden) lässt nur eine Verwechslung mit *N. fucata* zu. Weibchen von *N. fucata* tragen auf den Sterniten 4–5 stets gelbe Binden, bei *N. bifasciata* sind sämtliche Sternite rot gefärbt. Beim Männchen von *N. fucata* ist die gelbe Zeichnung deutlich ausgedehnter: das Scutellum trägt eine große gelbe Makel (bei *N. bifasciata* bis auf einen kleinen Fleck reduziert oder ganz erloschen), die Fühler sind meist nur auf den Geißelgliedern 5–7 schwarz gefärbt (bei *N. bifasciata* die Glieder 5–8 oder 9), die Sternite sind fast vollständig gelb gefärbt (bei *N. bifasciata* schwarz mit gelben Binden).

Systematik: *armata*-Gruppe.

Etymologie: Von lat. „*armata*" = „bewaffnet, bewehrt"; bezieht sich wie der deutsche Name auf den großen Zahn auf dem Labrum.

Lebensraum: Trockene Fett- und Magerwiesen, Hochwasserdämme, Straßenböschungen, Waldsäume. Vom Flachland bis in die montane Höhenstufe.

Wirt: Einziger bekannter Wirt ist *Andrena hattorfiana*.

Flugzeit: Eine Generation von Mai bis August.

Nomada bifasciata (Olivier, 1811)

Rotbäuchige Wespenbiene

Flugzeit	J	F	M	A	M	J	J	A	S	O	N	D

Weibchen: Alle Sternite rot, ohne gelbe Zeichnung. Fühler länger und dünner; Geißelglied 2 merklich länger als am Ende dick. Fühler braunrot, länger und dünner, Geißel gegen Ende stets deutlich verdunkelt. Mesonotum vorne mit kaum eingedrückter Mittellinie. Kopf schwarz, Mandibeln, Labrum, Vorderrand des Clypeus und ein schmaler Streifen am inneren Augenrand rot oder gelbrot. Thorax schwarz, Flecken auf dem Pronotum, Calli, Tegulae und ein eiförmiger Querfleck auf dem fast flachen Scutellum hellgelb. Tergit 1 mitten mit breiter roter Querbinde, übrige Tergite mit breiten hellgelben Binden, welche in der Mitte verschmälert sind, auf 2 und 3 gewöhnlich breit unterbrochen. Zwischenräume rot ausgefüllt; Endränder schwarz oder schwarzbraun. Beine dunkel rostrot, Schenkel basal meist geschwärzt, Tibien nicht gelb gezeichnet. Kopf und Thorax durchwegs dicht und abstehend schwarz behaart. Ähnlich *Nomada fucata*. 10–11 mm.

Männchen: Größer, 10–11 mm. Sternite einfarbig rot, ohne gelbe Zeichnung. Fühler braunrot, länger und dünner, Geißel gegen Ende stets deutlich verdunkelt. Geißelglied 2 so lang oder fast unmerklich kürzer als 3, Glied 5–8 so lang wie breit, 2 merklich länger als am Ende dick. Mesonotum vorne mit kaum eingedrückter Mittellinie. Kopf schwarz, Mandibeln, Labrum, Vorderrand des Clypeus und ein schmaler Streifen am inneren Augenrand rot oder gelbrot. Thorax schwarz, Fle-

♀ 10–11 mm, Moosburg, Garten 19.04.2018

cken auf dem Pronotum, Calli, Tegulae und ein eiförmiger Querfleck auf dem fast flachen Scutellum hellgelb. Tergit 1 mitten mit breiter roter Querbinde, übrige Tergite mit breiten hellgelben Binden, welche in der Mitte verschmälert sind, auf 2 und 3 stets breit unterbrochen, Zwischenräume rot ausgefüllt; Endränder schwarz oder schwarzbraun. Beine dunkel rostrot, Schenkel basal meist geschwärzt, Tibien nicht gelb gezeichnet. Kopf und Thorax durchweg dicht und abstehend schwarz behaart. Hintertibien mit zwei gekrümmten, starken, dicht beieinanderstehenden Dornen. 10–11 mm.

Verwechslungsmöglichkeiten: Das einfarbig gelbe Scutellum bzw. bei den Männchen die zu einem einzigen Mittelfleck reduzierte Gelbfärbung in Kombination mit der typischen Hinterleibszeichnung (ausgedehnt rot gefärbtes Tergit 1, folgende Tergite mit breiten gelben Binden) lässt nur eine Verwechslung mit *Nomada fucata* zu. Die Weibchen von *N. fucata* tragen auf den Sterniten 4–5 stets gelbe Binden, bei *N. bifasciata* sind sämtliche Sternite rot gefärbt. Beim Männchen von *N. fucata* ist die gelbe Zeichnung deutlich ausgedehnter: das Scutellum trägt eine große gelbe Makel (bei *N. bifasciata* ist diese auf einen kleinen Fleck reduziert oder ganz erloschen), die Fühler sind meist nur auf den Geißelgliedern 5–7 schwarz gefärbt (bei *N. bifasciata* die Glieder 5–8 oder 9), und die Sternite sind fast vollständig gelb gefärbt (bei *N. bifasciata* schwarz mit gelben Binden).

Systematik: *bifasciata*-Gruppe.

Nomenklatur: Synonym: *Nomada lepeletieri* PEREZ, 1884; *Nomada pusilla* auct. nec LEPELETIER, 1841

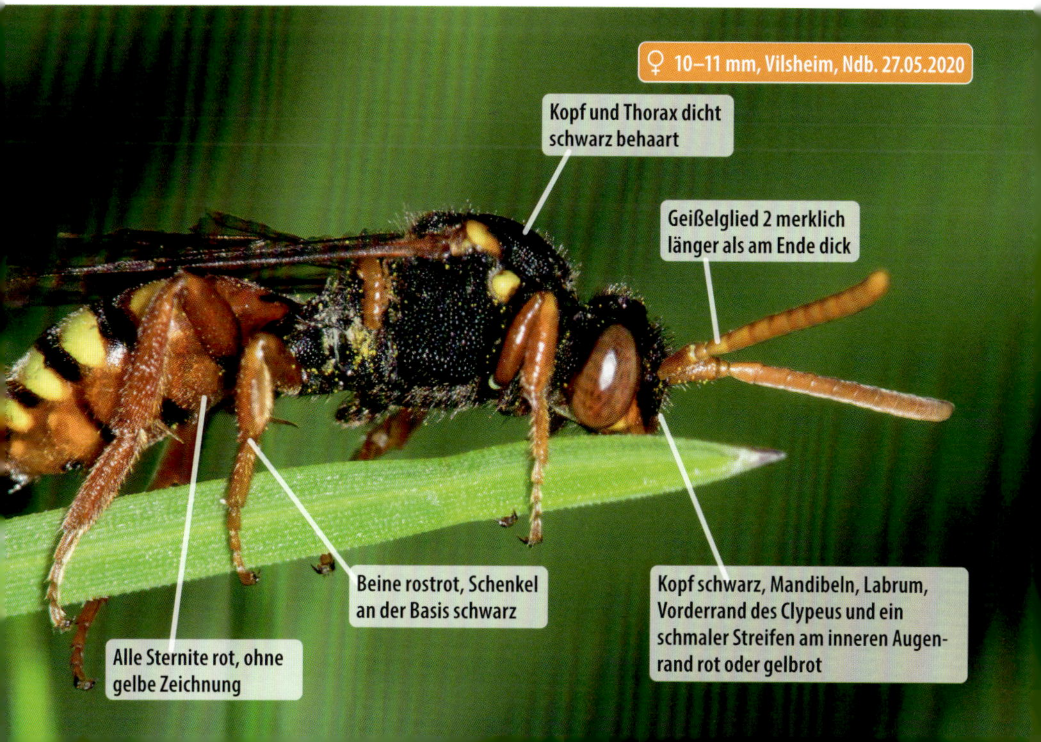

Etymologie: Von lat. „*bi-*“ = „zwei-„ und „*fasciata*“ = „umwickelt“; OLIVIER beschreibt Tiere aus Nordafrika, denen die in Mitteleuropa üblichen gelben Zeichnungselemente fehlen („*abdomen ferrugineux, avec deux bandes brunes*“), sodass bei Tieren im Gebiet nicht von zwei Binden gesprochen werden kann.

Deutscher Name: Die Art ist von der nächstverwandten *N. fucata* durch die einfarbig rote Abdomenunterseite zu unterscheiden.

Lebensraum: Zeigt keine strenge Habitatbindung; Waldsäume und -lichtungen, trockene Fett- und Magerwiesen, Gärten und Parks. Vom Flachland bis in die kolline Höhenstufe.

Wirt: Einziger bekannter Wirt ist *Andrena gravida*.

Flugzeit: In einer Generation von März bis Juni.

Gesamtverbreitung: In Nordafrika von den Kanaren bis Ägypten. In Eurasien von Portugal über Süd- und südliches Mitteleuropa bis in die Türkei; nordwärts bis zur Nord- und Ostseeküste; südwärts bis Sizilien, Malta, Puglia, Peloponnes und Kreta. Die Nominatform in Nordafrika, im übrigen Verbreitungsgebiet in der ssp. lepeletieri PEREZ, 1884.

Nomada fabriciana (LINNAEUS, 1767)

Rotschwarze Wespenbiene

Flugzeit	J	F	M	A	M	J	J	A	S	O	N	D

Männchen: Kopf und Thorax ganz schwarz, höchstens die Unterseite der Fühlergeißel, Calli und Tegulae mehr oder weniger rötlich. Mandibeln am Ende zweizähnig. Kopf und Thorax dicht runzelig punktiert, völlig matt. Fühlergeißel lang, Glied 2 nur etwa halb so lang wie 3, die folgenden Glieder deutlich länger als breit, sämtliche Glieder ohne knotenartige Erhabenheiten. Tergit 7 sehr tief ausgeschnitten. Fühlergeißel unten nur schwach gebräunt. Tergite hellrot, Tergit 1 basal schwarz, 2 und 3 mit runden gelben Seitenflecken, die selten fehlen; bei der Sommergeneration Basis der Tergite oft breit geschwärzt. Beine schwarz, Tibien und Tarsen der Vorderbeine vorne rotgelb. Kopf und Thorax oben ziemlich lang bräunlichgrau, Gesicht und Thoraxseiten weiß behaart. 7–10 mm.

Weibchen: Kopf und Thorax einfarbig schwarz, zuweilen Punkt am oberen Augenrand, Rand der Calli rötlich. Geißelglied 2 um ein Drittel kürzer als 3. Mandibeln zweizähnig. Fühler schwarz, Unterseite der ersten sechs Geißelglieder und Endglied gelbrot. Abdomen rot, Tergit 1 basal schwarz, zuweilen auch hintere Tergite basal mit dunkler Querbinde, Tergit 2 und 3 mit kleinen gelben Seitenflecken, welche öfter erloschen sind. Beine schwarz, Vorderseite der Vorderschenkel und Vordertarsen rotgelb. Kopf, Thorax abstehend braun bis schwarzbraun, Thoraxseiten, Propodeum grauweiß behaart. 8–10 mm.

Verwechslungsmöglichkeiten: Einen einfarbig schwarzen Kopf und Thorax besitzen nur wenige *Nomada*-Arten, die sich aber durch eine deutlich ausgedehntere Gelbzeichnung unterscheiden. Die Mandibeln von *Nomada fabriciana* sind am Ende zweizähnig, während diese bei allen ähnlichen Arten in eine einzige Spitze auslaufen.

Systematik: *ruficornis*-Gruppe.

Etymologie: Linné widmete die Art seinem Schüler Johann Christian Fabricius (1745-1808). — Deutscher Name: Die Art ist ausschließlich schwarz und rot gefärbt.

Lebensraum: Zeigt keine strenge Habitatbindung; lichte Wälder, Waldsäume, Hecken, trockene Mager- und Fettwiesen, Hochwasserdämme, Ruderalflächen, Sand-, Kies- und Lehmgruben, Gärten und Parks. Vom Flachland bis in die subalpine Höhenstufe.

Wirte: *Andrena bicolor, Andrena chrysosceles, Andrena fulvata* und *Andrena angustior.*

Flugzeit: In zwei Generationen von März bis August.

Gesamtverbreitung: Perez (1890) listet die Art für Algerien auf; sie wurde danach nie mehr dort gefunden, aber da das Verbreitungsgebiet der Wirtsart *Andrena bicolor* sich auch auf Nordafrika erstreckt, ist ein Vorkommen nicht ausgeschlossen. Von Portugal über Europa und Kleinasien bis zum Kaukasus; nordwärts bis Irland und Südschottland, Schweden (61°N, Gästrikland), Baltikum und Perm; südwärts bis Sizilien, Marche, Peloponnes, Kreta und Jordanien. Wird von Proshchalykin (2009) für Irkutsk gemeldet.

Lokalverbreitung: Im Gebiet aus allen Regionen gemeldet.

Nomada flavoguttata (Kirby, 1802)

Gebfleckige Wespenbiene

Flugzeit	J	F	M	A	M	J	J	A	S	O	N	D

Weibchen: Vorderflügel mit drei Cubitalzellen. Kopf und Thorax mit relativ langer, abstehender Behaarung. Propodeum bis an das Mittelfeld punktiert. Geißelglied 2 um ein Drittel kürzer als 3, die mittleren Glieder nur sehr wenig länger als breit. Fühlergeißel rot, oben stets mehr oder weniger gebräunt. Kopf schwarz, Mandibeln, Vorderrand des Clypeus und Augenumrandung rot. Thorax schwarz, Ecken des Pronotums, Calli, Tegulae und Seitenstreifen des Mesonotums, sehr selten auch zwei kurze Mittelstreifen, Scutellumhöcker, Postscutellum und Flecke der Thoraxseite rot. Abdomen rot, Endränder der Tergite verdunkelt, Tergit 2 und 3 mit sehr kleinen punktartigen gelben Seitenflecken, welche zuweilen undeutlich sind oder selten überhaupt fehlen. Beine rot, Schenkel und Tibien fast stets größtenteils verdunkelt. Kopf und Thorax oben struppig abstehend rostbräunlich, Labrum, Thoraxseiten und Seiten des Propodeums schneeweiß behaart. Haarflecken des Propodeums auffallend lang und dicht. Hintertibien mit einigen, meist 3–4, ungleichen hellen oder dunklen Dörnchen, welche etwas entfernt voneinander stehen und mit weißen Härchen untermischt sind, und einem auffallenden längeren hellen Borstenhaar. 5–7 mm.

Männchen: Labrum ganz oder größtenteils schwarz, sehr selten schmutzig-gelb, nie-

mals rein zitronengelb. Vorderschenkel hinten mit ziemlich langen weißen Haarfransen. Gesicht nur wenig breiter als lang. Geißelglieder im Gegensatz zu *N. castellana* hinten nicht knotenartig vortretend. Kopf und Thorax dicht und ziemlich grob runzelig punktiert. Scutellum mit schwachen, aber deutlichen Höckern. Fühler heller oder dunkler rostrot, Schaft und Oberseite der 5–6 ersten Geißelglieder schwarz. Thorax schwarz, Calli und Tegulae schmutzig rot, erstere zuweilen schwärzlich. Abdomen braunrot, an der Basis und gegen das Ende schwärzlich, Tergit 2 und 3 mit ziemlich kleinen, rundlichen, gelben Seitenflecken, welche zuweilen etwas verwischt und undeutlich sind. Beine rot und schwarz gefleckt. Die im zeitigen Frühjahr fliegenden Tiere sind dunkler, insbesondere die Fühlergeißel oben bis zum Ende geschwärzt. Tergit 1 fast ganz schwarz und Tergit 2 und 3 dunkel braunrot; noch stärker verdunkelt sind die Hochsommertiere, deren Abdomen oft fast ganz schwärzlich gefärbt ist, dagegen die Labrum fast stets heller, gelb mit bräunlichem Mittelfleck. Kopf- und Thorax oben ziemlich dicht und lang bräunlichgrau, Gesicht und Brustseiten weißlich behaart. 5–7 mm.

Verwechslungsmöglichkeiten: Aufgrund ihrer geringen Körpergröße ist *Nomada flavoguttata* im Gelände kaum von ähnlich gefärbten und gleich großen Arten zu unterscheiden, ist aber unter diesen die mit Abstand häufigste Art.

Systematik: *ruficornis*-Gruppe.

Etymologie: Von lat. *„flava"* = „goldgelb, rötlichgelb" und *„guttata"* = „getüpfelt"; KIRBY bezieht sich auf den mit gelben Flecken gezeichneten Hinterleib (*„abdomine rufo, punctis quatuor luteis"*).

Lebensraum: Zeigt keine strenge Habitatbindung; Waldsäume und -lichtungen, Kahlschläge, Ruderalflächen, trockene Fett- und Magerwiesen, Hochwasserdämme, Sand- und Kiesgruben, Gärten und Parks. Vom Flachland bis in die subalpine Höhenstufe.

Wirte: *Andrena falsifica*, *Andrena minutula*, *Andrena minutuloides*, *Andrena semilaevis* und *Andrena subopaca*, vermutlich auch noch weitere Arten der *Andrena minutula*-Gruppe

Flugzeit: In zwei Generationen von März bis August.

Gesamtverbreitung: Transpaläarktisch. In Nordafrika von Marokko bis Tunesien. In Eurasien von Portugal über Europa, Kleinasien, Kaukasus, Sibirien und Zentralasien bis Japan und Kurilen; nordwärts bis Irland und Nord-Schottland, Norwegen (63,5°N, Trondheimfjord), Schweden (66,5°N, Norrbotten), Finnland, (66°N, Südlappland), Karelien und Perm; südwärts bis Sizilien, Basilicata, Kreta, Israel und Nordiran. Erreicht in Kaschmir die orientalische Faunenregion.

Lokalverbreitung: Im Gebiet aus allen Regionen gemeldet.

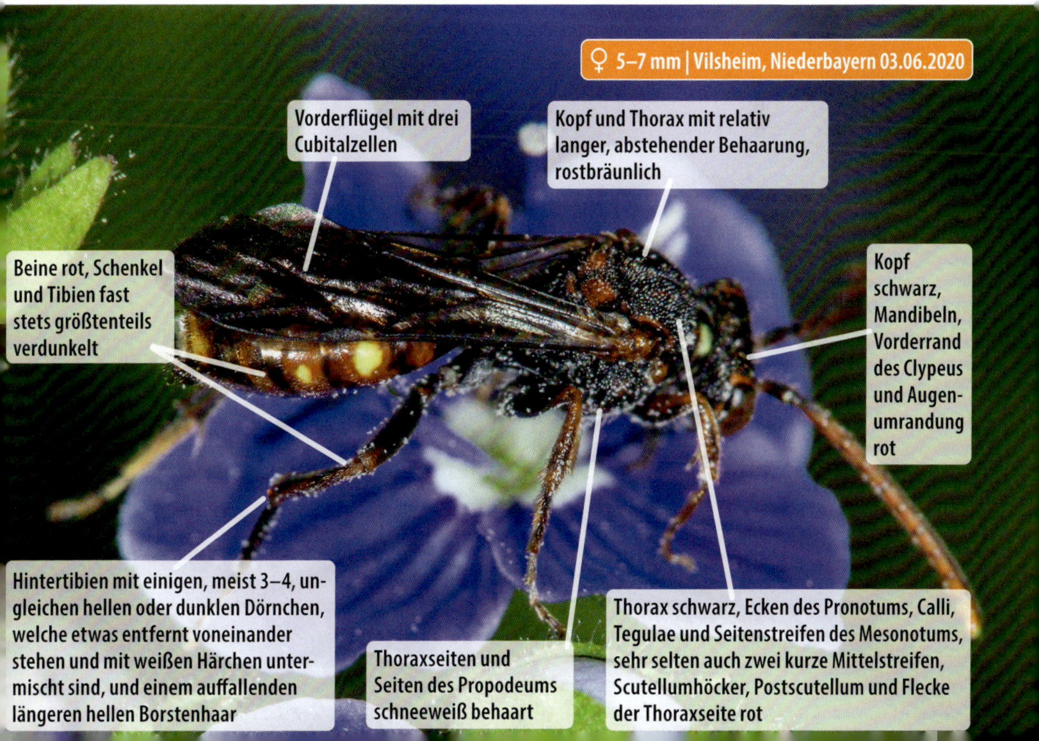

Nomada fucata (PANZER, 1798)

Gewöhnliche Wespenbiene

Flugzeit	J	F	M	A	M	J	J	A	S	O	N	D

Weibchen: Sternit 4 und 5 stets mit gelben Binden. Fühler einfarbig gelbrot, kurz und dick. Geißelglied 2 so lang oder fast unmerklich kürzer als 3, Glied 5–8 deutlich breiter als lang, 2 so lang wie am Ende dick. Mesonotum vorne mitten mit deutlicher, ziemlich tiefer Längsfurche. Kopf schwarz, Mandibeln, Labrum, Vorderrand des Clypeus und ein schmaler Streifen am inneren Augenrand rot oder gelbrot. Thorax schwarz, Flecken auf dem Pronotum, Calli, Tegulae und ein eiförmiger Querfleck auf dem fast flachen Scutellum hellgelb. Tergit 1 mitten mit breiter roter Querbinde, übrige Tergite mit breiten hellgelben Binden, welche in der Mitte verschmälert sind; Endränder schwarz oder schwarzbraun. Zuweilen, besonders bei der 2. Generation, Binden von Tergit 2 und 3 etwas unterbrochen, Zwischenräume mehr oder weniger rot. Beine rostrot, Schenkel basal meist geschwärzt, Tibien mehr oder weniger gelb gezeichnet. Kopf und Thorax dicht und ziemlich lang abstehend graubraun bis schwarzbraun behaart. Hintertibien mit zwei gekrümmten, starken, dicht beieinanderstehenden Dornen. 9–10 mm.

Männchen: Fühlergeißel ziemlich kurz, Glied 2 unten nicht länger als am Ende breit, 3 nur sehr wenig länger als breit, die mittleren Glieder so lang wie breit, meist nur Glied 5–7 oben mehr oder weniger geschwärzt. Scutellum stets mit großem ovalen, gelben Quer-

fleck. Tergite basal sehr dicht und fein punktiert, dazwischen fein, aber deutlich gerunzelt, daher weniger glänzend; Tergit 2–6 mit breiten gelben, mitten etwas verschmälerten Binden, selten bei kleineren Tieren Binde auf 2 schmal unterbrochen; 2–4 im Übrigen meist schwarz, selten Endränder schwach bräunlich. Tibien und Tarsen stets mit ausgedehnter gelber Zeichnung. 7–10 mm.

Verwechslungsmöglichkeiten: Das einfarbig gelbe Scutellum bzw. bei den Männchen die zu einem einzigen Mittelfleck reduzierte Gelbfärbung in Kombination mit der typischen Hinterleibszeichnung (ausgedehnt rot gefärbtes Tergit 1, folgende Tergite mit breiten gelben Binden) lässt nur eine Verwechslung mit *Nomada bifasciata* zu. Die Weibchen von *N. fucata* tragen auf den Sterniten 4–5 stets gelbe Binden, bei *N. bifasciata* sind sämtliche Sternite rot gefärbt. Beim Männchen von *N. fucata* ist die gelbe Zeichnung deutlich ausgedehnter: das Scutellum trägt eine große gelbe Makel (bei *N. bifasciata* ist diese auf einen kleinen Fleck reduziert oder ganz erloschen), die Fühler sind meist nur auf den Geißelgliedern 5–7 schwarz gefärbt (bei *N. bifasciata* die Glieder 5–8 oder 9), und die Sternite sind fast vollständig gelb gefärbt (bei *N. bifasciata* schwarz mit gelben Binden).

Systematik: *bifasciata-Gruppe.*

Nomenklatur: Synonym: *Nomada bifasciata fucata* PANZER, 1798.

Etymologie: Von lat. „fucata" = „gefärbt, geschminkt".

Deutscher Name: Die Art ist im Gebiet eine der häufigsten Wespenbienen.

Lebensraum: Zeigt keine strenge Habitatbindung; Waldsäume und -lichtungen, Kahlschläge, Ruderalflächen, trockene Fett- und Magerwiesen, Hochwasserdämme, Sand- und Kiesgruben, Gärten und Parks. Vom Flachland bis in die montane Höhenstufe.

Wirt: Einziger bekannter Wirt ist *Andrena flavipes*. Flugzeit: In zwei Generationen von März bis August.

Gesamtverbreitung: In Nordafrika von Marokko bis Ägypten. In Eurasien von Portugal über Europa, Kleinasien und Kaukasus bis Zentralasien und Pakistan; nordwärts bis Wales und Südengland, Schweden (Erstnachweis 2001 in Skäne, 55,5°N)‘ Baltikum und Moskau; südwärts bis Sizilien, Kreta, Zypern, Jordanien, Irak und Afghanistan. Erreicht in Pakistan die orientalische Faunenregion.

Lokalverbreitung: Im Gebiet aus allen Regionen gemeldet; lediglich in der Schweiz keine Nachweise von der Alpennordseite, dem Alpenhauptkamm, dem Tessin und dem Engadin.

Nomada goodeniana (Kirby, 1802)

Feld-Wespenbiene

Flugzeit	J	F	M	A	M	J	J	A	S	O	N	D

Weibchen: Clypeus schwarz oder nur am Vorderrand rostrot oder gelb. Kopf schwarz. Fühler und Mandibeln einfarbig rostrot oder oben mehr oder weniger schwarz mit Ausnahme der letzten fünf Glieder (bei *N. succincta* alle Glieder verdunkelt). Beine rostrot. Vorder- und Mittelschenkel nur basal geschwärzt. Hinterschenkel nur teilweise oben geschwärzt. Tergitbinden stärker verschmälert als bei *N. succincta*, 1. und manchmal auch 2. in der Mitte geteilt. Sehr ähnlich *N. succincta*, jedoch mit ausgedehnterer Schwarzzeichnung. 10–14 mm.

Männchen: Fühlergeißel gelbrot, oben mehr oder weniger geschwärzt, die letzten fünf Glieder jedoch stets einfarbig hell, ohne schwarze Flecken. Gelbe Binden der Tergite mittig stark verschmälert, zuweilen fast linienförmig oder auf Tergit 1, sehr selten auch auf 2, schmal unterbrochen, selten 1 ganz schwarz. Vorder- und Mittelschenkel oben ganz, Hinterschenkel unten größtenteils rostrot, Tibien und Tarsen einfarbig rostrot, selten ganz schwach gelb gefleckt, Hintertibien innen nicht verdunkelt. 10–13 mm.

Verwechslungsmöglichkeiten: Durch das Fehlen einer roten Färbung auf Kopf, Thorax und Hinterleib nur mit relativ wenigen heimischen *Nomada*-Arten zu verwechseln. Die beiden häufigsten Arten mit ähnlicher Zeichnung sind *N. marshamella* und *N. fulvicornis*; *N. marshamella* besitzt keine gelben Pronotum-

flecken, *N. fulvicornis* nur sehr selten, bei beiden Arten ist die Gesichtszeichnung rot statt gelb. Sehr schwierig ist die Unterscheidung von *N. goodeniana* von der Schwesterart *N. succincta*, da beide im Wesentlich nur durch Färbungsmerkmale zu trennen sind und daher immer wieder Tiere auftreten, die sich nicht eindeutig zuordnen lassen. *N. goodeniana* ist durchschnittlich etwas größer, beim Weibchen ist der Clypeus entweder vollständig schwarz oder nur am Vorderrand gelb gefärbt (*N. succincta*: vollständig oder größtenteils gelb), beim Männchen Fühlergeißel gelbrot, oben mehr oder weniger geschwärzt, die letzten fünf Glieder jedoch stets einfarbig hell, ohne schwarze Flecken (*N. succincta*: Fühlergeißel oben stärker geschwärzt, auch die letzten fünf Glieder wenigstens teilweise verdunkelt). *N. goodeniana* und *N. succincta* können von ähnlich gefärbten Wespenbienen im Weibchen durch die zwei starken, gekrümmten, dicht beieinanderstehenden Dornen an den Hintertibien, im Männchen das dichte weiße Haarbüschel an der Basis der Hinterschenkel unterschieden werden.

Systematik: *bifasciata*-Gruppe.

Etymologie: KIRBY widmete die Art dem englischen Botaniker Reverend S. GOODENOUGH. Deutscher Name: Die Art ist so ubiquitär, dass sie auch an den Rändern landwirtschaftlich genutzter Felder vorkommt.

Lebensraum: Zeigt keine strenge Habitatbindung; lichte Wälder, Waldsäume, Hecken, trockene Mager- und Fettwiesen, Hochwasserdämme, Ruderalflächen, Sand-, Kies- und Lehmgruben, Gärten und Parks. Vom Flachland bis in die montane Höhenstufe.

Wirte: *Andrena cineraria, Andrena nigroaenea, Andrena nitida, Andrena thoracica* und *Andrena tibialis*.

Flugzeit: In einer Generation von April bis Juni. Angeblich soll bei Populationen, die bei der bivoltinen *Andrena thoracica* parasitieren, eine zweite Generation auftreten.

Gesamtverbreitung: In Nordafrika eine einzige (überprüfungsbedürftige) Meldung. In Eurasien von Portugal über Europa, Südrussland, Kaukasus bis Zentralasien (Ostkasachstan, Ostkirgistan); nordwärts bis Irland und Nordschottland, Norwegen (60°N, Buskerud), Schweden (62°N, Hälsingland); Finnland (62,5°N, Nordkarelien), in Russland bis Karelien und Kirov; südwärts bis Kalabrien, Zeloponnes, Zypern, Syrien und Nord-Iran. PROSHCHALYKIN (2010b) listet die Art für China und Ostsibirien auf.

Lokalverbreitung: Im Gebiet aus allen Regionen gemeldet.

Nomada lathburiana (Kirby 1802)

Rothaarige Wespenbiene

Flugzeit	J	F	M	A	M	J	J	A	S	O	N	D

Weibchen: Größer, 10–13 mm. Geißelglied 2 so lang oder etwas länger als 3. Hintertibien mit einigen dicken und ziemlich stumpfen, teils roten, teils schwarzen Dornen. Scutellumhöcker stark ausgebildet. Kopf schwarz, Mandibeln, Labrum, Clypeus, Augenumrandung und Fühler rotgelb, Fühlerschaft oben schwarz gestreift. Thorax schwarz, Calli, Tegulae, Flecken auf dem Pronotum und den Scutellumhöckern gelb, letztere meist rot umrandet, selten ganz rot; Flecken der Thoraxseite rot; Mesonotum neben den Tegulae rot gestreift; Postscutellum zuweilen rötlich gefleckt. Tergit 1 mit roter Querbinde, übrige Tergite mit gelben, mitten verschmälerten und meist rot gerandeten Binden; Endränder schwarz oder schwarzbraun; Binden von Tergit 2 und 3 manchmal mitten unterbrochen. Beine rot, Hinterschenkel meist geschwärzt. Kopf und Thorax dicht und abstehend rostgelb behaart. 10–13 mm.

Männchen: Geißelglieder 4–12 hinten mit scharf vorspringenden Knötchen, Geißelglied 2 so lang wie 3. Tergit 7 abgerundet oder nur ganz schwach ausgerandet. Geißelglied 1–7 oben geschwärzt. Kopf und Thorax mit reicher gelber Zeichnung, insbesondere Thoraxseiten mit großen gelben Flecken, die fast die Calli erreichen; Scutellum mit zwei gelben Punkten oder einfarbig schwarz. Tergit 1 mit roter Querbinde, beiderseits meist

♀ 10–13 mm | Moosburg, Garten 17.05.2003

mit einem kleinen gelben Punkt, übrige Tergite mit vollständigen, breiten, mittig etwas verschmälerten Binden; Endränder schwarzbraun, auf den hinteren Tergite rötlich. Tergit 7 heller oder dunkler rot. Kopf und Thorax dicht und lang behaart, oben bräunlich, unten grauweiß. 9–13 mm.

Verwechslungsmöglichkeiten: Durch die Kombination von rotem Tergit 1, breiten gelben Binden auf dem Hinterleib und zwei gelben (selten roten) Scutellumflecken kaum mit anderen *Nomada*-Arten zu verwechseln. Ein charakteristisches, wenn auch mit bloßem Auge schwer zu erkennendes Merkmal des Männchens sind die spitzen Knötchen auf der Unterseite der mittleren Fühlerglieder; eine derartige Bildung tritt sonst nur bei sehr kleinen Arten oder Arten ohne Gelbfärbung auf dem Hinterleib auf.

Systematik: *ruficornis*-Gruppe.

Etymologie: Kirby widmete die Art dem englischen Entomologen und Illustrator Peter Lathbury (1760–1820). Deutscher Name: Die Art ist dicht und abstehend rostrot behaart.

Lebensraum: Waldsäume, Hecken, trockene Wiesen, Magerrasen, Hochwasserdämme, Ruderalflächen, Sand- und Kiesgruben, Gärten und Parks. Vom Flachland bis in die subalpine Höhenstufe.

Wirte: *Andrena barbareae, Andrena cineraria, Andrena danuvia, Andrena vaga.*

♀ 10–13 mm | Moosburg, Garten 17.05.2003

♂ 10–13 mm | Isartal bei Moosburg 01.04.2021
Geißelglieder 4–12 hinten mit scharf vorspringenden Knötchen, Geißelglied 2 so lang wie 3, Geißelglied 1–7 oben geschwärzt
Kopf und Thorax mit reicher gelber Zeichnung
Kopf und Thorax dicht und lang behaart, oben bräunlich, unten grauweiß

Geißelglieder 4–12 hinten mit scharf vorspringenden Knötchen, Geißelglied 2 so lang wie 3, Geißelglied 1–7 oben geschwärzt
♂ 10–13 mm | Isartal bei Moosburg 01.04.2021
Kopf und Thorax mit reicher gelber Zeichnung, insbesondere Thoraxseiten mit großen gelben Flecken, die fast die Calli erreichen
Scutellum mit zwei gelben Punkten oder einfarbig schwarz
Tergit 1 mit roter Querbinde, beiderseits meist mit einem kleinen gelben Punkt, übrige Tergite mit vollständigen, breiten, mitten etwas verschmälerten Binden
Kopf und Thorax dicht und lang behaart, oben bräunlich, unten grauweiß
Endränder schwarzbraun, auf den hinteren Tergite rötlich. Tergit 7 heller oder dunkler rot

Nomada ruficornis (LINNAEUS, 1758)

Rotfühler-Wespenbiene

Flugzeit	J	F	M	A	M	J	J	A	S	O	N	D

Weibchen: Hintertibien mit 4–5 langen, dünnen, hellen oder dunklen Dörnchen. Mittlere Geißelglieder kaum länger als breit. Sternit 5 mitten mit schmalem, unpunktierten, deutlich vertieften und scharf begrenzten matten Längsraum Fühler ziemlich kurz und dick, Geißelglied 2 um ein Drittel kürzer als 3. Mandibeln zweizähnig. Kopf schwarz, reich rot gezeichnet. Thorax schwarz, reich rot gezeichnet; Mesonotum stets mit vier breiten roten Längsstreifen, Thoraxseiten mit großen und Propodeum meist mit kleinen roten Flecken, Abdomen braunrot, Tergit 1 basal schwarz, Tergitränder meist verdunkelt, Tergit 2–4 mit blaß gelben, zuweilen weißlich gelben Seitenflecken, 5 mit Mittelfleck, Flecken von 2 groß, nach innen spitzig. Sternite dunkel braunrot, meist ohne gelbe Zeichnung, selten auf Sternit 5 seitlich kleine, gelbe Flecken. Beine dunkelrot, Schenkel basal geschwärzt. Kopf und Thorax oben kurz rostgelb, Gesicht und Thoraxseiten weiß behaart; Propodeum mit auffallenden langen und dichten weißen Haarflecken. Hintertibien mit 4–5 langen dünnen, hellen oder dunklen Dörnchen, welche von weißen Härchen dicht filzartig umgeben sind. 8–11 mm.

Männchen: Hintertibien am Ende dicht und lang weißfilzig behaart, ohne deutliche stärkere Dörnchen. Geißelglied 2 kaum halb so lang wie 3, die folgenden Glieder quadratisch

oder nur sehr wenig länger als breit, kaum gebogen und nicht knotenartig vortretend. Kopf und Thorax dicht und wenig grob runzelig punktiert. Fühler rostrot, Schaft unten gelb, oben schwarz. Basalhälfte der Geißel oben geschwärzt; bei kleineren Tieren ist der Schaft meist einfarbig schwarz und die Geißel oben bis zum Ende verdunkelt. Thorax schwarz; Calli und Tegulae rötlich, zuweilen gelb gefleckt, Brustseiten unten manchmal mit kleinem roten oder gelben Fleck, sehr selten Scutellum mit zwei sehr kleinen roten oder gelbroten Punkten. Abdomen rostrot, Tergit 1 an der Basis schwarz, die übrigen Tergite meist mit breiten, blaß gelben, zuweilen gelbweißen Binden, Tergit 1 manchmal mit zwei gelben Seitenflecken; bei kleineren Tieren ist die Grundfärbung des Abdomens dunkler braunrot bis schwarzbraun, die Binden von Tergit 2 und 3 unterbrochen. Bauch meist mit reicher gelber Zeichnung. Kopf und Thorax oben dicht und lang bräunlichgelb, Gesicht, Brustseiten und Propodeum weißgrau behaart. Sämtliche Schenkel mit dichten weißen Haarfransen, diese besonders auf den Vorderschenkeln auffallend lang. 7–11 mm.

Verwechslungsmöglichkeiten: Es gibt eine ganze Reihe von Wespenbienen, die ähnlich gefärbt sind. Ein Merkmal, das *N. ruficornis* von fast allen ähnlichen Arten (mit Ausnahme von *N. moeschleri* und *N. opaca*) unterscheidet, sind die Mandibeln, die am Ende zweizähnig sind, während diese bei den anderen Arten in eine einzige Spitze auslaufen. *N. ruficornis, N. moeschleri* und *N. opaca* unterscheiden sich in der Bedornung am Endrand der Hintertibien: Bei *N. ruficornis* sind die Dornen sehr fein, dass sie kaum von der Tibienbehaarung zu unterscheiden sind, *N. opaca* besitzt zwei oder drei auseinanderstehende, spitzige, helle oder dunkle Dörnchen, und *N. moeschleri* weist hier nur einen einzigen, sehr dicken, stumpfen Dorn auf. Diese Merkmale sind aber mit bloßem Auge kaum zu erkennen.

Systematik: *ruficornis*-Gruppe.

Nomenklatur: Synonym: *Nomada bifida* THOMSON, 1872. Der Name *N. ruficornis* wurde früher häufig für *N. panzeri* gebraucht.

Etymologie: Von lat. *„rufus“* = „rötlich“ und *„cornum“* = „Horn“ (im Sinne von Fühler).

Lebensraum: Waldsäume, Lichtungen, trockene Fett- und Magerwiesen, Gärten und Parks. Vom Flachland bis in die montane Höhenstufe.

Wirte: Einziger sicher bekannter Wirt ist *Andrena haemorrhoa*.

Flugzeit: In einer Generation von März bis Juni.

Gesamtverbreitung: In Nordafrika verlässlich aus Tunesien nachgewiesen, aus Marokko und Algerien gibt es überprüfungsbedürftige ältere Meldungen. In Eurasien von Portugal über Europa, Südrussland, Kaukasus, Zentralasien und Sibirien bis Japan und Kurilen; nordwärts bis Irland und Nordschottland, nordwärts bis 63,5°N in Norwegen (Brekstad), 67°N in Schweden (Lule Lappmark), 65°N in Finnland (Oulu), in Russland bis Karelien, Kirov und Perm; südwärts bis Toskana und Bulgarien. Aus Südrussland (Orenburg) wurde die ssp. *orenburgensis* LOZINSKI, 1922 beschrieben (Färbungsform?).

Lokalverbreitung: Im Gebiet aus allen Regionen gemeldet.

Epeolus (Latreille, 1802)

Filzbienen

Systematik: Familie: Apidae – Unterfamilie: Nomadinae – Tribus: Epeolini.

Nomenklatur: In Europa war die Gattung *Triepeolus* bis in die jüngere Zeit mit *Epeolus* vereinigt. In dieser Gattung wurde eine Vielzahl von Formen beschrieben, die je nach Autor als eigene Arten, als Unterarten oder als bloße Varietäten betrachtet werden. Wie auch bei vielen anderen Kuckucksbienen-Gattungen dürfte dieses Phänomen Ausdruck eines sympatrischen Artbildungsprozess sein, bei dem sich Arten durch ökologische Isolation – in diesem Fall durch die Spezialisierung auf verschiedene Wirte in verschiedene neue Arten aufspalten.

Literatur: Bischoff (1930b); Scheuchl (2000); Amiet et al. (2007). Weitere hilfreiche Arbeiten: Bischoff (1930a); Pittioni (1945); Niemelä (1947). Etymologie: Latreille gibt keine Information zur Namenswahl; Friese (1895) leitet den Namen ab von griech. „*épiolos*" = „begatten". Der deutsche Name bezieht sich auf die filzartigen Haarflecken des Hinterleibs.

Körperliche Merkmale: Filzbienen sind klein bis mittelgroß (5–11 mm), der Körperbau ist gedrungen. Der Hinterleib ist mit filzartig anliegenden weißen Haarflecken verziert. Der Körper ist überwiegend schwarz gefärbt, die Beine sind vollständig oder teilweise rot, beim Weibchen meist auch das Schildchen. Letzteres ist in beiden Geschlechtern bucklig gewölbt und auf beiden Seiten mit je einem Zahn besetzt. Die Weibchen besitzen am 6. Sternit sägeartige Strukturen, die vermutlich dazu dienen, die zellophanähnlichen Hüllen der Brutzellen ihrer Wirte zu öffnen. Die Vorderflügel besitzen drei Cubitalzellen, die zweite und dritte sind etwa gleich groß und deutlich kleiner als die erste.

Lebensweise: *Epeolus*-Arten leben als Brutparasitoide bei Seidenbienenarten (*Colletes*), wobei sie in der Regel auf eine oder einige wenige Wirtsarten spezialisiert sind. Als Kuckucksbienen besuchen sie Blüten nur zur Eigenversorgung mit Nektar.

Verbreitung/Artenzahl: Die Gattung ist holarktisch verbreitet. Sie geht von den Kanaren und Portugal bis nach Japan und von der amerikanischen West- bis zur Ostküste. Nordwärts erreicht sie das subarktische Finnland und Alaska, südwärts die Südspitze Afrikas und Kolumbien sowie die Karibik, fehlt aber in Südostasien und dem tropischen Indien. Insgesamt sind über 110 Arten bekannt; im Gebiet kommen davon sieben vor.

Epeolus cruciger (Panzer, 1799)

Heide-Filzbiene

Flugzeit	J	F	M	A	M	J	J	A	S	O	N	D

Weibchen: Stirn und Scheitel fast runzlig, dicht punktiert. Körperfarbe schwarz, Mandibeln, Labrum, Tegulae, Scutellum, Tergit 6, Beine, oft auch Calli, rot. Tergit 1 mit weißer oder gelbweißer Basal- und Endbinde, diese seitlich öfters miteinander verbunden, 2 mit Seitenbinde, diese ist zuweilen wie auf 3 und 4 in zwei Flecken aufgelöst, 5 mitten mit silbern schimmerndem Samtfleck, beiderseits mit filziger Seitenbinde. Sternite oft mehr oder weniger deutlich rotbraun, Sternit 2–4 am Endrand mit weißer Haarbinde. Gegenüber *E. variegatus* sind auf den ersten beiden Tergiten Ringe statt Flecken zu finden. Im Feld nicht einfach zu unterscheiden. Körperlänge 5,5–7,5 mm.

Männchen: Stirn und Scheitel fast runzlig, dicht punktiert. Hinterschenkel praktisch kahl, dicht und fein punktiert, Unterseite mit glänzender, spärlicher punktierter Zone. Körperfarbe schwarz, Mandibeln, Tegulae, Tergit 7, Tarsen und Tibien rot; Calli mit rötlichem Fleck, Labrum meist dunkel, selten rötlich, Schenkel größtenteils dunkel. Endränder der Sternite durchscheinend rötlich. Körperlänge 5,5–7,5 mm.

Verwechslungsmöglichkeiten: Im Gelände mit allen anderen heimischen *Epeolus*-Arten zu verwechseln. Beim Weibchen gelingt die Unterscheidung am besten durch Seitenansicht von Sternit 5, das bei *E. variegatus* eingesattelt ist, bei den anderen Arten ist es flach. Das Männchen lässt sich nur unter dem Mikroskop sicher ansprechen. *E. alpinus* ist in Deutschland bisher nur aus dem Küstengebiet bekannt geworden, *E. fallax* nur aus dem Oberrheingraben, und *E. schummeli* nur aus Brandenburg, letztere unterscheidet sich von den anderen Filzbienen durch den deutlich vorgezogenen Clypeus, sodass *E. cruciger* in der Regel nur mit *E. variegatus*, der mit Abstand häufigsten Art der Gattung, verwechselt werden kann; *E. cruciger* kommt hauptsächlich in Heidegebieten vor.

Nomenklatur: Synonyme: *Epeolus laevifrons* Bischoff, 1930; *Epeolus marginatus* Bischoff, 1930; *Epeolus rufipes* Thomson, 1870; *Epeolus similis* Höppner, 1899.

Etymologie: Von lat. „*cruciger*“ = „kreuztragend“, wegen der von den unterbrochenen Filzbinden gebildeten kreuzartigen Zeichnung auf dem Hinterleib.

Deutscher Name: Heiden sind einer der Hauptlebensräume der Art.

Lebensraum: Waldsäume, Lichtungen, Sandgruben, Binnendünen, Sandheiden, Brach- und Ruderalflächen. Vom Flachland bis in die kolline Höhenstufe.

Wirte: Wirte sind *Colletes succinctus*, *Colletes hederae* und *Colletes fodiens*; eine kleinere, als Epeolus marginatus beschriebene Form parasitiert die Nester von *Colletes marginatus*.

Flugzeit: In einer Generation von Juli bis August.

Gesamtverbreitung: Die Meldung aus Algerien von Perez (1890) bezieht sich auf eine andere Art. In Eurasien von den Pyrenäen über Europa, Kleinasien, Kaukasus, Sibirien bis Sachalin; nordwärts bis Wales und Mittelengland (keine Nachweise von Irland), in Norwegen bis 60°N, in Schweden bis 62,5°N, in Finnland bis 65°N, in Russland bis Karelien, Kirov und -Perm; südwärts bis Apulien, Thessalien, Süd-Türkei und Nordiran.

Lokalverbreitung: In Deutschland aus allen Bundesländern gemeldet (aktuell). In Österreich mit Ausnahme der Bundesländer Tirol, Salzburg und Vorarlberg überall nachgewiesen. In der Schweiz aktuell von Genf, Wallis und Tessin, historisch von Basel, dem Misox und dem Puschlav.

Epeolus variegatus (LINNAEUS, 1758)

Gewöhnliche Filzbiene

Flugzeit	J	F	M	A	M	J	J	A	S	O	N	D

Weibchen: Höckerchen auf dem Labrum dicht vor dessen Mitte, Fühlerbasis frei, nicht vorne überdacht. Tergit 1 mit heller Basalbehaarung. Hinterschenkel vorn grob punktiert. Körperfarbe schwarz, Mandibeln, Scutellum vollständig oder nur teilweise, Tergit 6, Tarsen und Tibien rötlich, oft auch Labrum ganz oder teilweise; die Mittel- und Hintertibien oft mit dunklen Flecken. Tergit 1 mit weißer oder gelbweißer Basal- und Endbinde, diese seitlich in der Regel miteinander verbunden, 2–4 mit gewöhnlich in zwei Flecken aufgelöste Seitenbinden, 5 mitten mit silbern schimmerndem Samtfleck, beiderseits mit filziger Seitenbinde. Sternite gewöhnlich schwarz, Sternit 3 und 4 am Endrand mit spärlicher weißer Haarbinde. 7–9 mm.

Männchen: Höckerchen auf dem Labrum dicht vor dessen Mitte, Vorderrand des Labrums halbkreisförmig ausgeschnitten. Hinterschenkel vorn weitläufig grob punktiert. Sternit 2 kräftig und zerstreut punktiert, glänzend. Unterseite der Hinterschenkel, zum größten Teil unpunktiert, glänzend. Körperfarbe schwarz, Tegulae größtenteils, Mandibeln, Tibien und Tarsen teilweise rötlich. Sternite und teilweise auch Tergite mit hellem durchscheinenden Endrand. Tergit 1 an Basis und Endrand mit weißer Seitenbinde, 2–4 mit Seitenbinden, auf 3 und 4 in je zwei Flecken aufgelöst, 5 und 6 mit vollständiger oder mitten schmal unterbrochener Endbinde; Tergit 7 dunkel. Borsten von Sternit 4 und 5 gelblich mit schwarzer Spitze, nach hinten und oben

♀ 7–9 mm | Isarauen, Ampermündung 27.08.2019

umgebogen, die Spitze verdickt erscheinend. Sternit 2 und 3 mit in der Regel mitten unterbrochenen weißen Endbinden. 6,5–8 mm.

Verwechslungsmöglichkeiten: Im Gelände mit allen anderen heimischen *Epeolus*-Arten zu verwechseln. Beim Weibchen gelingt die Unterscheidung am besten durch Seitenansicht von Sternit 5, der bei *E. variegatus* eingesattelt ist, bei den anderen Arten ist es flach. Das Männchen lässt sich nur unter dem Mikroskop sicher ansprechen. *E. variegatus* ist mit Abstand die häufigste Art der Gattung; *E. alpinus* ist in Deutschland bisher nur aus dem Küstengebiet bekannt geworden, *E. fallax* nur aus dem Oberrheingraben, und *E. schummeli* nur aus Brandenburg, letztere unterscheidet sich von den anderen Filzbienen durch den deutlich vorgezogenen Clypeus. Die zweit„häufigste" Filzbienen-Art, *E. cruciger*, kommt hauptsächlich in Heidegebieten vor.

Nomenklatur: Synonym: *Epeolus productus* THOMSON, 1870.

Etymologie: Von lat. „*variegatus*" = „bunt", wegen des durch die Rot- und Schwarzfärbung des Chitins zusammen mit den gelbweißen Filzflecken bunten Gesamteindrucks.

Deutscher Name: Die Art ist im Gebiet die häufigste der Gattung.

Lebensraum: Sand-, Kies- und Lehmgruben, Hochwasserdämme, Ruderalflächen. Vom Flachland bis in die montane Höhenstufe.

Wirte: *Colletes fodiens*, *Colletes similis* und *Colletes daviesanus*.

Flugzeit: In einer Generation von Juni bis August.

Gesamtverbreitung: In Nordafrika von Marokko bis Algerien (alter Nachweis, überprüfungsbedürftig). In Eurasien von Portugal über Europa. Kleinasien, Kaukasus und Sibirien bis Mongolei und Jakutien; in Europa nordwärts bis Wales und Nordengland (keine Nachweise aus Irland), in Norwegen und Schweden bis 61,5°N, in Finnland bis 64°N, in Russland bis Leningrad und Kirov; Südgrenze in Italien unklar, da das Taxon *Epeolus compar* Alfken, 1938, das von Sardinien beschrieben und verschiedentlich als Synonym von *E. variegatus* aufgefasst wurde, wahrscheinlich doch eine eigene Art darstellt, auf die sich möglicherweise auch die Meldungen von Sizilien und Süditalien beziehen; ansonsten südwärts bis Sizilien, Albanien, Bulgarien, Nordgriechenland und Türkei.

Lokalverbreitung: In Deutschland und Österreich fast überall, fehlt in der Schweiz entlang des Alpenhauptkamms und in großen Teilen des Mittellandes.

Epeoloides (GIRAUD, 1863)

Schmuckbienen

Systematik: Familie: Apidae – Unterfamilie: Apinae – Tribus: Osirini. Literatur: SCHMIEDEKNECHT (1930); SCHEUCHL (2000); AMIET et al. (2007).

Etymologie: Zusammengesetzt aus dem Namen der Bienengattung Q und griech. „*eidos*“ = „das zu Sehende, Anblick, Gestalt“, bezieht sich auf die Ähnlichkeit mit der Gattung *Epeolus*. Der deutsche Name verweist auf das attraktive Aussehen der Bienen.

Körperliche Merkmale: Körperlänge 7–10 mm. Die Männchen besitzen einen hellroten, an den Seiten schwarz gefleckten Hinterleib; Kopf und Brustabschnitt sind rötlich bis gelbbraun behaart, die Augen schimmern leuchtend türkis. Die Weibchen sind tiefschwarz mit roter Hinterleibsbasis und schneeweißen Haarflecken an Brustseiten, Hinterleib und Beinen. Die Vorderflügel besitzen drei Cubitalzellen, die zweite und dritte sind etwa gleich groß und deutlich kleiner als die erste.

Lebensweise: *Epeoloides* lebt als Brutparasitoid ausschließlich bei den beiden heimischen Schenkelbienenarten. Als Kuckucksbienen besuchen die Tiere Blüten nur zur Eigenversorgung mit Nektar.

Verbreitung/Artenzahl: Weltweit sind lediglich zwei Arten bekannt. Die in Nordamerika beheimatete Art war lange Zeit verschollen und wurde erst 2002 in Kanada wiederentdeckt. Die in Europa heimische Art kommt im Gebiet vor und ist von Frankreich und den Niederlanden bis Westrussland verbreitet.

Epeoloides coecutiens (Fabricius, 1775)

Schmuckbiene

Flugzeit	J	F	M	A	M	J	J	A	S	O	N	D

Weibchen: Körper kurz und gedrungen. Augen auffallend groß, graugrün gefärbt. Fühler schwarzbraun. Kopf und Thorax kurz schwarz, Gesicht, zwei seitliche Flecken auf dem Mesonotum und Thoraxseiten weiß behaart, Scutellum ebenfalls, beiderseits mit einem schwarzen Haarbüschel. Propodeum glatt und glänzend. Tergite fast kahl, glänzend, sehr fein, aber nicht sehr dicht punktiert, 1–3 rot, oft basal mit schwarzem Fleck, die übrigen schwarz, 4 mit weißer unterbrochener Haarbinde, 5 und 6 braun behaart. Tibien und Tarsen rot, Tibien außen dicht anliegend weiß behaart. Flügel getrübt. Körperlänge 8,5–10 mm.

Männchen: Kopf und Thorax braungelb behaart, Augen leuchtend türkis. Fühler dunkel, oft mehr oder weniger braungelb aufgehellt. Abdomen in der Regel rotgelb, seltener ocker bis dunkelbraun gefärbt, fein punktiert mit breiten, blassen und glänzenden Endrändern, die Tergite mit kurzen gelblichenHärchen besetzt, Endränder mit weißlichen Haaren befranst. Tergit 1–3 basal schwarz gefleckt, auf Tergit 4 verbinden sich die Flecken durch einen schmalen, basal verlaufenden Streifen, auf Tergit 5 ein schwärzlicher Querstreifen, 6 gelb gefärbt, 7 ragt in Form eines sehr schmalen parallelseitigen braunroten Plättchens vor. Sternite rotgelb mit je zwei schwarzen Flecken, die Endränder lang gelb gefranst, 5

mit langen, abstehenden, nach hinten umgebogenen Borsten. Beine schwarz, Tibien und Tarsen rotgelb, goldgelb behaart. Flügel wenig gebräunt. 9–10 mm.

Verwechslungsmöglichkeiten: Durch die Kombination von rotem bis orangerotem Hinterleib und grünen bis türkisfarbenen Augen unverwechselbar.

Nomenklatur: Synonym: *Epeoloides ambiguus* GIRAUD, 1863.

Etymologie: Von lat. „*coecutiens*" = „blendend". FABRICIUS beschrieb das Männchen, das mit seinem gelbroten Hinterleib und den türkisfarbenen Augen besonders farbenprächtig ist.

Lebensraum: Hochwasserdämme, Auwälder, Ufersäume, Moore. Vom Flachland bis in die montane Höhenstufe.

Wirte: *Macropis europaea*, höchstwahrscheinlich auch *Macropis fulvipes*.

Flugzeit: In einer Generation von Juli bis August.

Gesamtverbreitung: Von Westfrankreich über Süd- und Mitteleuropa, Südrussland und Nordkasachstan bis Krasnojarsk; nordwärts bis zur Nordseeküste, Baltikum und Südfinnland (hier bis 61°N), in Russland bis Leningrad und Perm; südwärts bis Emilia-Romagna, Bulgarien und Kaukasus (keine Nachweise aus der Türkei).

Lokalverbreitung: In Deutschland und Österreich aus fast allen Bundesländern aktuell gemeldet, lediglich aus Oberösterreich und Tirol stehen noch Nachweise aus. In der Schweiz aktuell und historisch aus Genf, dem Mittelland sowie dem Bündner und St. Galler Rheintal, im Wallis nur historisch.

♂ 9–10 mm | Neumarkt Oberpfalz 05.07.2021
Kopf und Thorax braungelb behaart, Augen leuchtend türkis
Fühler dunkel, oft mehr oder weniger braungelb aufgehellt

♂ 9–10 mm | Neumarkt Oberpfalz 05.07.2021
Kopf und Thorax braungelb behaart, Augen leuchtend türkis
Fühler dunkel, oft mehr oder weniger braungelb aufgehellt
Flügel wenig gebräunt
Beine schwarz, Tibien und Tarsen rotgelb bis goldgelb behaart
Abdomen in der Regel rotgelb, seltener ocker bis dunkelbraun gefärbt, fein punktiert mit breiten, blassen und glänzenden Endrändern

Eucera (Scopoli, 1770)

Langhornbienen

Systematik: Familie: Apidae – Unterfamilie: Apinae –Tribus: Eucerini.

Nomenklatur: Lange Zeit wurden die europäischen Arten der Tribus Eucerini in die zwei Gattungen *Eucera* und *Tetralonia* geteilt, wobei *Tetralonia* die Arten mit drei, *Eucera* die Arten mit zwei Cubitalzellen umfasste. In jüngerer Zeit wurden diese beiden Gattungen weiter aufgeteilt, und zwar *Eucera* in *Eucera* und *Cubitalia* und *Tetralonia* in *Tetralonia, Tetraloniella* und *Synhalonia*. Dorchin et al. (2018) erstellten in ihrer umfassenden Untersuchung auf genanalytischer und morphologischer Basis einen Stammbaum der Eucerini und präsentieren aufgrund der Ergebnisse drei alternative Klassifizierungsvorschläge für die Gattungen des Eucera-Komplexes, nämlich die Zusammenfassung aller Arten in einer einzigen Gattung *Eucera*, eine Aufspaltung in drei bzw. in 13 Gattungen. Die Autoren präferieren den zweiten Vorschlag, bei dem alle altweltlichen Eucerini in einer einzigen Gattung *Eucera* zusammengefasst werden. In seiner jüngsten Arbeit modifiziert Dorchin (2023) nun unter Berücksichtigung neuerer NGS-basierter Untersuchungen der Eucerini seine Gattungseinteilung dahingehend, dass für die altweltlichen Arten die Gattungen *Eucera* und Tetralonia bestehen bleiben; alle vormals zu *Tetraloniella* gestellten Arten werden zu *Tetralonia* gezogen, und alle verbleibenden Arten werden in der Gattung *Eucera* vereinigt

Literatur: Schmiedeknecht (1930); Scheuchl (2000); Amiet et al. (2007). Weitere hilfreiche Arbeiten: Tkalců (1984b); Risch (1997, 2001, 2003).

Etymologie: Von griech. „*eu*“ = „wohl, gut“ und „*kéras*“ = „Horn“, bezieht sich wie auch der deutsche Gattungsname auf die stark verlängerten Fühler der Männchen.

Körperliche Merkmale: In Größe, Form und Färbung ähnelt die Gattung *Eucera* wie alle Langhornbienen sehr den Pelzbienen; wie diese besitzen die Männchen ebenfalls meist einen gelben Kopfschild und die Weibchen vieler Arten helle Hinterleibsbinden. Im Gegensatz zu den Pelzbienen besitzt *Eucera* nur zwei Cubitalzellen im Vorderflügel. Charakteristisch sind die für die Tribus *Eucerini* typischen stark verlängerten Fühler der Männchen, die zuweilen fast Körperlänge erreichen.

Lebensweise: *Eucera*-Arten sind solitär lebende, pollensammelnde und nestbauende Bienen.

Pollenquellen: Alle einheimischen Eucera-Arten sind auf Schmetterlingsblütler (*Fabaceae*) spezialisiert. Besonders häufig trifft man sie auf Wicken (*Vicia*) und Platterbsen (*Lathyrus*) an.

Nestbau: Langhornbienen nisten in selbst gegrabenen Hohlräumen in der Erde. Die Nester werden in selbst gegrabenen Gängen im Boden angelegt, vorzugsweise auf ebenen oder schwach geneigten, zuweilen auch stark abschüssigen Flächen. Von einem Hauptgang, der sich manchmal in einige wenige Seitengänge verzweigen kann, gehen in der Regel mehrere kurze, schräg oder senkrecht nach unten führende Nebengänge ab, an deren Ende jeweils eine vertikal orientierte Brutzelle sitzt. Die Brutzelle ist im Prinzip lediglich ein Hohlraum in der Erde, d.h. es werden nicht wie bei den meisten anderen Bienen eigens Zellwände angefertigt und die Innenwand der Zellen wird auch nicht ausgekleidet. Der Nahrungsvorrat füllt die gesamte untere Hälfte der Zeile, wird also nicht zu einer Kugel geformt. Die Zellen werden nach der Eiablage verschlossen und die zu ihnen führenden Nebengänge mit Erde verfüllt.

Parasiten: Als Kuckucksbiene treten Arten der Gattung *Nomada* auf.

Besonderes Verhalten: Wie bei etlichen anderen Gattungen patrouillieren auch bei *Eucera* die Männchen, die früher als die Weibchen erscheinen, auf durch Duftmarken festgelegten Flugbahnen entlang ihrer Nektarquellen, um auf die Weibchen zu warten. Zuweilen finden sich Männchen zum Übernachten einzeln, oft aber auch in Gemeinschaft, in Blüten oder festgebissen an Pflanzenstängeln. Die Männchen vieler Arten fungieren, insbesondere im Mittelmeergebiet, als Bestäuber von *Ophrys*-Spezies, deren Blüten durch Geruch und Aussehen Langhornbienen-Weibchen imitieren; den dadurch angelockten Männchen wird dann beim Kopulationsversuch ein Pollenpaket angeheftet.

Verbreitung/Artenzahl: Die Gattung ist paläarktisch verbreitet; sie geht von den Kanaren bis Japan. Insgesamt sind knapp 130 Arten bekannt, von denen 13 aus dem Gebiet gemeldet wurden, zwei davon irrtümlich.

Eucera nigrescens (Perez, 1879)

Mai-Langhornbiene

Flugzeit	J	F	M	A	M	J	J	A	S	O	N	D

Weibchen: Mesonotum ganz matt, die einzelnen Punkte sehr flach und sparsam. Tergit 1 und 2 in frischem Zustand dicht gelblich behaart, die Seitenflecken von Tergit 2 verschwommen. Clypeus grob runzelig punktiert mit deutlich abgesetztem glänzenden Endrand. Stirnschildchen mit punktartiger Chagrinierung, dazwischen vereinzelte flache, gröbere Punkte. Genae glatt und glänzend, fast unpunktiert. Abdomen glänzend, undeutlich punktiert, die Depressionen sparsamer und deutlich punktiert. Tergit 1 und 2 gelbbraun, die übrigen kurz schwarz behaart, auf Tergit 2 und 3 die Ränder an den Seiten mit hellen Bindenflecken, diese aber oft undeutlich und verschwommen, 4 mit weißer, 5 mit rötlichweißer Binde, 6 braun behaart. Sternite fein chagriniert, mitten zerstreut punktiert, vor den durchscheinenden Endsäumen dicht punktiert, hier lang und abstehend rötlichweiß gefranst, auf Sternit 5 besonders dicht; Zone der dichteren Punktierung auf den hinteren Sternite immer breiter werdend. 14–16 mm.

Männchen: Metatarsen der Hinterbeine gerade, an der Spitze ohne Haarschopf. Mesonotum matt, äußerst fein gerunzelt, zerstreuter punktiert, auf der Scheibe stets > 1. Geißelglied 2 etwas breiter als lang. Abdomen undeutlich punktiert, Tergit 1 und 2 braungelb, die übrigen Tergite schwarz behaart;

6 seitlich mit stumpfen Zähnchen. Sternit 6 etwas ausgehöhlt, Mittelfurche nur an der Basis schwach angedeutet, die beiderseits am Rand verlaufenden Leisten sind in der Mitte geteilt und senden einen kurzen Ast nach außen. Stemum 7 hinten beiderseits mit schmal dreieckigem Fortsatz. Spitze der Lacinia gedrungen. 13–15 mm.

Verwechslungsmöglichkeiten: Die nächstverwandten Arten *Eucera longicornis* und *Eucera interrupta* sind mit bloßem Auge nicht zu unterscheiden. Mit der Lupe zu erkennen ist die zerstreute Punktierung des Mesonotums (Punktabstand über ein Punktdurchmesser), die einzelnen Punkte sind nur flach eingedrückt. Die Punktierung der beiden anderen Arten ist hier wesentlich dichter. Für die Männchen von *Eu. interrupta* ist das Sternit 5 kennzeichnend, das in der Mitte des Endrandes eine glatte, halbkreisförmige, beiderseits mit roten Borstenhaaren besetzte Fläche aufweist. Beim Männchen von Eu. longicornis ist der Metatarsus der Hinterbeine leicht nach innen gebogen und trägt an der Spitze innen einen kleinen rötlichen Haarschopf.

Nomenklatur: Synonym: *Eucera tuberculata auct. nec* (FABRICIUS, 1793).

Etymologie: Von lat. *„nigrescens“* = *„geschwärzt“*; PEREZ beschreibt die Art als verdunkelte Varietät von *E. longicornis* aus Korsika. Der Name *E. longicornis* wurde damals für *E. nigrescens* verwendet, bis sich durch die Untersuchung der LINNÉschen Typen die wahre Identität herausstellte und somit die bis dahin als *E. longicornis* aufgefasste Art einen neuen Namen brauchte; hier erwies sich *E. nigrescens* als der älteste verfügbare Name (TKALCŮ 1984b). Der deutsche Name bezieht sich auf die im Vergleich zur nächstverwandten *E. longicornis* um etwa einen Monat frühere Flugzeit.

Pollenquellen: Oligolektisch auf Schmetterlingsblütler (*Fabaceae*). Hauptpollenquelle im Gebiet ist die Zaunwicke (*Vicia sepium*).

Nestbau: Nistplätze sind kahle oder schütter bewachsene Flächen auf horizontalen Flächen oder an Böschungen, bevorzugt in sandigem oder lehmigem Boden.

Lebensraum: Fettwiesen, Hochwasserdämme, Hecken und Waldsäume mit größeren Beständen der Zaun-Wicke. Vom Flachland bis in die kolline Höhenstufe.

Parasiten: Kuckucksbiene ist *Nomada sexfasciata*. Flugzeit: In einer Generation von Ende April bis Ende Juni.

Besonderes Verhalten: Die Männchen dieser Art sind in Mitteleuropa Bestäuber der Hummel-Ragwurz (*Ophrys holasericea*), in der Schweiz auch der Wespen-Ragwurz (*Ophrys tenthredinifera*).

Gesamtverbreitung: Die Meldungen aus Marokko sind zweifelhaft. In Eurasien von Portugal über Süd- und südliches Mitteleuropa sowie Kleinasien bis in den Kaukasus; nordwärts in Europa bis Südengland (hier letzter Nachweis 1970, keine Nachweise von Irland), bis Mecklenburg-Vorpommern, Nordukraine und Penza; südwärts bis Sizilien, Peloponnes, Kreta, in Asien bis Jordanien. Zerfällt nach Tkalců in die Nominatform und in je eine westliche und eine östliche Unterart: die Nominatform auf Korsika, Sardinien, Sizilien, Basses-Alpes, Ostpyrenäen und Nordspanien; die ssp. *continentis* Tkalců, 1984 besiedelt Iberien, die ganze Apenninenhalbinsel und geht bis Mitteleuropa; auf Sizilien eine Mischpopulation; die ssp. *contraria* Tkalců, 1984 von Mitteleuropa ostwärts über die Balkanhalbinsel (einschließlich Kreta) bis nach Kleinasien und Iran.

Lokalverbreitung: In Deutschland mit Ausnahme von Schleswig-Holstein aus allen Bundesländern nachgewiesen, in Mecklenburg-Vorpommern nur historisch. In Österreich mit Ausnahme von Tirol aus allen Bundesländern nachgewiesen, Meldung aus Salzburg bestätigungsbedürftig. In der Schweiz mit Ausnahme des Engadins und der höheren Lagen des Alpenhauptkammes fast überall.

Tetralonia (SPINOLA, 1838)

Langhornbienen

Systematik: Familie: Apidae — Unterfamilie: Apinae — Tribus: Eucerini

Nomenklatur: Ursprünglich wurden die Arten der Gattung wie alle paläarktischen Eucerini mit drei Cubitalzellen zuerst als Untergattung *Macrocera* zu *Eucera* gestellt, die dann unter dem Namen *Tetralonia* lange Zeit als eigene Gattung geführt wurde. In Europa wird *Tetralonia* erst in jüngerer Zeit in die drei Gattungen *Synhalonia*, *Tetralonia* und *Tetraloniella* aufgespalten. Einige Autoren vereinigen aber weiterhin alle Eucerini zu einer einzigen Gattung Eucera.

Literatur: SCHMIEDEKNECHT (1930); SCHEUCHL (2000); AMIET & al. (2007).

Etymologie: Spinola erklärt die Namensgebung folgendermaßen: *„Je l'ai composé de deux mots grecs qui signifient quatre aréoles"* = „Ich habe den Namen aus zwei griechischen Wörtern zusammengesetzt, die 'vier Flächen' bedeuten". Was er mit den *„quatre aréoles"* genau meint, verrät der Autor nicht, aber da sich der Name auf ein Merkmal im Vorderflügel beziehen soll, das die Gattung von *Eucera* abtrennt, sind womöglich die drei Cubitalzellen und die Radialzelle gemeint. — Der deutsche Name trennt nicht zwischen *Tetralonia* und *Eucera*, mit der sie früher vereinigt war.

Körperliche Merkmale: Im Habitus ähnelt die Gattung *Tetralonia* wie alle Langhornbienen den Pelzbienen. Die Körperlänge liegt zwischen 10 und 16 mm. Die Männchen besitzen einen gelb gezeichneten Kopfschild und verlängerte Fühler, die aber generell etwas kürzer sind als bei den anderen Eucerini (mit Ausnahme von *Cubitalia*); überdies ist der Clypeus weniger vorspringend. *Tetralonia* gehört zu den Langhornbienen mit drei Cubitalzellen im Vorderflügel. Die Weibchen besitzen helle Hinterleibsbinden. Im Gegensatz zu den anderen Gattungen der Tribus Eucerini ist die Sammelbürste auf den Hinterbeinen spärlich ausgebildet und besteht aus verzweigten Haaren.

Lebensweise: *Tetralonia*-Arten sind solitär lebende, pollensammelnde und nestbauende Bienen.

Pollenquellen: Fast alle einheimischen Arten sind oligolektisch.

Nestbau: *Tetralonia* nistet in selbstgegrabenen Hohlräumen in der Erde.

Besonderes Verhalten: Die Männchen einiger Arten sind – insbesondere im Mittelmeer-Raum – als Bestäuber von Orchideen der Gattung *Ophrys* bekannt, deren Blüten durch Geruch und Aussehen Langhornbienen-Weibchen imitieren; den dadurch angelockten Männchen wird dann beim Kopulationsversuch ein Pollenpaket angeheftet. Oft finden sich Männchen zum Schlafen einzeln oder in Gemeinschaft in Blüten oder festgebissen an Pflanzenstängeln.

Parasiten: Kuckucksbienen der Gattungen *Ammobates*, *Triepeolus* und *Thyreus*.

Verbreitung/Artenzahl: Weltweit sind über 150 Arten beschrieben, fast die Hälfte davon leben in der Neuen Welt, wo sie in den südlichen Teilen der USA, und in Mittelamerika südwärts bis Panama verbreitet sind. Die meisten Arten der Alten Welt kommen in Afrika südlich der Sahara vor; in der paläarktischen Region geht die Gattung von der Iberischen Halbinsel bis Zentralasien, Indien und Sri Lanka. Aus dem behandelten Gebiet sind zehn Arten bekannt.

Tetralonia macroglossa (Illiger, 1806)

Malven-Langhornbiene

Flugzeit	J	F	M	A	M	J	J	A	S	O	N	D

Weibchen: Kleiner, 11–13 mm. Tergit 2 und 3 an der Basis und dicht vor dem Endrand mit braungelber Filzbinde. Pygidium schmal. Sammelbürste auffallend locker. Geißelglied 2 etwa anderthalb mal so lang wie 3. Clypeus und Labrum schwarz, grob, fast runzelig punktiert. Thorax deutlich punktiert, oben etwas dunkler behaart. Tergite fein und deutlich punktiert, Endränder glatt und braun durchscheinend, Tergit 1 basal lang und braungelb behaart, Endhälfte kahl, 2 und 3 an der Basis und vor dem Endrand mit braungelber Filzbinde, 4 basal schwarz behaart, am Ende mit heller Binde, 5 ebenfalls dunkel, seitlich heller behaart, 6 schwarzbraun befilzt, Pygidium spitz, dreieckig, gewölbt und matt. Sternite dunkelbraun mit hellen Rändern, lang gelblich befranst. Sammelbürste weißlich, sehr dünn und locker.

Männchen: Fühler nur halb so lang wie der Körper. Tergite an Basis und Endrand filzig behaart, 2–4 oft ganz filzig. Labrum und unterer Teil des Clypeus weißgelb. Tergit 6 an den Hinterecken, 7 seitlich an der Basis gezähnt. Sternit 6 etwas ausgehöhlt, in der Mitte mit Rinne, daneben wulstig aufgetrieben, seitlich vor dem Rand mit kielartig erhabener Leiste, ohne Seitenlappen.

Verwechslungsmöglichkeiten: Von den Langhornbienen der Untergattung *Eucera (Eu. longicornis, Eu. nigrescens, Eu. interrupta)* durch die nur zwei anstelle von drei Cubitalzellen im

Vorderflügel, die geringere Körpergröße (11–13 mm im Gegensatz zu 13–16 mm), und im Männchen durch die weniger langen Fühler unterschieden, die bei *Eu. macroglossa* nur die halbe Körperlänge erreichen (Untergattung *Eucera*: annähernd körperlang). Von den anderen *Eucera*-Arten mit zwei Cubitalzellen (Untergattung *Tetralonia: Eu. alticincta, Eu. dentata, Eu. salicariae*) durch die filzigen Haarbinden an Basis und Endrand von Tergit 2 und 3 zu trennen (bei *Eu. alticincta*, *Eu. dentata* und *Eu. salicariae* sind Filzbinden nur an der Tergitbasis ausgeprägt).

Systematik: Untergattung *Tetralonia* SPINOLA, 1839 s. str.

Nomenklatur: Synonym: *Tetralonia macroglossa* (ILLIGER, 1806).

Etymologie: Von griech. „*makrós*" = „groß, weit" und „*glóssa*" = „Zunge"; die Glossa ist wie bei allen *Eucerini* sehr lang. Deutscher Name: Malven und andere Malvengewächse sind die ausschließlichen Pollenquellen der Art.

Pollenquellen: Oligolektisch auf Malvengewächse (*Malvaceae*).

Nestbau: Nistet auf kahlen oder schütter bewachsenen, ebenen bis stark abschüssigen Flächen oder in Steilwänden in selbst gegrabenen Gängen in der Erde, oft in Aggregationen. Bevorzugtes Substrat ist Sand, Löss oder Lösslehm. Das Nest besteht aus einem Gang, der sich verzweigen kann. Die Brutzellen stehen mehr oder weniger aufrecht und sind innen mit einer glänzenden Schicht überzogen.

Lebensraum: Trockenwarme Standorte; Weinberge, Brach- und Ruderalflächen, Sand- und Lehmgruben, Steilufer. Vom Flachland bis in die montane Höhenstufe.

Parasiten: Kuckucksbiene ist *Triepeolus tristis*. Als weiterer Nestparasit wurde eine Blasenkopffliege der Gattung *Conops* bekannt.

Flugzeit: In einer Generation von Juni bis August.

Gesamtverbreitung: Von Spanien über Süd- und Mitteleuropa, Südrussland, Kleinasien und Kaukasus bis Zentralasien; nordwärts bis Litauen und Orenburg; südwärts bis Sizilien, Kreta, Syrien, Irak und Nordiran.

Lokalverbreitung: In Deutschland mit Ausnahme von Schleswig-Holstein, Mecklenburg-Vorpommern, Niedersachsen, Nordrhein-Westfalen und Sachsen aus allen Bundesländern nachgewiesen, in Brandenburg nur historisch. In Bayern aktuell wiedergefunden. In Österreich aus dem Burgenland, Niederösterreich und der Steiermark gemeldet. In der Schweiz nur historisch vom Genfersee sowie aus dem Tessin und dem Misox.

Anthophora (LATREILLE, 1803)

Pelzbienen

Systematik: Familie: Apidae – Unterfamilie: Apinae – Tribus: Anthophorini

Nomenklatur: Die ehemalige Großgattung *Anthophora* wurde in jüngerer Zeit in mehrere eigenständige Gattungen aufgeteilt, von denen im Gebiet *Amegilla* und *Anthophora* vorkommen. Manche Bearbeiter spalten die Gattung noch weiter auf, indem sie von den einheimischen Arten *A. furcata* in eine eigene Gattung *Clisodon* und *A. bimaculata* in die Gattung *Heliophila* stellen.

Literatur: SCHMIEDEKNECHT (1930); SCHEUCHL (2000); AMIET & al. (2007). Weitere hilfreiche Arbeiten: HERRERO HERNÁNDEZ & PÉREZ-IÑIGO MORA (1982); BROOKS (1988); RASMONT (1995); NIEUWENHUIJSEN (2007).

Etymologie: Der wissenschaftliche Name setzt sich zusammen aus gr. *„anthos“* = „Blume, Blüte“ und *„phorós“* = „tragen“. Ihren deutschen Namen trägt die Gattung wegen der dichten pelzartigen Behaarung der meisten Arten.

Körperliche Merkmale: Pelzbienen erinnern durch die oft dicht geschlossene Behaarung an Hummeln. Bei einigen Arten sind mehr oder weniger auffällige Haarbinden auf dem Hinterleib ausgebildet. Die Körperlänge beträgt zwischen 8–18 mm. Die Vorderflügel besitzen drei annähernd gleichgroße Cubitalzellen. Beim Männchen ist der Kopfschild weiß oder gelb gezeichnet, bei vielen Arten sind die Fußglieder der Mittelbeine durch eigenartige arttypische Haarwimpern ausgezeichnet, die eine noch nicht völlig erforschte Rolle bei der Begattung spielen. Die Zunge ist sehr lang, bei einigen Arten erreicht sie eine Länge von über 20 mm. Pelzbienen sind Beinsammler; auch wenn sie noch kein ausgebildetes Körbchen wie Hummeln und Honigbienen besitzen, so doch eine gut entwickelte Schienenbürste. Ihr Flug ist reißend schnell, wird aber oft abrupt durch Phasen des Stillstehens in der Luft unterbrochen.

Lebensweise: *Anthophora*-Arten sind solitär lebende, pollensammelnde und nestbauende Bienen. Die Erscheinungszeit der verschiedenen Arten ist über das ganze Jahr verteilt, jedoch besitzen alle mitteleuropäischen Arten nur eine Generation im Jahr. Den Winter überdauern sie je nach Art als Ruhelarve (Präpuppe) oder als Imago.

Pollenquellen: Die einheimischen Arten stellen mit Ausnahme von *Anthophora balneorum* und *Anthophora furcata* keine großen Ansprüche an die Pollenquellen, auch wenn sie aufgrund ihrer langen Zunge Blumen mit tiefen Kelchen wie Lungenkraut (*Pulmonaria*), Natternkopf (*Echium*), Taubnessel (*Lamium*), Salbei (*Salvia*) etc. bevorzugen.

Nestbau: Pelzbienen nisten meist in selbstgegrabenen Hohlräumen in der Erde. Von den einheimischen Arten weicht hiervon nur *A. furcata* ab: sie nagt ihre Brutgänge in morsches Holz. Erdnester werden oft in Steilwänden von Lehm- oder Kiesgruben angelegt, wobei einige Arten unter günstigen Bedingungen größere Nestaggregationen bilden. Die Brutzellen bestehen aus einem Gemisch von Erdsubstrat, in der Regel Lehm oder Löß, und einem Sekret aus der Dufourdrüse der Biene. Die Innenwände werden mithilfe des Pygidiums geglättet und danach mit einer wachsartigen Schicht überzogen.

Besonderes Verhalten: Pelzbienen-Männchen patrouillieren entlang bestimmter Bahnen auf der Suche nach Weibchen. Jedes Männchen besitzt eine eigene Flugbahn, die es durch Duftstoffe markiert hat und die es tage-, mitunter wochenlang mit oder gegen den Uhrzeigersinn (aber in der Regel immer in einer Richtung) abfliegt. Zuweilen finden sich Männchen zum Übernachten einzeln, oft aber auch in Gemeinschaft, festgebissen an Pflanzenstängeln. Die Männchen mancher Arten sind – insbesondere im Mittelmeer-Raum – als Bestäuber von Orchideen der Gattung *Ophrys* bekannt, deren Blüten durch Geruch und Aussehen Pelzbienen-Weibchen imitieren; den dadurch angelockten Männchen wird dann beim Kopulationsversuch ein Pollenpakete angeheftet.

Parasiten: Als Kuckucksbienen treten Arten der Gattungen *Melecta*, *Thyreus* und *Coelioxys*, zuweilen auch *Ammobates punctatus* auf. Weitere Nestparasiten sind Larven von Ölkäfern und der Keulenwespe *Sapyga clavicornis*. Als Parasitoide, die sich von den Pelzbienenlarven ernähren, wurden verschiedene Erzwespen, Goldwespen und Wollschweber beobachtet.

Verbreitung/Artenzahl: Die meisten Arten von *Anthophora* leben in der Holarktis (Europa, Asien ohne die tropischen Regionen, Nordamerika, Nordafrika), in Afrika besiedelt die Gattung auch die Gebiete südlich der Sahara, einige Arten finden sich auch in Südamerika und in Südost-Asien. Weltweit sind rund 350 Arten bekannt, im Gebiet wurden bisher 16 Arten gemeldet.“

Anthophora aestivalis (PANZER, 1801)

Gebänderte Pelzbiene

Flugzeit	J	F	M	A	M	J	J	A	S	O	N	D

Weibchen: Schienenbürste weiß. Tergit 2 dicht runzlig punktiert, matt. Haarbinden der Tergite deutlich. Mittelfeld völlig matt, Punktierung sehr flach, fast in der Chagrinierung verschwindend. Mesonotum mit breiter schwarzer Querbinde zwischen den Tegulae. Clypeus grob punktiert, stellenweise runzelig erscheinend, mit starkem Kiel; Labrum grob gerunzelt. Genae so lang wie Geißelglied 4. Geißelglied 2 fast so lang wie die folgenden vier Glieder. – Thorax dicht punktiert, auf der Scheibe sehr einzeln, die Zwischenräume äußerst fein gerunzelt. Thoraxoberseite gelbbraun behaart mit schwarzer Querbinde. – Tergite fein und dicht, unregelmäßig punktiert. – Endränder der Sternite gelbbraun, 5 am Endrand schwarzbraun befranst. 13–15 mm.

Männchen: Tarsenglied 5 der Mittelbeine an den Seiten mit dichter schwarzer Haarfranse (wie auf Glied 1) Mesonotum und Tergit 2 ohne oder nur mit vereinzelten schwarzen Haaren. Die schwarzen Flecken an der Basis des Clypeus klein. Geißelglied 2 kürzer als die folgenden drei Glieder. Clypeus bis auf einen mehr oder weniger breiten Rand, Labrum bis auf den Rand und zwei Basalflecken, Nebengesicht und Vorderseite des Fühlerschaftes gelb gefärbt. Tergit 1 und 2 lang gelbbraun behaart, die übrigen Tergite schwarz mit mehr oder weniger deutlichen hellen Binden an den

Endrändern von Tergit 3 und 4. Tergit 7 mit Pygidium. Sternit 6 flach ausgerandet und wie 7 mit gelbbraun durchscheinendem Endrand. Beine gelblich behaart. Metatarsus der Mittelbeine etwas verbreitert, vorne und hinten mit dichten schwarzen Haaren bedeckt, ebenso das etwas verdickte Klauenglied behaart. Lacinia endet in zwei Fortsätzen. 13–15 mm.

Verwechslungsmöglichkeiten: Mit anderen *Anthophora*-Arten zu verwechseln, bei den Männchen insbesondere mit *A. retusa*; bei letzterer ist die Behaarung des hinteren Klauenglieds deutlich lockerer als die des Metatarsus und die zwei schwarzen Flecken an der Basis des Clypeus sind in der Regel miteinander verschmolzen.

Systematik: Untergattung *Pyganthophora* Brooks, 1988.

Nomenklatur: Synonym: *Anthophora intermedia* Lepeletier, 1841. Etymologie: Von lat. „*aestivus*" = „sommerlich", wegen der Flugzeit im Sommer. Der deutsche Name bezieht sich auf die schwarze Querbinde in der sonst braunen Behaarung des Thoraxrückens bei den Weibchen.

Pollenquellen: Polylektische Art. Nachgewiesen ist die Nutzung des Pollens von drei Pflanzenfamilien: Cistaceae, Fabaceae und Lamiaceae.

Nestbau: Nistet in selbst gegrabenen Gängen in Erdabbrüchen und Steilwänden, bevorzugt in sandigem, lössigem oder lehmigem Boden, zuweilen auch in lehmverfugtem Mauerwerk. Bildet unter günstigen Bedingungen kleine Nestaggregationen.

Lebensraum: Sand- und Lehmgruben, Ruderalflächen, sonnige Waldsäume und Hecken mit Abbruchkanten. Vom Flachland bis in die subalpine Höhenstufe.

Parasiten: Als Kuckucksbiene tritt regelmäßig *Melecta luctuosa* auf.

Flugzeit: Univoltin von Ende April bis Anfang Juli.

Gesamtverbreitung: Von Portugal über Süd-, Mittel- und Osteuropa, Ukraine und Südrussland bis ins östliche Sibirien (Zabajkal) sowie über Kleinasien zum Kaukasus; nordwärts bis Niederlande, Lettland und Kirov; südwärts bis zum Mittelmeer und dem nördlichen Iran. Meldungen aus der Levante beziehen sich vermutlich auf *A. retusa*.

Lokalverbreitung: Im Gebiet aus allen Regionen gemeldet.

Anthophora bimaculata (PANZER, 1798)

Dünen-Pelzbiene

Flugzeit	J	F	M	A	M	J	J	A	S	O	N	D

Weibchen: Tergit 2 und 3 an der Basis und am Endrand, 4 und 5 ganz graugelb filzig behaart. Nebengesicht schwarz. Mandibelbasis, Labrum und Clypeus gelb, letzterer an der Basis mit zwei großen schwarzen Flecken. Geißelglied 2 etwas länger als die beiden folgenden. Kopf und Thorax gelbgrau behaart, auf Scheitel und Thoraxoberseite mit zahlreichen schwarzen Haaren untermischt. Tergite sehr dicht punktiert, matt, Tergit 1 lang gelblich behaart, am Endrand mit einer feinen Binde, 2 und 3 basal und am Endrand gelb befilzt, 4 und 5 ganz gelbgrau befilzt, 5 mitten am Endrand und 6 schwarzbraun behaart. Pygidium schmal dreieckig mit abgestumpfter Spitze, beiderseits vor dem Rand mit Furche. Sternite punktiert, Endränder weiß gefranst, 4–6 auf der Scheibe lang rotbraun behaart. Beine weißlich behaart, Schienenbürste weiß, Penicillus braun, Metatarsen außen weiß, innen rotbraun behaart, Sporen bleich. 8–9 mm.

Männchen: Tergit 7 deutlich gekielt. Gesicht- und Vorderseite des Fühlerschaftes ausgedehnt gelb gefärbt. Geißelglied 2 nur so lang wie 3. Kopf, Thoraxoberseite und Tergit 1 lang braungelb behaart, 1–5 am Endrand mit gelblichweißen Binden, 6 und 7 kurz weißlich behaart, 7 gekielt und an der Spitze zweiteilig. Sternite rot mit gelblichen Rändern, 3–5 mitten eingedrückt, 3 auf dem Eindruck kurz und dunkel behaart, 6 beulig aufgetrieben und

ausgerandet, 4 und 5 am Endrand mit einzelnen langen Wimpern. Beine lang gelblich, Metatarsus innen braun behaart. 9–11 mm.

Systematik: Untergattung *Heliophila* KLUG, 1807.

Nomenklatur: Synonyme: *Saropoda rotundata* (PANZER, 1798); *Heliophila bimaculata* (PANZER, 1798).

Etymologie: Von lat. „*bi-*" = „zwei" und „*maculata*" = „gefleckt". Der deutsche Name bezieht sich auf einen Lebensraum, in dem die Art anzutreffen ist.

Pollenquellen: Polylektisch; nachgewiesen ist die Nutzung von Pollen der acht Pflanzenfamilien Asteraceae, Boraginaceae, Campanulaceae, Fabaceae, Hypericaceae, Lamiaceae, Lythraceae und Rosaceae.

Nestbau: Nistet in selbst gegrabenen Gängen in sandigem Boden, unter günstigen Bedingungen in kleineren bis großen Aggregationen.

Lebensraum: Bevorzugt trockenwarme Sand-, aber auch Lössgebiete. Vom Flachland bis in die montane Höhenstufe.

Parasiten: Als Kuckucksbiene sind *Ammobates punctatus* und *Coelioxys rufescens* bekannt; in England wurde auch *Coelioxys elongata* an den Nestern beobachtet.

Flugzeit: In einer Generation von Mai bis September.

Gesamtverbreitung: In Nordafrika von Marokko bis Libyen; eine Meldung von FRIESE (1915) aus Eritrea ist fraglich. Von Portugal über Süd-, Mittel- und Osteuropa, Ukraine und Südrussland bis Ostsibirien (Zabajkal)

sowie über Kleinasien und Kaukasus bis in den Iran und Kirgistan; nordwärts bis Mittelengland (angeblich jüngst auch auf Irland nachgewiesen), Dänemark, Lettland, Kirov; südwärts bis Sizilien (auch auf Korsika, keine Nachweise von Sardinien), Albanien, Bulgarien (keine Nachweise aus Griechenland), Israel und Iran. Eine Meldung von 1880 aus der Mongolei dürfte sich auf eine ähnliche Art beziehen.

Lokalverbreitung: In Deutschland aus allen Bundesländern nachgewiesen, mit Ausnahme von Schleswig-Holstein überall aktuell. In Österreich mit Ausnahme von Salzburg, Tirol und Vorarlberg aus allen Bundesländern gemeldet. In der Schweiz aktuell aus Graubünden und dem Wallis, historisch vom Genfer-, Thuner- und Bielersee sowie Tessin, Mesox und Domleschg.

Anthophora furcata (Panzer, 1798)

Wald-Pelzbiene

Flugzeit	J	F	M	A	M	J	J	A	S	O	N	D

Weibchen: Tergit 5 und 6 rotbraun behaart. Pygidium spitzwinklig zulaufend, mit scharfem Mittelgrat. Clypeus grob punktiert, dicht behaart, daher Skulptur schwer sichtbar; Labrum grob gerunzelt. Genae deutlich, kaum so lang wie Geißelglied 4. Geißelglied 2 so lang wie die drei folgenden Glieder. Thorax ziemlich dicht punktiert, auf der Scheibe glatt und matt. Mittelfeld matt, dicht punktiert. Tergite glänzend, fein und zerstreut punktiert, nur dünn und kurz behaart, auch an den Endrändern von Tergit 2 und 3 kaum dichter, 5 und 6 rot behaart, besonders an den Endrändern. Sternite mit braunen Endrändern, nur gegen die Spitze zu merklich rot behaart. Beine spärlich braun behaart, Schienenbürste braun, Hintertibien innen schwarz, Metatarsen innen rot behaart, Penicillus glänzend rot, Sporen dunkelbraun. Dunkelbraune Augen gegenüber grünen bei *A. quadrimaculata*. 11–12 mm.

Männchen: Tergit 7 ohne Kiel. Behaarung spärlich braungelb, Scheitel, Thoraxoberseite und Abdomenede mit eingemengten schwarzen Haaren. Clypeus, Labrum bis auf einen ziemlich breiten Rand, Querfleck über dem Clypeus, Nebengesicht und Vorderseite des Fühlerschaftes gelb; gelbe Zeichnung des Nebengesichtes oft in eine schmale Linie am Innenrand des Auges verlängert, die des Fühlerschaftes manchmal zu einzelnen klei-

nen Flecken reduziert. Thoraxscheibe mitunter ohne schwarze Haare. Tergit 7 mit ziemlich tiefem dreieckigen Ausschnitt, die beiden Spitzen oft rotbraun gefärbt. Sternit 3–5 am Endrand rot befilzt, 6 tiefbogenförmig ausgerandet. Beine braun behaart, Metatarsen innen rötlich. 10,5–12 mm.

Systematik: Untergattung *Clisodon* PATTON, 1879. Nomenklatur: Synonym: *Clisodon furcatus* (PANZER, 1798).

Etymologie: Von lat. „*furcata*" = „gegabelt", wegen der zweispitzigen Pygidialplatte des Männchens. Der deutsche Name bezieht sich auf den Hauptlebensraum.

Pollenquellen: Oligolektisch auf Lippenblütler (Lamiaceae); Hauptpollenquelle ist der Wald-Ziest (*Stachys sylvatica*), daneben werden auch andere Ziestarten, Schwarznessel (*Ballota nigra*) sowie andere Lippenblütler mit vergleichbarer Blütengröße genutzt.

Nestbau: Die Nester bestehen aus selbst genagten Gängen oder vorhandenen, lediglich nachbearbeiteten Hohlräumen in morschem Holz. Sie werden in der Regel senkrecht angelegt und verzweigen sich in zwei oder drei Seitengänge. Baumaterial der Brutzellen ist Holzmulm und Holzmehl, das mit dem Sekret der Dufourdrüse vermischt wird.

Lebensraum: Hauptsächlich mehr oder weniger besonnte Flächen in und an Wäldern, z. B. Waldsäume und -lichtungen, zuweilen auch im Siedlungsbereich (Obstgärten, Parks), sofern Nistgelegenheiten und Pollenquellen vorhanden sind. Vom Flachland bis in die montane Höhenstufe.

Parasiten: Als Kuckucksbiene tritt in der Regel *Coelioxys rufescens* auf, vermutlich kommt auch *Coelioxys alata* infrage.

Flugzeit: In einer Generation von Juni bis August, zuweilen bis September oder Oktober.

Gesamtverbreitung: Transpaläarktisch. Von Portugal über Süd-, Mittel-, Nord- und Osteuropa, Ukraine, Sibirien sowie über Kleinasien, Kaukasus, Zentralasien, Nordwestchina und Mongolei bis Irkutsk und Jakutien; nordwärts bis Südschottland, in Norwegen bis 63°N, in Schweden bis 64°N, in Finnland bis 65°N, in Russland bis Karelien und Kirov; südwärts bis Basilicata und Sizilien (nicht auf Korsika und Sardinien) und Nordgriechenland. Von manchen Autoren wird *A. furcata* als holarktisch bezeichnet, die in der *ssp. terminalis* auch in Kanada und den USA vorkommt. Nach neueren Erkenntnissen sind *A. furcata* und *A. terminalis* zwei distinkte Arten, die in der Ostpaläarktisch teilweise sympatrisch verbreitet sind.

♂ 10,5–12 mm | Moosburg, Garten 23.08.2019

♀ 11–12 mm | Freising, 30.07.2021, ehem. Standortübungsplatz
Behaarung auf Tergit 5 und 6 rostrot, im Gegensatz zur graubraunen Behaarung der übrigen Tergite
Schienenbürste braun, Hintertibien innen schwarz, Metatarsen innen rot behaart

♀ 11–12 mm | Freising, 30.07.2021, ehem. Standortübungsplatz
Kopf und Thorax gelbgrau behaart, auf Scheitel und Thoraxoberseite mit zahlreichen schwarzen Haaren untermischt

Anthophora plumipes (PALLAS, 1772)

Frühlings-Pelzbiene

Flugzeit	J	F	M	A	M	J	J	A	S	O	N	D

Weibchen: Sporen der Hintertibien schwarz. Tergit 2 fein, aber zerstreut punktiert. Behaarung länger und mehr struppig. Endränder der Tergite gelblich durchscheinend. Die feine Punktierung am oberen Augenrand nicht mit gröberen Punkten untermischt. Clypeus mit schmalem rötlichem Vorderrand; wie Labrum grob, fast runzelig punktiert. Genae braun und glatt, so lang wie Geißelglied 4. Fühler schwarz, Spitze des Schaftes rötlich, Geißelglied 2 länger als die drei folgenden Glieder. Thorax dicht punktiert. Mittelfeld glänzend, mit großen Punkten. Tergite ziemlich dicht und flach punktiert, wenig glänzend; Endränder mit schmalem, gelblich durchscheinenden Saum. Sternite äußerst fein gerunzelt, basal zerstreut fein punktiert, am Endrand dicht mit groben haartragenden Punkten besetzt. Schienenbürste rostrot, Penicillus rotbraun, innen, besonders die Hinterbeine, schwarzbraun behaart. Tergit 5 und 6 schwarz behaart. Pygidium am Ende abgerundet, ohne scharfen Mittelgrat. Mesonotum gelblichgrau behaart, oft mit schwarzen Haaren stark untermischt. Tergit 1 und 2 rein gelbbraun behaart, 3 und 4 mehr oder weniger mit schwarzen Haaren untermischt, Endränder von 2–4 durchscheinend. in der Regel mit helleren Haaren besetzt. Hier hell gefranst. Beine gelblich behaart, Sporen schwarz. 14–16 mm.

♀ 14–15 mm | helle Variante | Moosburg, Garten 01.05.2019

Männchen: Mitteltarsen verlängert, auf der Hinterseite mit sehr langen Fransen. Geißelglied 2 kürzer als die folgenden drei Glieder, sehr dick, 3 kürzer als 4. Clypeus bis auf einen schmalen Vorderrand und die breiten Seitenränder sowie zwei Basalflecken, die oft mit letzteren verschmolzen sind, Labrum mit Ausnahme eines schmalen Randes und zwei großer Basalflecken, eine Querbinde über dem Clypeus, Nebengesicht, ein Fleck auf der Mandibelbasis und Vorderseite des verdickten Fühlerschaftes gelb gefärbt. Färbung des Haarkleides sehr variabel, gewöhnlich Kopf, Thorax und Tergit 1 und 2 oder 1–3 braungelb, am Endrand mit helleren Haaren, die folgenden Tergite schwärzlich behaart. Sternite lang weiß behaart, 6 kaum ausgerandet, mit tiefer Mittelfurche, die den Endrand nicht erreicht, 7 kaum sichtbar, rotbraun, gelblich behaart. Tarsen der Mittelbeine unverwechselbar behaart: Glied 1 etwas verbreitert, vorne auf der äußeren Endhälfte mit einem Büschel schwarzer Haare, auf der Hinterseite mit langen schwarzen Haaren, die sich auf die nächsten drei, etwas verlängerten rotbraunen Glieder fortsetzen; das Klauenglied beiderseits mit langen schwarzen Haaren. Hintertibien längs der Hinterkante lang weiß behaart, der Metatarsus ist breiter als die Hintertibia und innen dicht schwarz beborstet, Sporen der Hintertibien schwarz. 14–16 mm.

Verwechslungsmöglichkeiten: Bei den Weibchen besteht Verwechslungsgefahr mit anderen *Anthophora*-Arten, insbesondere mit *A. retusa*, die wie *A. plumipes* in einer schwarzen Färbungsform auftritt. Bei *A. retusa* sind die Sporne der Hintertibien braungelb (*A. plumipes*: schwarz), Tergit 2 äußerst fein und dicht punktiert (*A. plumipes*: fein, aber zerstreut), Behaarung kurz, fast wie geschoren (*A. plumipes*: länger und mehr struppig), Endränder der Tergite schwarz (*A. plumipes*: gelblich durchscheinend). Das Männchen ist

aufgrund der arttypischen Behaarung der Mittelbeine unverwechselbar.

Systematik: Untergattung *Anthophora* LATREILLE, 1803 s. str.

Nomenklatur: Synonyme: *Anthophora acervorum* auct. nec (LINNAEUS, 1758), *Anthophora pilipes* (FABRICIUS, 1775).

Etymologie: Von lat. „*pluma*" = „Flaum" und „*pes*" = „Fuß", wegen der eigentümlichen Behaarung auf den Mittelbeinen der Männchen. Der deutsche Name bezieht sich auf die Flugzeit.

Pollenquellen: Ausgesprochen polylektische Art. Nachgewiesen ist die Nutzung des Pollens der zehn Pflanzenfamilien Berberidaceae, Boraginaceae, Fabaceae, Iridaceae, Lamiaceae, Liliaceae, Papaveraceae, Primulaceae, Rosaceae und Scrophulariaceae. Bevorzugt werden Pflanzen mit zygomorphen langkelchigen Blüten wie Lungenkraut, Lerchensporn oder Taubnessel.

Nestbau: Die nur wenige Zentimeter langen Nistgänge werden selbst gegraben. Nistplätze sind Steilwände und Abbruchkanten, bevorzugt in sandigem, lössigem oder lehmigem Boden, bisweilen auch Trockenmauern.

Lebensraum: Fast überall, wo sich geeignete Nistplätze finden. Kommt nicht selten auch im Siedlungsgebiet vor. Vom Flachland bis in die montane Höhenstufe.

Parasiten: Als Kuckucksbiene tritt fast überall *Melecta punctata* auf. Weitere beobachtete Nestparasiten sind die Erzwespen *Monodontomerus obscurus* und die Larven des Ölkäfers *Sitaris muralis*.

♂ 14–16 mm | Moosburg, Garten 04.04.2021

Flugzeit: In einer Generation von Mitte März bis Anfang Juni, wobei die Männchen gut drei Wochen vor den Weibchen erscheinen.

Gesamtverbreitung: In Nordafrika von Marokko bis Ägypten. In Eurasien von Portugal über Süd-, Mittel-, Nord- und Osteuropa, Ukraine und Südrussland bis zum Ural sowie über Kleinasien bis zum Kaukasus; nordwärts bis zur Südgrenze Schottlands, bis zur Südspitze Schwedens, in Russland bis Kirov; südwärts bis Sizilien (auch auf Korsika und Sardinien), Kreta, Zypern, Israel und Iran. Meldungen aus China, dem Fernen Osten, Korea und Japan beziehen sich auf *Anthophora villosula* SMITH, 1854, die früher oft als Unterart von *A. plumipes* aufgefasst wurde. Eingeschleppt im Osten der USA.

Lokalverbreitung: Überall im Gebiet die häufigste Pelzbienenart.

Anthophora quadrimaculata (Panzer, 1798)

Vierfleck-Pelzbiene

Flugzeit	J	F	M	A	M	J	J	A	S	O	N	D

Weibchen: Tergite überall lang braungelb behaart mit eingemengten schwarzen Haaren. Tarsenglied 2–5 braunrot. Galea stark glänzend, nur sehr oberflächlich mikroskulptiert. Clypeus dicht runzelig punktiert, mit erhabenen Mittelkiel. Geißelglied 3 viel kürzer als 4. Neben den Seitenocellen mit breiter, stark glänzender, punktloser Fläche auch die punktierte Zone neben den Augen mit starkem Glanz. Mittelfeld glänzend bis oberflächlich mikroskulptiert, mit deutlich eingedrückter Mittellinie, beiderseits davon mit dicht stehenden haartragenden Punkten. Tergit 2 oberflächlich mikroskulptiert, daher glänzend, zerstreut punktiert. Endränder von Tergit 1–4 durch dichtere Fransen hell bandiert erscheinend, die Scheiben durch zahlreiche untergemischte schwarze Haare verdunkelt, 5 und 6 fast ganz schwarzbraun. Sternite oberflächlich mikroskulptiert, schwach glänzend, basal relativ fein, am Endrand gröber punktiert; Scheibe kurz weißlich bis bräunlich behaart, Endränder mit schmalem, gelblich durchscheinenden Saum, lang und locker weißlich bis bräunlich, an den Seiten weißgrau befranst. Beine kurz weißgrau behaart, Schienenbürste weiß, Penicillus schwarzbraun, Tarsenglied 2–5 rotbraun, Sporen bleich. 10–12 mm. Zur Unterscheidung von *A. furcata* dienen die grünlichen Augen.

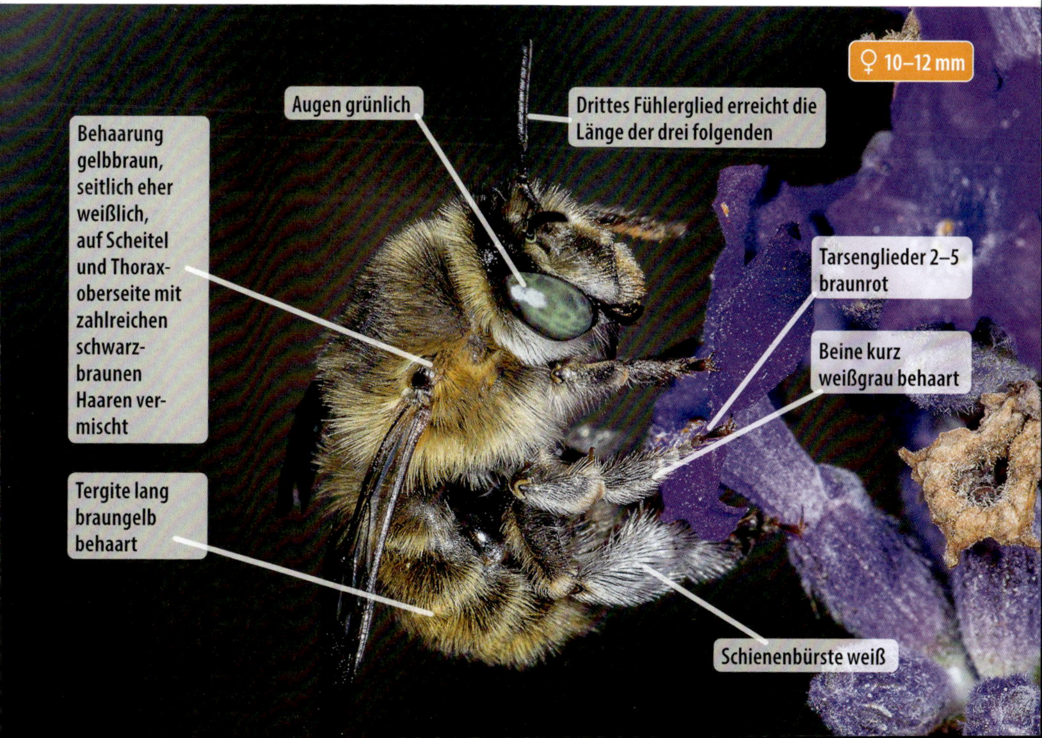

Männchen: Außer Clypeus und Labrum auch Nebengesicht und meist ein Querfleck oberhalb des Clypeus gelb oder weiß. Oder gelbe Zeichnung des Clypeus auf einen umgekehrt T-förmigen Fleck reduziert. Oder Clypeus mehr oder weniger vollständig gelb oder weiß. Schenkel einfach, nicht verdickt. Mittel- und Hinterschenkel verdickt, aber ohne Zahn. Hintertibien mit zwei Sporen. Clypeus fein runzelig punktiert. Geißelglied 2 kaum länger als die beiden folgenden. Clypeus und Labrum bis auf die Ränder und die beiden großen Basalflecken, Nebengesicht, ein Querfleck über dem Clypeus, Mandibelbasis und Vorderseite des Fühlerschaftes gelb. Thorax braungelb behaart. Tergit 1 ganz gelbbraun und lang behaart, die übrigen Tergite schwarz mit bräunlichgelben, geblich weißlichen Endbinden. Tergit 7 ausgerandet. Sternite sehr dicht punktiert, nur an den Seiten lang weißgrau befranst, 5 mitten eingedrückt, 6 mit Mittelrinne. Beine schwarz, Tarsen braun gefärbt, weißgrau behaart. 11 mm.

Systematik: Untergattung *Dasymegilla* Brooks, 1988.

Nomenklatur: Synonym: *Anthophora vulpina* (Panzer, 1798).

Etymologie: Von lat. „*quadri-*“ = „vier“ und „*maculata*“ = „gefleckt“; Panzer hatte bei der Beschreibung ein Männchen vorliegen, der Name bezieht sich auf die schwarz-gelbe Zeichnung des Gesichts („*fronte flava punctis quatuor strigaque transversa nigris*“). Pollenquellen: Polylektisch; nachgewiesen ist die Nutzung der Pollen der fünf Pflanzenfamilien Boraginaceae, Crassulaceae, Fabaceae, Lamiaceae und Solanaceae. Insgesamt am häufigsten auf Natternkopf (*Echium vulgare*) und Schwarznessel (*Ballota nigra*) zu beobachten.

Pollenquellen: Polylektisch; nachgewiesen ist die Nutzung der Pollen der fünf Pflanzenfamilien Boraginaceae, Crassulaceae, Fabaceae, Lamiaceae und Solanaceae. Insgesamt

am häufigsten auf Natternkopf (*Echium vulgare*) und Schwarznessel (*Ballota nigra*) zu beobachten.

Nestbau: Nistet in selbst gegrabenen Gängen, die bevorzugt in Steilwänden und Abbruchkanten in lössigem, sandigem oder lehmigem Substrat angelegt werden.

Lebensraum: Sand- und Lehmgruben, strukturreiches, extensiv genutztes Grünland, zuweilen auch im Siedlungsbereich, insbesondere in naturnahen Gärten mit Trockenmauern. Vom Flachland bis in die subalpine Höhenstufe.

Parasiten: Als häufigste Kuckucksbiene kann *Thyreus orbatus*, seltener auch *Coelioxys rufescens* an den Nestern beobachtet werden.

Flugzeit: In einer Generation von Mai bis August.

Gesamtverbreitung: In Nordafrika alte und bestätigungsbedürftige Meldungen von Algerien und Ägypten. In Eurasien von Zentralspanien über Süd-, Mittel- und Osteuropa, Ukraine, Südrussland und Zentralasien bis Nordchina und Mongolei (eine Meldung von Osytshnjuk et al. 1980 aus Primorje basiert nach Proshchalykin 2005 vermutlich auf einer Verwechslung mit *A. borealis*); nordwärts bis Südengland und Wales, in Norwegen bis 61°N, in Schweden und Finnland bis 64° n.Br., in Russland bis Karelien und Kirov; südwärts bis Emilia-Romagna, Sizilien (nicht auf Korsika und Sardinien), Serbien, Bulgarien (kein Nachweis von Griechenland) und Kaukasus.

Lokalverbreitung: Im Gebiet in fast allen Regionen aktuell nachgewiesen, im Norden allerdings deutlich seltener.

♂ 10–11 mm | Breege/Rügen 01.07.2020
Thorax braungelb behaart. Tergit 1 ganz gelbbraun und lang behaart, die übrigen Tergite schwarz mit bräunlichgelben, abgeblichen weißlichen Endbinden
Beine schwarz, Tarsen braun gefärbt, weißgrau behaart
Clypeus und Labrum bis auf die Ränder und die beiden großen Basalflecken, Nebengesicht, Stirnschildchen, Mandibelbasis und Vorderseite des Fühlerschaftes gelb. Nebengesicht, Stirnschildchen, Mandibelbasis und Vorderseite des Fühlerschaftes gelb

♀ 10–12 mm | Breege/Rügen 01.07.2020
Drittes Fühlerglied erreicht die Länge der drei folgenden
Behaarung gelbbraun mit Ausnahme der schwarzbraun behaarten Thorax- und Kopfoberseite
Augen grünlich
Tergite lang braungelb behaart
Tarsenglieder 2–5 braunrot
Beine kurz weißgrau behaart
Schienenbürste weiß
Endränder von Tergit 1–4 durch dichtere Fransen hell bandiert erscheinend, die Scheiben durch zahlreiche untergemischte schwarze Haare verdunkelt, 5 und 6 fast ganz schwarzbraun

Melecta (Latreille, 1802)

Trauerbienen

Systematik: Familie: Apidae – Unterfamilie: Apinae – Tribus: Melectini

Nomenklatur: Die Untergattung Eupavlovskia wurde zeitweise von einigen Autoren als eigene Gattung geführt.

Literatur: Lieftinck (1980); Scheuchl (2000); Amiet & al. (2007). — Weitere hilfreiche Arbeiten: Lieftinck (1969).

Etymologie: Von gr. „*meli*" = „Honig" und „*lego*" = „auflesen, sammeln", auch wenn die Gattung brutparasitisch lebt und keinen Honig sammelt. — Ihr deutscher Name kommt von der schwarzen Färbung des Körpers und des größten Teils der Behaarung der meisten Arten.

Körperliche Merkmale: Trauerbienen besitzen einen zumeist großen, 6–20 mm langen, schwarz gefärbten Körper, der mit schneeweißen bzw. braunen Haarflecken versehen ist. Die Hinterbeine der Männchen sind oft modifiziert.

Lebensweise: *Melecta*-Arten leben als Brutparasitoide bei Pelzbienen (*Anthophora*), selten auch bei *Habropoda*. Anders als die meisten anderen Kuckucksbienen brechen sie in bereits verschlossene Zellen der Wirte ein und verschließen die diese nach erfolgter Eiablage mit einem Gemisch aus Erde und körpereigenem Sekret. Zumindest *Melecta albifrons* und *M. luctuosa* überdauern den Winter als Imago in der Brutzelle des Wirtes. — Als Kuckucksbienen besuchen Trauerbienen Blüten nur zur Eigenversorgung mit Nektar.

Besonderes Verhalten: Zuweilen finden sich Männchen zum Übernachten einzeln, oft aber auch in Gemeinschaft, in Blüten oder festgebissen an Pflanzenstängeln. Die Männchen einiger Arten sind insbesondere im Mittelmeer-Raum als Bestäuber von Orchideen der Gattung *Ophrys* bekannt, deren Blüten durch Geruch und Aussehen Trauerbienen-Weibchen imitieren; den dadurch angelockten Männchen wird dann beim Kopulationsversuch ein Pollenpaket angeheftet.

Verbreitung/Artenzahl: In der Alten Welt geht die Gattung von den Kanaren bis Ost-China, nordwärts bis Skandinavien und südwärts bis zur nordafrikanischen Küstenregion und Pakistan, in der Neuen Welt von Kanada bis Kalifornien und Texas. Insgesamt sind rund 60 Arten bekannt, von denen im Gebiet vier vorkommen.

Melecta albifrons (Forster, 1771)

Gewöhnliche Trauerbiene

Flugzeit	J	F	M	A	M	J	J	A	S	O	N	D

Weibchen: Metatarsus der Hinterbeine gekrümmt. Bei mitteleuropäischen Tieren die helle Behaarung schmutzig braungelb. Geißelglied 2 mindestens anderthalb mal so lang wie 3, zur Basis hin deutlich verschmälert. Pygidium fast parallelseitig. Kopf und Thorax gewöhnlich gelbbraun behaart, auf den Thoraxseiten, neben dem Scutellum und oberhalb der Fühler etwas heller. Tergit 1 an der Basis mit langen, abstehenden, bräunlichen Haaren, 1 und 2 beiderseits mit lockerem und großem weißlichen bis gelbbraunen Haarfleck, 3 und 4 mit je zwei kleinen, runden, mehr auf der Scheibe gelegenen Flecken. Pygidium schmal, stark glänzend, fast ohne Skulptur. Sternite fein punktiert, mit einzelnen gröberen Punkten untermischt. Endränder glänzend, deutlich fein und zerstreut punktiert. Beine schwarz, Mitteltibien vollständig, Hintertibien nur basal anliegend weiß bis gelbbraun behaart; Vorderschenkel hinten mit langer, dünner, gelbbräunlicher Haarfranse, auf den Mittelschenkeln ebenso, aber etwas kürzer. Hinterrand des hinteren Metatarsus in einen großen Zahn verlängert. Körperlänge 14–16 mm.

Männchen: Metatarsus der Hinterbeine stark gekrümmt, vorderer Rand konvex, hinterer Rand in starken Zahn verlängert. Tergit 7 stumpf, gerade abgestutzt oder schwach ausgerandet. Behaarung sehr ähnlich dem Weibchen. 12–17 mm.

Verwechslungsmöglichkeiten: Im Gelände aufgrund ihrer bräunlichen Behaarung gut von der zweiten heimischen Art *M. luctuosa* zu unterscheiden.

Systematik: Untergattung *Melecta* LATREILLE, 1802 s. str.

Nomenklatur: Synonyme: *Melecta punctata* (FABRICIUS, 1775); *Melecta armata* (PANZER, 1799).

Etymologie: Von lat. „*albus*" = „weiß, glänzend weiß" und „*frons*" = „Stirn, Vorderseite"; bezieht sich auf das weißlich behaarte Gesicht („*circa basin antennarum pili albi*"). Deutscher Name: Die Art ist im Gebiet die häufigste der Gattung.

Lebensraum: Sand- und Lehmgruben, Steilwände. Erdabbrüche, Garten- und Parkanlagen. Vom Flachland bis in die alpine Höhenstufe.

Wirte: Hauptwirt ist *Anthophora plumipes*. Weitere Wirte sind *Anthophora plagiata* und *Anthophora fulvitarsis*; in der Literatur werden auch *Anthophora retusa*, *Anthophora aestivalis* und *Anthophora crinipes* genannt.

Flugzeit: In einer Generation von März bis Juli.

Gesamtverbreitung: Westpaläarktisch. In Nordafrika von Marokko bis Ägypten. In Eurasien von Portugal über Europa, Kleinasien und die Levante bis Orenburg und in den Iran; nordwärts bis Mittelengland (nur je eine historische Meldung von Irland und eine historische Auflistung für Schweden), Baltikum und Moskau; südwärts bis Sizilien, Kreta, Zypern, Israel und Jordanien. Nach LIEFTINCK in drei Unterarten auftretend: Nominatform im gemäßigten Nordwesteuropa von Britannien bis weit nach Westasien, ssp. *albovaria* ERICHSON, 1841 diskontinuierlich von Iberien und Zentralfrankreich über die gesamte Mediterraneis bis in den Iran und ssp. *nigra* SPINOLA, 1806 diskontinuierlich von Südwestengland über Westfrankreich bis Italien und die Tyrrhenischen Inseln; da sie sich nur durch Färbung und Anordnung der Behaarung unterscheiden, sind sie sicherlich nur als Färbungsformen zu bewerten.

Lokalverbreitung: Im Gebiet aus allen Regionen gemeldet.

♂ 12–17 mm
Metarsus der Hinterbeine stark gekrümmt, vorderer Rand konvex, hinterer Rand in starken Zahn verlängert
7. Tergit stumpf, gerade abgestutzt oder schwach ausgerandet

♀ 12–14 mm
Kopf und Thorax gelblichbraun behaart

Bombus (LATREILLE, 1802)

Hummeln und Kuckuckshummeln

Systematik: Familie: Apidae – Unterfamilie: Apinae – Tribus: Bombini.

Nomenklatur: Die vormals eigenständige Gattung *Psithyrus* (Kuckuckhummeln) wurde mit *Bombus* vereinigt, da sie nach neueren Erkenntnissen keine Schwestergruppe von *Bombus* darstellt, sondern quasi mitten aus dem Stammbaum dieser Gattung entspringt. Aufgrund ihrer Lebensweise werden sie in zwei Gruppen eingeteilt: Hummeln und Kuckuckshummeln. Bis vor Kurzem wurden beide Gruppen als eigene Gattungen geführt, *Bombus* und *Psithyrus*, bis neuere phylogenetische Untersuchungen es notwendig machten, sie zu einer Gattung zu vereinigen. Aus praktischen Gründen wird die Lebensweise der beiden Gruppen hier getrennt behandelt. Einige wenige Autoren betrachten Untergattungen von *Bombus* als eigene Gattungen. Durch ihre Größe und ihre Häufigkeit fallen Hummeln sogar weniger naturinteressierten Menschen auf, daher besitzen die meisten Hummelarten einen volkstümlichen deutschen Namen.

Literatur: BLÜTHGEN (1930f); SCHMIEDEKNECHT (1930); MAUSS (1986); VON HAGEN (1994); AMIET (1996); GOKCEZADE et al. (2010).

Etymologie: Von lat. „*bombus*“ = „tiefes Summen, Brummen“.

Körperliche Merkmale: Hummeln sind große, dicht behaarte Bienen. Ihr Aussehen ist auch dem Laien geläufig; Verwechslungen sind im Prinzip nur mit den Gattungen *Anthophora* und *Xylocopa* möglich. Alle drei Gattungen besitzen im Vorderflügel drei Cubitalzellen, deren dritte bei *Xylocopa* deutlich größer ist als die anderen beiden. Von *Anthophora* unterscheidet sich *Bombus* durch die in fast gerader Linie stehenden Ozellen, die bei *Anthophora* in einem Dreieck angeordnet sind. Ähnlich wie die Honigbiene sind bei den nestbauenden Hummelarten die Hintertibien zu einem Sammelkörbchen umgeformt: die Außenseite der Hintertibien ist glatt und flach vertieft und wird am Rand von langen Haaren umrahmt. Den Kuckuckshummeln fehlt dieser Pollensammelapparat. Die Färbung des Haarkleids ist von Art zu Art, aber auch innerhalb der Art recht unterschiedlich.

Nestbauende Hummeln

Lebensweise: Die überwinterten Königinnen erscheinen im zeitigen Frühjahr, ihre Nachkommen sind bis in den Herbst zu beobachten; Männchen und die jungen Königinnen erscheinen im Spätsommer oder Herbst. Zwar begeben sich manche Arten durchschnittlich etwas früher aus den Winterverstecken als andere bzw. die jungen Königinnen und Männchen schlüpfen etwas eher, aber im Wesentlichen gleicht sich der Lebenszyklus aller nestbauenden Hummelarten.

Pollenquellen: Hummeln sind ausgesprochene Nahrungsgeneralisten, die sogar exotische Gartengewächse nicht verschmähen. Ausnahmen unter den heimischen Arten sind *Bombus gerstaeckeri*, die auf Eisenhut (*Aconitum*) spezialisiert ist, und vermutlich auch *Bombus brodmannicus*, die bisher fast nur an Wachsblumen (*Cerinthe*) beobachtet wurde.

Nestbau: Je nach Art wird das Nest, das bis zu mehrere Hundert Brutzellen umfassen kann, entweder unterirdisch z. B. in verlassenen Mäusenestern, an der Erdoberfläche, oft unter Grasbüscheln oder Moospolstern oder in Baumhöhlen und Hohlräumen verschiedenster Art angelegt. Die nestbauenden Hummeln werden oftmals in „Nestbezieher" (Nester werden in verlassenen Nestern von Vögeln oder Kleinsäugern errichtet) und „Nestbauer" (Nester werden selbstständig aus Pflanzenteilen wie Moos, Gras oder Laub gefertigt) eingeteilt, allerdings sind die Grenzen zwischen den beiden Kategorien fließend. Eine andere Einteilung bezieht sich auf die Art und Weise, in der Pollen im Nest deponiert wird: Die „Pollenstorer" benutzen verlassene Kokons zur Aufbewahrung des Pollens, aus denen er dann bei Bedarf von Arbeiterinnen geschluckt und den Larven durch Auswürgen verfüttert wird. Die „Pocketmaker" lagern den Pollen in eigens gefertigten Wachstaschen, die sich am Grund von Gemeinschafts-Brutzellen befinden, in denen sich mehrere Larven gemeinsam entwickeln und die ihre Nahrung selbstständig aus den Wachstaschen aufnehmen.

Parasiten: Kuckuckshummeln leben als Sozialparasiten in den Hummelnestern. Als Raubparasiten, deren Larven sich von den Hummelpuppen ernähren, treten Bienenameisen (*Mutilla*) und Raupenfliegen (*Tachinidae*) auf. Hummeln werden oft von verschiedenen Milbenarten befallen.

Besonderes Verhalten: Hummeln bilden einen einjährigen Sozialstaat. Die nach dem Schlüpfen im Herbst begattete Königin überwintert und beginnt im Frühjahr des folgenden Jahres mit dem Nestbau. Die erste Brut, die aus Arbeiterinnen besteht, zieht die Königin alleine auf. In der folgenden Zeit helfen die Arbeiterinnen bei der Aufzucht weiterer Nachkommen. Auf dem Höhepunkt der Entwicklung des Hummelvolkes, in der Regel also im Spätsommer oder Herbst, werden dann Geschlechtstiere erzeugt, d. h. Männchen und junge Königinnen.

Kuckuckshummeln

Nomenklatur: Ein in der älteren Literatur gebräuchliches Synonym für die (damals als Gattung aufgefasste) Untergattung *Psithyrus* ist *Apathus*.

Körperliche Merkmale: Schmarotzerhummeln sehen ihren Wirten täuschend ähnlich und sind wie diese groß und dicht behaart. Wie alle parasitisch lebenden Bienen besitzen die Weibchen keinen Pollensammelapparat.

Lebensweise: Kuckuckshummelarten leben als Brutparasitoide ausschließlich bei anderen Hummelarten, wobei manche Arten auf eine einzige oder einige wenige Wirtsarten spezialisiert sind. Als Kuckucksbienen besuchen sie Blüten nur zur Eigenversorgung mit Nektar.

Besonderes Verhalten: Wenn das Weibchen im Frühjahr in ein Hummelnest eindringt, wird es attackiert, wobei es manchmal vertrieben, selten sogar getötet wird. Da es aber durch einen dicken Chitinpanzer geschützt ist, gelingt es ihm häufig, in das Nest einzudringen und den Nestgeruch anzunehmen, sodass es dort unbehelligt ihrem Brutgeschäft nachgehen kann. Es bricht die Brutzellen auf, frisst die Hummeleier auf und baut aus dem Material der Brutzelle eine neue, in die es seine Eier legt, die dann von den Arbeiterinnen des Wirtsvolkes versorgt werden. Die Männchen patrouillieren entlang bestimmter Flugbahnen, die sie mit für Weibchen attraktiven Duftstoffen markieren. Die Männchen mancher Arten sind insbesondere im Mittelmeerraum als Bestäuber von Orchideen der Gattung *Ophrys* bekannt, deren Blüten durch Geruch und Aussehen Kuckuckshummel-Weibchen imitieren; dem dadurch angelockten Männchen wird dann beim Kopulationsversuch ein Pollenpaket angeheftet.

Verbreitung/Artenzahl: Hummeln sind vorwiegend an kühles Klima angepasst. Lediglich in Südamerika gibt es einige wenige Arten, die im tropischen Tiefland vorkommen. In den Tropen der Alten Welt werden nur höher gelegene Regionen besiedelt, in Afrika fehlen sie südlich der Sahara ganz, ebenso wie in der australo-ozeanischen Region, wo aber verschiedentlich Hummeln, vorwiegend Bombus terrestris, als Bestäuber von Futterklee und anderen Kulturpflanzen eingeführt wurden. Weltweit sind etwa 250 *Bombus*-Arten bekannt, 30 davon sind Kuckuckshummeln. Im Gebiet kommen 49 Arten vor, der Nachweis einer weiteren (*B. sporadicus*) aus Deutschland ist sehr zweifelhaft.

Bombus barbutellus (Kirby, 1802)

Bärtige Kuckuckshummel

Flugzeit	J	F	M	A	M	J	J	A	S	O	N	D

Weibchen: Ähnlich dem Aussehen der bevorzugten Wirtshummel *Bombus hortorum* der Gartenhummel. Thorax in der Mitte schwarz behaart, vorne und hinten von je einem gelben Querband eingefasst. Kopf erscheint rund und kurz. Hinterleib bis zum 3. Tergit schwarz, 4. bis 6. weiß behaart. 16–20 mm.

Männchen: Angedeutete gelbliche Behaarung seitlich am 1. Tergit. Abstehende lange schwarze Haare im Gesichtsbereich. Weiße Behaarung auf dem 4.–6. Tergit. Gebliches Querband an Pronotum und Scutellum. Thorax oben und an der Seite sonst schwarz behaart.

Verwechslungsmöglichkeiten: Durch die beiden Streifen aus gelben Haaren auf der Thoraxoberseite und die weiße Hinterleibsspitze ähnelt sie sehr ihren beiden Wirtsarten Bombus hortorum und *B. ruderatus*, aber auch *B. subterraneus* und *B. jonellus*. Als Kuckuckshummel besitzt *B. barbutellus* im weiblichen Geschlecht kein Sammelkörbchen an den Hinterbeinen.

Systematik: Untergattung *Psithyrus* Lepeletier, 1833. Nomenklatur: Synonym: *Psithyrus barbutellus* (Kirby, 1802).

Etymologie: Diminutiv von lat. „*barbutus*" = „bärtig"; Kirby bezieht sich auf die bartähnlich nach unten gerichtete schwarze Behaarung auf den Mandibeln („*Os barbâ nigricanti*").

Lebensraum: Waldsäume, Hecken, extensiv genutzte Mager- und Fettwiesen, Hochwasserdämme, Brach- und Ruderalflächen, Park- und Gartenanlagen. Vom Flachland bis in die obere subalpine Höhenstufe. Wirte: Hauptwirt ist *Bombus hortorum*, weiterer Wirt möglicherweise *Bombus ruderatus*.

Flugzeit: Überwinterte Weibchen ab April, junge Weibchen und Männchen ab Juni/Juli.

Gesamtverbreitung: Transpaläarktisch. Von Nord- und Zentralspanien über das gesamte Mittel- und südliche Nordeuropa und Sibirien bis Primorie; nordwärts bis Irland und Nordschottland (bis zu den Orkney-Inseln), bis 62°N in Schweden, Finnland und Russland (keine Nachweise aus Norwegen), in Russland bis Karelien und Arkhangelsk; südwärts bis in die Südtürkei.

Lokalverbreitung: Im Gebiet aus allen Regionen gemeldet.

Bombus campestris (Panzer, 1801)

Feld-Kuckuckshummel

Flugzeit	J	F	M	A	M	J	J	A	S	O	N	D

Weibchen: Thorax vorne und hinten gelblich, dazwischen schwarz behaart. Das hintere gelbliche Band vorne mitten meist mit einer Einbuchtung. Hinterleib bis zum dritten Tergit schwarz, ab dem 4. bis 6. Tergit an den Seiten gelblich behaart, dazwischen mit schwarzen Haaren oder kahl. 15–18 mm.

Verwechslungsmöglichkeiten: Durch die beiden Streifen aus gelben Haaren auf der Thoraxoberseite und die gelbe Hinterleibsspitze ist *B. campestris* eigentlich kaum zu verwechseln. Als Kuckuckshummeln besitzt sie im weiblichen Geschlecht kein Sammelkörbchen an den Hinterbeinen.

Systematik: Untergattung *Psithyrus* Lepeletier, 1833.

Nomenklatur: Synonym: *Psithyrus campestris* (Panzer, 1801).

Etymologie: Von lat. „*campester*" = „auf dem Feld befindlich". Der deutsche Name folgt der wissenschaftlichen Bezeichnung.

Lebensraum: Zeigt keine strenge Habitatbindung; Waldsäume, Hecken, Mager- und Fettwiesen, Hochwasserdämme, Brach- und Ruderalflächen, Garten- und Parkanlagen. Vom Flachland bis in die montane, zuweilen subalpine Höhenstufe.

Wirte: Hauptwirt ist *Bombus pascuorum*, als weitere Wirte sind in der Literatur *Bombus humilis*, *Bombus pomorum*, *Bombus pratorum* und *Bombus ruderarius* erwähnt.

Flugzeit: Überwinterte Königinnen ab Ende April, junge Königinnen und Männchen ab Juli.

Gesamtverbreitung: Transpaläarktisch. Von Portugal über das gesamte Mittel- und südliche Nordeuropa, über Sibirien und Zentralasien bis Primorje; nordwärts bis Irland und Nordschottland (bis zu den Orkney-Inseln), bis 63°N in Norwegen, 62°N in Schweden, 63,5° in Finnland, in Russland bis Karelien und Perm; südwärts bis Sizilien, Südtürkei und Nordiran.

Lokalverbreitung: Im Gebiet aus allen Regionen gemeldet. In Schleswig-Holstein nur historisch belegt.

Bombus hortorum (Linnaeus, 1761)

Gartenhummel

Flugzeit	J	F	M	A	M	J	J	A	S	O	N	D

Weibchen: Behaarung am Thoraxrücken gelb-schwarz-gelb, wobei der schwarze Streifen im Gegensatz zu *Bombus ruderatus* sehr viel breiter und der vordere Streifen ein wenig breiter als bei *B. terrestris*. Hinterleib am ersten Tergit gelb, 2 und 3 schwarz mit eingestreuten weiß grauen Haaren, an den letzten beiden Tergiten weiß behaart. Kopf auffällig lang im Unterschied zu *B. terrestris*. Beine, Kopf und Seiten des Thorax schwarz. Körperlänge Königin 17–23 mm, Arbeiterin 10–16 mm.

Männchen: Ähnlich wie die Weibchen gefärbt. Körperlänge 13–15 mm.

Verwechslungsmöglichkeiten: Sehr ähnlich ist *B. ruderatus*; bei dieser ist der Thorax kurz und samtartig behaart, beim Weibchen zeigt der Clypeus in der Mitte eine deutliche Punktur (bei *B. hortorum* nahezu unpunktiert), beim Männchen ist der Mandibelbart rötlich (bei *B. hortorum* ± schwarz). Weiterhin ähnlich sind durch die beiden gelben Binden auf dem Thorax und dem gelbbehaarten Tergit 1 *B. subterraneus*, *B. jonellus* und *B. semenoviellus*. Die Weibchen können durch das Fehlen einer weißlichen Haarbinde am Hinterrand der Tergite 2 und 3 (bei *B. subterraneus* vorhanden) bzw. durch den Dorn am Ende des mittleren Metatarsus (bei *B. jonellus* hier abgerundet) unterschieden werden; die Männchen lassen sich durch das schwarz behaarte Gesicht unterscheiden (bei *B. subterraneus* und *B. jonellus* gelb behaart). *B. semenoviellus* besitzt in

beiden Geschlechtern ein gelblich behaartes Gesicht. Die in den Nestern von *B. hortorum* lebende Kuckuckshummel *B. barbutellus* besitzt als solche im weiblichen Geschlecht kein Sammelkörbchen an den Hinterbeinen, beim Männchen ist das Gesicht schwarz behaart, die Flügel beider Geschlechter sind stärker verdunkelt als bei *B. hortorum*.

Systematik: Untergattung *Megabombus* DALLA TORRE, 1880.

Nomenklatur: Synonym: *Megabombus hortorum* (LINNAEUS, 1761).

Etymologie: Genitiv Plural von lat. *„hortus"* = „Garten, Park"; LINNÉ gibt keine Auskunft zur Namensgebung, er wird sie wohl in einem Garten gefunden haben. Der eingebürgerte deutsche Name folgt der wissenschaftlichen Bezeichnung.

Pollenquellen: Polylektisch mit Präferenz für *Fabaceae*, *Lamiaceae* und *Scrophulariaceae*.

Nestbau: Die Nester werden oberirdisch in Vogelnestern, Nistkästen oder Gebäuden, oder aber unterirdisch in verlassenen Mäusenestern und Ähnlichem, errichtet. Die Völker umfassen 50 bis 120 Individuen. Nestbezieher und Nestbauer, Pocketmaker.

Lebensraum: Waldsäume, Hecken, extensiv genutzte Mager- und Fettwiesen, Hochwasserdämme, Brach- und Ruderalflächen, Siedlungsbereich (Parks, Gärten). Vom Flachland bis in die obere subalpine Höhenstufe.

Parasiten: Kuckucksbiene ist *Bombus barbutellus*, vermutlich auch *Bombus campestris*.

Flugzeit: Überwinterte Königinnen ab März, junge Königinnen und Männchen ab Juni/Juli; bei günstiger Witterung oder in günstiger Lage kann eine zweite Generation auftreten.

Bombus hypnorum (LINNAEUS, 1758)

Baumhummel

Flugzeit	J	F	M	A	M	J	J	A	S	O	N	D

Weibchen: Die Färbung der Behaarung ist am Thorax bis über die Halskrause reichend gelblichbraun, auf den Tergiten 1–4 schwarz und auf den Tergiten 5 und 6 weißgrau. Vielfach kann man auf der Oberseite des Thorax kahle schwarze Bereiche finden, vereinzelt treten auch Exemplare mit gänzlich schwarzem Thorax auf. Königin 17–20 mm lang. Arbeiterinnen: 8–18 mm

Männchen: Behaarung ähnlich wie beim Weibchen, aber Gesicht mit mehr oder weniger zahlreichen braunen Haaren, manchmal auch Hinterleibsbasis braun behaart. Körperlänge 14–16 mm.

Verwechslungsmöglichkeiten: Durch die typische Färbung des Haarkleids nur mit der alpinen *B. gerstaeckeri* zu verwechseln; verdunkelte Exemplare können auch mit ebensolchen von *B. hortorum* verwechselt werden. Beide Arten können im weiblichen Geschlecht durch den Dorn am Ende des mittleren Metatarsus (bei *B. hypnorum* hier abgerundet) unterschieden werden. Beim Männchen von *B. gerstaeckeri* ist das Gesicht braun behaart.

Systematik: Untergattung *Pyrobombus* DALLA TORRE, 1880.

Nomenklatur: Im Gebiet in der ssp. *ericetorum* (PANZER, 1801). Synonym: *Pyrobombus hypnorum* (LINNAEUS, 1758).

♀ Baumhummel Arbeiterin 8–18 mm | Moosburg, Garten 18.04.2013

Etymologie: Von griech. „*hypnos*“ = „Schlaf“; LINNE gibt keine Erklärung zur Namenswahl.

Deutscher Name: Natürliche Baumhöhlen gehörten ursprünglich zu den bevorzugten Nistplätzen der Art.

Pollenquellen: Polylektisch mit Präferenz für Fabaceae, Lamiaceae und Scrophulariaceae.

Nestbau: Die Nester werden ausschließlich oberirdisch errichtet, insbesondere in natürlichen Baumhöhlen und Felsspalten, aber auch in Nistkästen, in Ställen, Scheunen, Schuppen und Dachböden. Die Völker umfassen 80 bis 400 Individuen. Nestbauer, seltener Nestbezieher; Pollenstorer. Im Gegensatz zu den meisten anderen Hummelarten werden die Nester bei Störungen vehement verteidigt.

Lebensraum: Waldsäume, lichte Wälder und angrenzende Wiesen, Streuobstwiesen, Brach- und Ruderalflächen, häufig auch im Siedlungsgebiet (Parks, Gärten). Vom Flachland bis in die subalpine, in der Südschweiz bis in die alpine Höhenstufe.

Parasiten: Kuckucksbiene ist *Bombus norvegicus*; auch *B. barbutellus* wurde in einem Nest von *B. hypnorum* beobachtet. Möglicherweise kommt auch *Bombus sylvestris* infrage.

Flugzeit: Überwinterte Königinnen ab März/April, junge Königinnen und Männchen ab Juli.

Gesamtverbreitung: Transpaläarktisch. Von Nordspanien über das gesamte Mittel- und Nordeuropa, über Sibirien und das nördliche Zentralasien bis Kamtschatka; nordwärts bis Nordengland, in Skandinavien und Russland weit über den Polarkreis hinaus bis zur Nordmeerküste; südwärts bis in die Toskana, Mazedonien und Südrussland.

Lokalverbreitung: Im Gebiet aus allen Regionen gemeldet.

♀ Baumhummel Arbeiterin 8–18 mm | Moosburg, Garten 18.04.2013

Bombus jonellus (Kirby, 1802)

Heidehummel

Flugzeit	J	F	M	A	M	J	J	A	S	O	N	D

Weibchen: Hell gelblichbraune (im Gegensatz zur ähnlichen *Bombus hortorum* der Gartenhummel nicht gelb) Haarbinden jeweils vorn am Thorax, am Schildchen und auf dem 1. Tergit. Die schwarze Behaarung auf der Mitte des Thorax fast doppelt so breit als die gelblichbraune Haarbinde vorne. Kopf, Thorax seitlich und 2–3. Tergit schwarz behaart. Tergite 4–6 weiß behaart. An den mittleren Beinen ist der Metatarsus im Gegensatz zu allen ähnlichen Arten in Mitteleuropa vorne an der Spitze nach innen gerundet. Kopf etwas verkürzt gegenüber der Gartenhummel. 9–14 mm. Königinnen 15–18 mm, Arbeiterinnen 9–14 mm,

Männchen: Behaarung ähnlich wie beim Weibchen. Körperlänge 11–14 mm.

Verwechslungsmöglichkeiten: Das Männchen ist durch das charakteristische-Färbungsmuster (Clypeus gelb behaart, Thoraxoberseite mit zwei gelben Querbinden, Hinterleibsbasis gelb, Hinterleibsspitze weiß) nur mit *B. semenoviellus* zu verwechseln. Bei letzterer ist Tergit 2 vollständig schwarz behaart, und die weiße Behaarung beginnt bereits am Vorderrand von Tergit 4; bei B. jonellus erstreckt sich die gelbe Behaarung von Tergit 1 auch auf den Basalrand von Tergit 2 und die weiße Behaarung der Hinterleibsspitze beginnt erst in der Mitte von Tergit 4.

Systematik: Untergattung *Pyrobombus* Dalla Torre, 1880.

Nomenklatur: Im Gebiet in der *ssp. martes* GERSTAECKER, 1869. Synonym: *Pyrobombus jonellus* (KIRBY, 1802); *Bombus pratorum jonellus* (KIRBY, 1802); *Bombus scrimshiranus* (KIRBY, 1802).

Etymologie: Gewidmet dem englischen Entomologen und Illustratoren D. Jones.

Deutscher Name: Heiden gehören zu den Hauptlebensräumen der Art.

Pollenquellen: Polylektisch.

Nestbau: Nistet in unter- oder oberirdischen Hohlräumen, aber auch in Vogelnestern, Eichhörnchenkobeln und unter Moospolstern. Die Völker umfassen 50 bis 150 Individuen. Nestbezieher und Nestbauer; Pollenstorer.

Lebensraum: Bevorzugt in Heiden und Mooren, aber auch in anderen Lebensräumen, und zwar sowohl an trockenwarmen als auch an feuchten Standorten, wie lichte Wälder, Waldsäume, Magerrasen. Vom Flachland bis in die subalpine Höhenstufe.

Parasiten: Kuckucksbienen sind *Bombus flavidus* und *B. sylvestris*.

Flugzeit: Überwinterte Königinnen ab März, junge Königinnen und Männchen ab Juli; bei günstiger Witterung oder in günstiger Lage kann eine zweite Generation auftreten, bei der die Geschlechtstiere bereits im Mai/Juni produziert werden und deren befruchtete Weibchen dann im Juni Nester gründen, aus denen die Geschlechtstiere im August September entspringen.

Lokalverbreitung: In Deutschland und Österreich mit Ausnahme von Niederösterreich und dem Burgenland aus allen Bundesländern nachgewiesen, in Rheinland-Pfalz nur historisch. In der Schweiz nur im Alpenraum (aktuell und historisch)

♀ Arbeiterin 9–14 mm | Donauufer bei Passau 28.07.2018

Bombus lapidarius (LINNAEUS, 1758)

Steinhummel

Flugzeit	J	F	M	A	M	J	J	A	S	O	N	D

Weibchen: Körper und Hinterleib einschließlich 3. Tergit schwarz, ab dem 4. bis 6. Tergit rotbraun behaart. 12–16 mm. Bei den Königinnen befindet sich auf dem letzten Tergit eine rundliche unbehaarte Erhebung. Lange, schwarze Behaarung an der Oberseite des mittleren Metatarsus. Ähnlich B. soroeensis und B. rupestris. Körperlänge Königin 20–26 mm, Arbeiterin 11–16 mm.

Männchen: Behaarung ähnlich wie beim Weibchen, aber Gesicht und in aller Regel auch Vorderrand des Thoraxrückens gelb. Körperlänge 14–16 mm. Verwechslungsmöglichkeiten: Es gibt eine ganze Reihe von schwarz behaarten Hummeln mit rotem Hinterleibsende.

B. pomorum: Die Weibchen unterscheiden sich durch den auffallend lang gezogenen Kopf; die Männchen tragen zwei gelbe Binden auf dem Thorax und der Hinterleib ist hell behaart.

B. wurflenii: Die Weibchen unterscheiden sich von allen anderen heimischen Hummeln durch die sehr kräftigen, schaufelförmigen Mandibeln, deren Kaurand mit zahlreichen Zähnchen besetzt ist; beim Männchen sind Gesicht, Collare und Hinterleibsbasis gelb behaart.

B. ruderarius: Die Weibchen unterscheiden sich durch die langen rostroten Körbchenhaare und den in einen spitzen Dorn ausgezogenen mittleren Metatarsus; beim Männchen sind die Hintertibien weibchenähnlich abgeflacht mit kahler glänzender Fläche.

B. pratorum: Die Weibchen unterscheiden sich durch das in aller Regel vorhandene gelbe Collare; beim Männchen ist zudem in der Regel auch die Hinterleibsbasis gelb behaart und die gelbe Behaarung des Gesichts zieht sich bis über die Fühlerbasis nach oben, ohne scharfen Kontrast zwischen gelber und schwarzer Behaarung wie bei *B. lapidarius*.

B. confusus: Die Weibchen unterscheiden sich durch die rote Behaarung auf allen Sterniten (alle anderen hier genannten Arten allenfalls die letzten Sternite mit roten Haaren); beim Männchen sind die Augen auffallend breit und vorgewölbt.

B. mendax: Die Weibchen unterscheiden sich durch das lange Fühlerglied 3, das fast so lang ist wie die folgenden drei Glieder zusammen (bei allen anderen hier genannten Arten höchstens so lang wie die beiden folgenden zusammen); beim Männchen sind die Augen auffallend breit und vorgewölbt und Gesicht, zwei Querbinden auf dem Thorax und Hinterleibsbasis sind gelb behaart; in Deutschland nur in den Alpen.

B. soroeensis: Beim Weibchen befinden sich an der Außenkante des mittleren Metatarsus nur kurze, dicke Haare (bei *B. lapidarius* hier an der Basis auch lange dünnere Haare); beim Männchen sind die Hintertibien weibchenähnlich abgeflacht mit kahler glänzender Fläche und die Thoraxseiten sind gelb behaart.

B. cullumanus: Beim Weibchen befinden sich an der Außenkante des mittleren Metatarsus nur kurze, dicke Haare (bei B. lapidarius hier

♀ **Arbeiterin 12–16 mm | Moosburg, Isarauen 03.04.2019**

an der Basis auch lange dünnere Haare); beim Männchen sind Gesicht, zwei Querbinden auf dem Thorax und Hinterleibsbasis gelb behaart. *B. cullumanus* gilt in Mitteleuropa als ausgestorben.

B. alpinus: Bei beiden Geschlechtern beginnt die rote Behaarung des Hinterleibs bereits ab Tergit 2; in Deutschland nur in den Alpen.

B. rupestris und *B. quadricolor* besitzen als Kuckuckshummeln im weiblichen Geschlecht kein Sammelkörbchen an den Hinterbeinen, beim Männchen ist das Gesicht schwarz behaart, die Flügel sind deutlich stärker verdunkelt als bei *B. lapidarius*.

Systematik: Untergattung *Melanobombus* DALLA TORRE, 1880.

Nomenklatur: Synonym: *Pyrobombus lapidarius* (LLNNAEUS, 1758).

Etymologie: Von lat. „*lapidarius*“ = „Stein-“; LINNÉ gibt an, die Art wohne in Steinhaufen („*Habitat in acervis Lapidum*“). Der eingebürgerte deutsche Name folgt der wissenschaftlichen Bezeichnung.

Pollenquellen: Polylektisch.

Nestbau: Die Nester werden meist oberirdisch in den verschiedensten Hohlräumen errichtet, aber auch unterirdisch in verlassenen Bauten von Kleinsäugern. Die Völker umfassen 100 bis 300 Individuen. Nestbauer und Nestbezieher; Pollenstorer.

Lebensraum: Zeigt keine strenge Habitatbindung; Waldsäume, Hecken, Mager- und Fettwiesen, Hochwasserdämme, Brach- und Ruderalflächen, Garten- und Parkanlagen. Vom Flachland bis in die subalpine Höhenstufe.

Parasiten: Kuckucksbiene ist *Bombus rupestris*.

Flugzeit: Überwinterte Königinnen ab März/April, junge Königinnen und Männchen ab Juli.

Gesamtverbreitung: Als eine der wenigen Hummelarten auch in Nordafrika (Marokko). Von Portugal über das gesamte Mittel- und südliche Nordeuropa bis Westsibirien, West- und Zentralchina und Mongolei; nordwärts bis Irland und Nordschottland (bis zu den Orkney-Inseln), in Skandinavien in Norwegen und Finnland bis zum Polarkreis, bis 68°N in Schweden (Norrbottens län), in Russland bis Karelien, Arkhangelsk und Perm; südwärts bis Sizilien, Peloponnes, Südosttürkei und Daghestan.

Lokalverbreitung: Im Gebiet aus allen Regionen gemeldet.

Bombus lucorum (Linnaeus, 1761)

Helle Erdhummel

Flugzeit	J	F	M	A	M	J	J	A	S	O	N	D

Weibchen: Hellgelbe Haarbinden an Thorax und 2. Tergit zum Unterschied zu den dunkleren ähnlichen Arten wie der größeren B. terrestris. Bei älteren Exemplaren ist die Thoraxbinde oft weißgrau ausgebleicht. Die Binde endet schon am Ansatz der Flügel. Kleiner als B. terrestris. Königin 18–21 mm, Arbeiterin 9–16 mm.

Männchen: Behaarung ähnlich wie beim Weibchen, jedoch mit heller Gesichtsbehaarung. Die gelbe Hinterleibsbinde auf dem zweiten Tergit kann sich auch auf das erste erstrecken. Körperlänge 14–16 mm.

Verwechslungsmöglichkeiten: Im Gelände kaum von nah verwandten anderen Erdhummel-Arten zu unterscheiden. Am ehesten ist die häufige Dunkle Erdhummel *Bombus terrestris* anhand der braungelben bzw. olivgelben Behaarung von Collare und Tergit 2 unterscheidbar. Die beiden selteneren Arten Große Erdhummel *Bombus magnus* und Heide-Erdhummel *Bombus cryptarum* lassen sich morphologisch allenfalls von Experten trennen, und auch das nur ohne absolute Sicherheit.

Systematik: Untergattung *Bombus* Latreille, 1802 s.str.

Taxonomie: Die Arten *Bombus lucorum* (LINNAEUS, 1761), *Bombus cryptarum* (FABRICIUS, 1775), *Bombus magnus* VOGT, 1911 und *Bombus terrestris* (LINNAEUS, 1758) können morphologisch oft nicht mit Sicherheit getrennt werden (schon gar nicht bei Sichtnachweisen im Gelände). Während *B. terrestris* mit einiger Erfahrung anhand morphologischer Merkmale meist eindeutig zu erkennen ist, sind die drei anderen Arten oft nur mittels genetischer oder chemischer Analysemethoden zu trennen (zum Artstatus vgl. SCHOLL & OBRECHT 1983, OBRECHT & SCHOLL 1984; PEDERSEN 2002; WILLIAMS et al. 2012).

Nomenklatur: Synonym: *Bombus terrestris lucorum* (LINNAEUS, 1761).

Etymologie: Genitiv Plural von lat. „*lucus*" = „Lichtung, Hain, Wald"; LINNÉ fand die Art im Wald („*Habitat in Lucis*"). Der deutsche Name bezieht sich auf die im Vergleich zur nächstverwandten *B. terrestris* ausgedehntere gelbe Behaarung auf dem Brustabschnitt; die Helle Erdhummel gehört zu einem Komplex sehr nahe verwandter Spezies („Erdhummeln"), die durch morphologische Merkmale kaum zu trennen sind.

Pollenquellen: Polylektisch.

Nestbau: Die Nester werden unterirdisch angelegt, meist in verlassenen Bauten von Kleinsäugern. Die Völker umfassen 100 bis 400 Individuen. Nestbezieher; Pollenstorer.

Lebensraum: Zeigt keine strenge Habitatbindung; lichte Wälder, Waldsäume, Hecken, Mager- und Fettwiesen, Hochwasserdämme, Ruderalflächen, Sand-, Kies- und Lehmgruben, Garten- und Parkanlagen. Vom Flachland bis in die subalpine Höhenstufe.

♀ Arbeiterin 9–16 mm | NSG Badberg, Kaiserstuhl 28.05.2018

Parasiten: Kuckucksbiene ist *Bombus bohemicus*, vermutlich auch *B. vestalis*.

Flugzeit: Überwinterte Königinnen ab März, junge Königinnen und Männchen ab Juli.

Gesamtverbreitung: Aus Nordafrika nur Nachweise aus der ersten Hälfte des 20. Jahrhunderts, die sich ziemlich sicher auf andere Arten beziehen. Von Portugal über das gesamte Europa, Sibirien und Zentralasien bis Kamtschatka; nordwärts bis Island, Irland und Nordschottland (bis zu den Shetland-Inseln), in Skandinavien und Russland weit über den Polarkreis hinaus bis zur Nordmeerküste; südwärts bis Mittelgriechenland, Südtürkei und Nordiran. Die aus Alaska und Kanada als *B. lucorum* gemeldeten Tiere gehören nach ersten DNA-Untersuchungen zu *B. cryptarum* (Williams, briefl. Mitt. in Ebmer 2011).

Lokalverbreitung: Im Gebiet aus allen Regionen gemeldet.

Bombus pascuorum (Scopoli, 1763)

Ackerhummel

Flugzeit	J	F	M	A	M	J	J	A	S	O	N	D

Weibchen: Thorax rötlich- bis gelblichbraun behaart, an den Seiten weiß. Der Hinterleib ist von Tergit 1 bis 4 schwarz mit helleren, lang abstehenden Binden, von 5 bis 6 rötlich- bis gelblichbraun behaart. Königin 15–18 mm, Arbeiterin 9–15 mm, Drohne 12–14 mm.

Verwechslungsmöglichkeiten: In der Färbung des Haarkleids ähnlich ist *B. muscorum*, die sich dadurch unterscheidet, dass ihre Behaarung kurz samtartig ist und auf dem Thorax und den Tergiten 1–5 beim Weibchen bzw. 1–6 beim Männchen keine schwarzen Haare aufweist. Auch Färbungsformen der sehr variablen *B. humilis* können mit *B. pascuorum* verwechselt werden. Bei den Weibchen wird die Hinterleibsbehaarung bei *B. pascuorum* zum Ende hin braun, bei *B. humilis* gelb, die langen Haare auf Tergit 6 sind bei *B. pascuorum* hell (seitlich zuweilen schwarz), bei *B. humilis* sind diese vollständig schwarz; bei *B. humilis* findet sich im Zentrum des Mesonotums nie ein dreieckiger Fleck aus schwarzen Haaren, der bei *B. pascuorum* recht häufig auftritt. Die Männchen sind zuweilen nicht sicher zu trennen; generell ist die Behaarung von Tergit 2 bei *B. pascuorum* mit gelben Haaren untermischt, die bei *B. humilis* fehlen.

Systematik: Untergattung *Thoracobombus* Dalla Torre, 1880.

♀ Arbeiterin 9–15 mm | Bruckberg, Niederbayern 22.06.2020

Nomenklatur: Synonyme: *Bombus agrorum* (Fabricius, 1787); *Bombus cognatus* (Stephens, 1846).

Etymologie: Genitiv Plural von lat. „*pascuum*" = „grüne Aue, Weide, Weideland". Der schon länger eingebürgerte deutsche Name ist eine Übertragung des Synonyms *B. agrorum* (Genitiv Plural von lat. „*ager*" = „Acker").

Pollenquellen: Polylektisch.

Nestbau: Nester werden unterirdisch in verlassenen Bauten von Kleinsäugern oder oberirdisch in der Krautschicht (z. B. unter Grasbüscheln oder Moospolstern) und in den verschiedensten Hohlräumen (Baumhöhlen, Nistkästen u. v. m.) errichtet. Völker umfassen 60 bis 150 Individuen. Nestbezieher und Nestbauer; Pocketmaker.

Lebensraum: Zeigt keine strenge Habitatbindung; Waldsäume, Hecken, Mager- und Fettwiesen, Hochwasserdämme, Brach- und Ruderalflächen, Garten- und Parkanlagen. Vom Flachland bis in die subalpine Höhenstufe.

Parasiten: Kuckucksbiene ist vorwiegend *Bombus campestris*, seltener auch *Bombus rupestris*.

Flugzeit: Überwinterte Königinnen ab März/April, junge Königinnen und Männchen ab Juli.

Gesamtverbreitung: Transpaläarktisch. Von Portugal über Europa, Sibirien und Zentralasien bis Kamtschatka; nordwärts bis Irland und Nordschottland, in Skandinavien und Russland weit über Polarkreis hinaus bis zur Nordmeerküste; südwärts bis Sizilien, Mittelgriechenland, Südtürkei und Nordiran.

Lokalverbreitung: Im Gebiet aus allen Regionen gemeldet.

♀ Arbeiterin 9–15 mm | Isarauen bei Freising 01.05.2008

Bombus pratorum (Linnaeus, 1761)

Wiesenhummel

Flugzeit	J	F	M	A	M	J	J	A	S	O	N	D

Weibchen: Kopf und Thorax vorne lang abstehend gelb behaart. Tergit 1 und 2 gelb, 3 schwarz, Tergite 4 bis 6 orange behaart. Es treten auch Exemplare ohne gelbe Binde am Hinterleib oder sehr selten gänzlich ohne gelb auf. Arbeiterinnen und Drohnen 14 mm, Königinnen 15–17 mm.

Verwechslungsmöglichkeiten: Weibchen mit der typischen Färbung (schwarz, Querbinde an der Vorderseite des Thorax gelb, Hinterleibsende rot) können mit *B. soroeensis* und *B. wurflenii* verwechselt werden. *B. wurflenii* unterscheidet sich von allen anderen deutschen Hummeln durch den mit zahlreichen Zähnchen besetzten Kaurand der Mandibeln. Bei *B. soroeensis* befinden sich an der Außenkante des mittleren Metatarsus nur kurze, dicke Haare (bei *B. lapidarius* hier an der Basis auch lange dünnere Haare).

Systematik: Untergattung *Pyrobombus* Dalla Torre, 1880. Nomenklatur: Synonym: *Pyrobombus pratorum* (Linnaeus, 1761).

Etymologie: Genitiv Plural von lat. „*pratum*" = „Wiese"; Linné fand die Art auf Wiesen („Habitat in Pratis"). Der eingebürgerte deutsche Name folgt der wissenschaftlichen Bezeichnung.

Pollenquellen: Polylektisch.

♀ Arbeiterin 9–14 mm | Moosburg, Garten 05.06.2016

Nestbau: Die Nester werden in der Regel oberirdisch, in der Krautschicht (z. B. unter Grasbüscheln oder Moospolstern), in vorhandenen Hohlräumen, zuweilen auch unterirdisch in verlassenen Bauten von Kleinsäugern errichtet. Die Völker umfassen 50 bis 120 Individuen. Nestbezieher; Pollenstorer.

Lebensraum: Waldsäume, Hecken, lichte Wälder, extensiv genutztes Grünland, Hochwasserdämme, Brach- und Ruderalflächen, zuweilen auch im Siedlungsbereich. Vom Flachland bis in die alpine Höhenstufe.

Parasiten: Kuckucksbienen sind *Bombus campestris* und *Bombus sylvestris*.

Flugzeit: Überwinterte Königinnen ab März, junge Königinnen und Männchen ab Mai/Juni. Die Art beginnt und beendet unter den heimischen Hummeln ihren Lebenszyklus am frühesten.

Gesamtverbreitung: Transpaläarktisch. Von Portugal über das gesamte Europa bis Kamtschatka; nordwärts bis Irland und Nordschottland (bis zu den Orkney-Inseln), in Skandinavien und Russland weit über den Polarkreis hinaus bis an die Nordmeerküste; südwärts bis Sizilien, Nordgriechenland, Südtürkei und Nordiran.

Lokalverbreitung: Im Gebiet aus allen Regionen gemeldet.

Bombus sylvarum (Linnaeus, 1761)

Bunte Hummel

Flugzeit	J	F	M	A	M	J	J	A	S	O	N	D

Die Färbung ist weniger kontrastreich wie bei anderen Hummelarten. Thorax vorne und an der Seite gelblichbraun, in der Mitte schwarz und am Scutellum wieder gelblichbraun behaart. Tergite 1–3 schwarz mit gelblichbraunen Haarbinden, 4–6 orange mit gelblichbraunen Haarbinden. Königin 16–18 mm, Arbeiterinnen 10–15 mm, Drohnen 12–14 mm.

Verwechslungsmöglichkeiten: Färbungsformen der ebenfalls variablen *B. pascuorum* können mit B. humilis verwechselt werden. Bei den Weibchen wird die Hinterleibsbehaarung bei *B. humilis* zum Ende hin gelb, bei B. pascuorum braun, die langen Haare auf Tergit 6 sind bei *B. humilis* vollständig schwarz, bei *B. pascuorum* hell (seitlich zuweilen schwarz); bei *B. humilis* findet sich im Zentrum des Mesonotums nie ein dreieckiger Fleck aus schwarzen Haaren, der bei *B. pascuorum* recht häufig auftritt. Die Männchen sind zuweilen nicht sicher zu trennen; generell treten in der Behaarung von Tergit 2 bei *B. humilis* nie gelbe Haaren auf, bei *B. pascuorum* ist sie mit solchen untermischt. In der Färbung des Haarkleids ähnlich ist auch die sehr seltene *B. muscorum*, die sich dadurch unterscheidet, dass ihre Behaarung kurz samtartig ist und auf dem Thorax und den Tergiten 1–5 beim Weibchen bzw. 1–6 beim Männchen keine schwarzen Haare aufweist.

Systematik: Untergattung *Thoracobombus* Dalla Torre, 1880.

Nomenklatur: Synonyme: *Megabombus sylvarum* (Linnaeus, 1761). Der Artname wurde lange Zeit in der emendierten Schreibweise „*silvarum*" benutzt.

Etymologie: Genitiv Plural von lat. „*silva*" = „Wald"; Linné fand die Art im Wald („*Habitat in Sylvis*"). Zwar wird im deutschen Sprachraum seit Längerem der deutsche Name „Waldhummel" verwendet, vor allem in populärwissenschaftlichen Publikationen, der wissenschaftlichen Bezeichnung folgend, da die Art tatsächlich aber kaum in Wäldern zu finden ist, erscheint eine Namensänderung sinnvoll. Der Name „Bunte Hummel" nimmt Bezug auf das farbenreiche Haarkleid.

Pollenquellen: Polylektisch mit Präferenz für Fabaceae, Lamiaceae und Scrophulariaceae.

Nestbau: Die Nester werden unterirdisch in verlassenen Bauten von Kleinsäugern oder oberirdisch in der Krautschicht (unter Grasbüscheln oder Moospolstern) oder Eichhörnchenkobeln angelegt; die Zugangsstollen der unterirdischen Nester sind nur kurz. Die Völker umfassen 80 bis 150 Individuen. Nestbauer und Nestbezieher, Pocketmaker.

Lebensraum: Waldsäume, Hecken, Streuobstwiesen, extensiv genutztes Grünland, Hochwasserdämme, Dünen, Heiden, Brach- und Ruderalflächen, zuweilen auch Garten- und Parkanlagen. Vom Flachland bis in die subalpine Höhenstufe.

Parasiten: Kuckucksbiene ist *Bombus rupestris*.

Flugzeit: Überwinterte Königinnen ab April, junge Königinnen und Männchen ab Juli.

Gesamtverbreitung: Von Nord- und Zentralspanien über Mittel-, Süd- und südliches Nordeuropa bis zum Mittelsibirischen Bergland (Chakassien) und Kasachstan; nordwärts bis Irland und Südschottland, in Skandinavien bis 62°N in Norwegen, 64°N in Schweden, 63°N in Finnland, in Russland bis Karelien und Perm; südwärts bis Sizilien, Nordgriechenland, Südtürkei und Nordiran.

Lokalverbreitung: Im Gebiet mit Ausnahme von Salzburg aus allen Regionen nachgewiesen (aktuell).

Bombus terrestris (LINNAEUS, 1758)

Dunkle Erdhummel

Flugzeit	J	F	M	A	M	J	J	A	S	O	N	D

Thorax vorne mit gelblichbraun behaarter Binde, die an der Seite etwa auf Höhe der Mitte des Auges am Flügelansatz endet. Hinterer Thoraxbereich und an der Seite schwarz behaart. Hinterleib auf dem 2. Tergit gelbbraun 3 und 4 schwarz und auf den letzten beiden Tergiten 5 und 6 weiß behaart. Königin 20–23 mm, Arbeiterin 11–17 mm, Drohne 14–16 mm.

Verwechslungsmöglichkeiten: *B. terrestris* bildet mit *B. lucorum*, *B. magnus* und *B. cryptarum* eine Gruppe eng verwandter Arten, die sich optisch zumindest im weiblichen Geschlecht kaum trennen lassen. Bei den Männchen können *B. lucorum* und *B. magnus* durch die helle Gesichtsbehaarung abgetrennt werden. Das Männchen von *B. cryptarum*, das wie *B. terrestris* eine schwarze Gesichtsbehaarung aufweist, unterscheidet sich durch den etwas größeren Abstand der Ocellen voneinander (0,75 Ocellendurchmesser bei *B. cryptarum*, 0,5 bei *B. terrestris*). Die Kuckuckshummeln mit ähnlich gefärbtem Haarkleid – *B. vestalis*, *B. bohemicus*, *B. sylvestris*, *B. norvegicus* und *B. flavidus* – besitzen im weiblichen Geschlecht kein Sammelkörbchen an den Hinterbeinen, beim Männchen sind die Hintertibien ± drehrund und dicht behaart, die Flügel sind meist stärker verdunkelt als bei den sozialen Hummelarten, zudem sind die Haare der Tergite 6–7

♀ Königin 20–23 mm | Freising, Isarauen 27.05.2010

bei *B. sylvestris*, *B. norvegicus* und *B. flavidus* in der Regel ± rot gefärbt.

Systematik: Untergattung *Bombus* LATREILLE, 1802 s.str.

Taxonomie: Siehe *Bombus lucorum*.

Etymologie: Von lat. „*terrestris*" = „Erd-, die Erde betreffend". Der deutsche Name bezieht sich auf die im Vergleich zur nächstverwandten *B. lucorum* reduziertere gelbe Behaarung auf dem Brustabschnitt; die Dunkle Erdhummel gehört zu einem Komplex sehr nahe verwandter Spezies („Erdhummeln"), die durch morphologische Merkmale kaum zu trennen sind.

Pollenquellen: Polylektisch.

Nestbau: Die Nester werden in der Regel unterirdisch (meist in verlassenen Bauten von Kleinsäugern), seltener oberirdisch in verschiedensten Hohlräumen angelegt; die Zugangsstollen der unterirdischen Nester können bis 1,5 m lang sein. Die Völker umfassen 100 bis 600 Individuen. Nestbezieher, Pollenstorer.

Lebensraum: Zeigt keine strenge Habitatbindung, aber eher an offenen Standorten; Waldsäume, Hecken, extensiv genutztes Grünland, Hochwasserdämme, Brach- und Ruderalflächen, Garten- und Parkanlagen. Vom Flachland bis in die montane, in der Südschweiz bis in die subalpine Höhenstufe.

Parasiten: Kuckucksbiene ist *Bombus vestalis*.

Flugzeit: Überwinterte Königinnen ab März, junge Königinnen und Männchen ab Juli.

Gesamtverbreitung: Als eine der wenigen Hummelarten auch in Nordafrika von den

Kanaren bis Libyen. In Eurasien von Portugal über das gesamte Mittel-, Süd- und südliche Nordeuropa bis Buriatien, Mongolei und Japan; nordwärts bis Irland und Nordschottland, in Skandinavien in Norwegen und Schweden relativ häufig bis ca. 62°N, vereinzelt bis über den Polarkreis, in Finnland nur im Stadtgebiet von Helsinki, in Russland bis Vologda und Perm; südwärts bis Sizilien, Peloponnes, Kreta, Zypern, Israel und Nordiran. Eingeführt in Nord- und Südamerika sowie Australien, Tasmanien und Neuseeland.

Lokalverbreitung: Im Gebiet aus allen Regionen gemeldet.

♀ Königin 20–23 mm | Isarhangleiten bei Pfrombach 18.03.2020

Bombus vestalis (Geoffroy, 1785)

Gefleckte Kuckuckshummel

Flugzeit	J	F	M	A	M	J	J	A	S	O	N	D

Weibchen: Körper überwiegend schwarz behaart, lediglich eine Binde am Vorderrand der Thoraxoberseite und die Seiten des Endrandes von Tergit 3 gelb sowie Tergite 4–5 weiß behaart. Körperlänge 15–23 mm. Sternit 6 mit deutlichen, in der Mitte breit getrennten Schwielen. Metatarsus der Hinterbeine in etwa so breit wie die Schiene. Tibien der Hinterbeine vollständig behaart ohne Körbchen. Körperlänge 20–23 mm.

Männchen: In der Färbung sehr ähnlich dem Weibchen. Fühlerglied 3 und 4 zusammen etwa so lange wie Fühlerglied 5. Körperlänge 15–18 mm.

Verwechslungsmöglichkeiten: Unter den im Färbungsmuster (Clypeus schwarz behaart, Thoraxoberseite mit gelbem Collare, Hinterleibsspitze weiß behaart) ähnlichen Kuckuckshummeln *B. flavidus*, *B. norvegicus* und *B. sylvestris* unterscheidet sich *B. vestalis* durch den nicht nach vorne gekrümmten Hinterleib, sodass eine Verwechslung am ehesten mit *B. bohemicus* möglich ist; letztere weist am Endrand von Tergit 3 nur selten gelbe Haare auf, was bei *B. vestalis* in aller Regel der Fall ist. Eine sichere Unterscheidung ist nur mit optischen Hilfsmitteln möglich: Bei *B. vestalis* ist das Fühlerglied 3 so lang wie Glied 5, und das Tergit 6 ist deutlich punktiert, während bei *B. bohemicus* das Fühlerglied 3 länger ist als

Glied 5 und Tergit 6 in der Mitte kaum punktiert ist.

Systematik: Untergattung *Psithyrus* LEPELETIER, 1833,

Nomenklatur: Synonym: *Psithyrus vestalis* (GSOMOV, 1785).

Etymologie: Von lat. „*vestalis*" = „keusch". Der deutsche Name ist seit Längerem eingebürgert.

Lebensraum: Zeigt keine strenge Habitatbindung, aber eher an offenen Standorten; Waldsäume, Hecken, extensiv genutztes Grünland, Hochwasserdämme, Brach- und Ruderalflächen, Garten- und Parkanlagen. Vom Flachland bis in die montane Höhenstufe.

Wirte: Hauptwirt ist *Bombus terrestris*, vermutlicher Nebenwirt *Bombus lucorum*.

Flugzeit: Überwinterte Königinnen ab April, junge Königinnen und Männchen ab Juli.

Gesamtverbreitung: Als eine der wenigen Hummelarten auch in Nordafrika (Marokko, Tunesien). In Eurasien von Portugal über Mittel- und Südeuropa bis Irkutsk; nordwärts bis Irland, Nordengland und Baltikum, in Skandinavien nur im äußersten Süden Schwedens, im europäischen Teil Russlands nur vereinzelt, hier nordwärts bis Perm; südwärts bis Sizilien, Mittelgriechenland, Südtürkei und Nordiran.

Lokalverbreitung: In Deutschland und Österreich aus allen Bundesländern gemeldet, die Meldung aus Salzburg ist überprüfungsbedürftig. In der Schweiz aktuell und historisch in der Nordschweiz, im Mittelland und im Wallis.

Register der deutschen Artnamen

Register der wissenschaftlichen Artnamen

Bildnachweis

Alle Bilder stammen, sofern unten nicht anders angegeben, von Wolfgang Willner.

S. 81 Heiko Bellmann/Frank Hecker
S. 83 Andreas W. Ebmer
S. 95 Wikipedia
S. 120 unten Wikipedia
S. 121 Wikipedia
S. 131 Frank Hecker
S. 263 Erwin Scheuchl
S. 264 Erwin Scheuchl
S. 374 Wikipedia
S. 376 Heiko Bellmann/Frank Hecker
S. 413 Erwin Scheuchl